算法训练营

入门篇 （全彩版）

陈小玉◎著

感受日益强大的自己
享受充满快乐的生活

陈小玉

电子工业出版社·
Publishing House of Electronics Industry
北京·BEIJING

内 容 简 介

本书图文并茂、通俗易懂，详细讲解常用的算法知识，又融入了大量的竞赛实例和解题技巧，可帮助读者熟练应用各种算法解决实际问题。

本书总计 9 章。第 1 章讲解 C++ 基础知识，涉及语法、数组、字符串、结构体和指针等；第 2 章带读者感受算法之美，涉及算法复杂度、函数和递归；第 3 章讲解线性表的应用，涉及顺序表、链表、栈和队列，以及 STL 中的常用函数和容器；第 4 章讲解树的应用，涉及树、二叉树、二叉树遍历、哈夫曼树和二叉搜索树；第 5 章讲解图论基础，涉及图的存储和图的遍历；第 6 章讲解算法入门知识，涉及贪心算法和分治算法；第 7 章讲解高精度计算，涉及高精度加法、高精度减法、高精度乘法和高精度除法；第 8 章讲解搜索算法入门知识，涉及二分算法、深度优先搜索和广度优先搜索；第 9 章讲解动态规划入门知识，涉及动态规划秘籍、背包问题、线性动态规划和区间动态规划。

本书面向对算法感兴趣的读者，无论是想扎实内功或参加算法竞赛的学生，还是想进入名企的学生、求职者，抑或是想提升核心竞争力的在职人员，都可以参考本书。若读者想进一步学习数据结构与算法，则可参考《算法训练营：提高篇》（全彩版）和《算法训练营：进阶篇》（全彩版）。

图书在版编目（CIP）数据

算法训练营. 入门篇：全彩版 / 陈小玉著.

北京 ：电子工业出版社，2024. 10. -- ISBN 978-7-121-48757-6

Ⅰ. TP301.6

中国国家版本馆 CIP 数据核字第 2024QB4286 号

责任编辑：张国霞

印　　刷：中国电影出版社印刷厂

装　　订：中国电影出版社印刷厂

出版发行：电子工业出版社

　　　　　北京市海淀区万寿路 173 信箱　　邮编 100036

开　　本：720×1000　　1/16　　印张：17.25　　字数：352.8 千字

版　　次：2024 年 10 月第 1 版

印　　次：2024 年 10 月第 1 次印刷

印　　数：3000 册　　定价：128.00 元

凡所购买电子工业出版社图书有缺损问题，请向购买书店调换。若书店售缺，请与本社发行部联系，联系及邮购电话：（010）88254888，88258888。

质量投诉请发邮件至 zlts@phei.com.cn，盗版侵权举报请发邮件至 dbqq@phei.com.cn。

本书咨询联系方式：faq@phei.com.cn。

前　言

目前，信息技术已被广泛应用于互联网、金融、航空、军事、医疗等各个领域，未来的应用将更加广泛和深入。并且，很多中小学都开设了计算机语言课程，越来越多的中小学生对编程、算法感兴趣，甚至在 NOIP、NOI 等算法竞赛中大显身手，进入名校深造。对信息技术感兴趣的大学生通常会参加 ACM-ICPC、CCPC、蓝桥杯等算法竞赛，其获奖者更是被各大名企所青睐。

学习算法，不仅可以帮助我们具备较强的思维能力及解决问题的能力，还可以帮助我们快速学习各种新技术，拥有超强的学习能力。

写作背景

很多读者都觉得算法太难，市面上晦涩难懂的各种教材更是"吓退"了一大批读者。实际上，算法并没有我们想象中那么难，反而相当有趣。

每当有学生说看不懂某个算法的时候，笔者就会建议其画图。画图是学习算法最好的方法，因为它可以把抽象难懂的算法展现得生动形象、简单易懂。笔者曾出版《算法训练营：海量图解+竞赛刷题》（入门篇）和《算法训练营：海量图解+竞赛刷题》（进阶篇），很多读者非常喜欢其中的海量图解，更希望看到这两本书的全彩版。经过一年的筹备，笔者对上述书中的所有图片都重新进行了绘制和配色，并精选、修改、补充和拆分上述书中的内容，形成了《算法训练营：入门篇》（全彩版）、《算法训练营：提高篇》（全彩版）和《算法训练营：进阶篇》（全彩版），本书就是其中的《算法训练营：入门篇》（全彩版）。在此衷心感谢各位读者的大力支持！

本书详细讲解常用的算法知识，特别增加了 C++基础知识和 STL 部分的内容。如果读者已经熟悉 C++，则可跳过其中的基础章节。本书不是知识点的堆砌，也不是粘贴代码而来的简单题解，而是将知识点讲解和对应的竞赛实例融会贯通，读者可以在轻松阅读本书的同时进行刷题实战，在实战中体会算法的妙处，感受算法之美。

学习建议

学习算法的过程，应该是通过大量实例充分体会遇到问题时该如何分析：用什么数据结构，用什么算法和策略，算法复杂度如何，是否有优化的可能，等等。这里有以下几个建议。

第 1 个建议：学经典，多理解。

算法书有很多，初学者最好选择图解较多的入门书，当然，也可以选择多本书，从多个角度进行对比和学习。先看书中的图解，理解各种经典问题的求解方法，如果还不理解，则可以看视频讲解，理解之后再看代码，尝试自己动手上机运行。如有必要，则可以将算法的求解过程通过图解方式展示出来，以加深对算法的理解。

第 2 个建议：看题解，多总结。

在掌握书中的经典算法之后，可以在刷题网站上进行专项练习，比如练习贪心算法、分治算法、动态规划等方面的题目。算法比数据结构更加灵活，对同一道题目可以用不同的算法解决，算法复杂度也不同。如果想不到答案，则可以看题解，比较自己的想法与题解的差距。要多总结题目类型及最优解法，找相似的题目并自己动手解决问题。

第 3 个建议：举一反三，灵活运用。

通过专项刷题达到"见多识广"，总结常用的算法模板，熟练应用套路，举一反三，灵活运用，逐步提升刷题速度，力争"bug free"（无缺陷）。

本书特色

本书具有以下特色。

（1）完美图解，通俗易懂。本书对每个算法的基本操作都有全彩图解。通过图解，许多问题都变得简单，可迎刃而解。

（2）实例丰富，简单有趣。本书结合了大量竞赛实例，讲解如何用算法解决实际问题，使复杂难懂的问题变得简单有趣，可帮助读者轻松掌握算法知识，体会其中的妙处。

（3）深入浅出，透析本质。本书透过问题看本质，重点讲解如何分析和解决问题。本书采用了简洁易懂的代码，对数据结构的设计和算法的描述全面、细致，而且有算法复杂度分析及优化过程。

（4）实战演练，循序渐进。本书在讲解每个算法后都进行了实战演练，使读者在实战中体会算法的设计思路和使用技巧，从而提高独立思考、动手实践的能力。书中有丰富的练习题和竞赛题，可帮助读者及时检验对所学知识的掌握情况，为从小问题出发且逐步解决大型复杂性工程问题奠定基础。

（5）网络资源，技术支持。本书为读者提供了配套源码、课件、视频，并提供了博客、微信群、QQ 群技术支持，可随时为读者答疑解惑。

建议和反馈

写书是极其琐碎、繁重的工作，尽管笔者已经竭力使本书内容、网络资源和技术支持接近完美，但仍然可能存在很多漏洞和瑕疵。欢迎读者反馈关于本书的意见，因为这有利于我们改进和提高，以帮助更多的读者。如果对本书有意见和建议，或者有问题需要帮助，则都可以加入 QQ 群 281607840，也可以致信 rainchxy@126.com 与笔者交流，笔者将不胜感激。

对于本书提供的读者资源，可通过本书封底的"读者服务"获取。

致谢

感谢笔者的家人和朋友在本书写作过程中提供的大力支持。感谢电子工业出版社工作严谨、高效的张国霞编辑，她的认真、负责促成了本书的早日出版。感谢提供了宝贵意见的同事们，感谢提供了技术支持的同学们。感恩遇到这么多良师益友！

目　录

第 1 章

C++基础知识

虽然算法不依赖任何计算机语言，但要上机实现它，至少需要学会一门计算机语言。C++集面向对象编程、泛型编程和过程化编程于一体，在 C 语言的基础上扩展了自己特有的知识库。C++简单易学，非常适合作为编程入门语言。在初学 C++时可以使用 Dev C++、CodeBlocks 等编译器。

1.1 开启算法之旅

首先以如下图所示的程序截图开启算法之旅。

第 1 行：头文件。进行输入和输出时需要引入 iostream 头文件，iostream 表示输入/输出流。

第 2 行：命名空间。using 表示使用，namespace 表示命名空间，std 表示 standard（标准的）。在 C++标准库中，所有标识符都被定义于一个名为 std 的命名空间中，std 被称为"标准命名空间"。

第 3 行：主函数。主函数 main()是程序运行的入口，每个程序都有一个主函数，返回值为 int 类型。

第 4 行：输出语句。cout 表示输出，"<<"后面是输出的内容，endl 表示换行。

第 5 行：返回语句。主程序在运行正确的情况下返回 0。

1. 标识符与关键字

标识符用来标识变量、函数、类、模块或用户自定义项目的名称。标识符由字母、数字或下画线组成，以字母或下画线开头。

关键字是具有特殊含义的保留字，例如 for、while、if、else、break 等，用于特殊目的，不能用作标识符。

2. 常量与变量

变量是一个可供程序操作的存储空间标识，用变量可以灵活地保存和访问数据。一旦定义了常量，该常量的值在程序执行期间就不能改变了。

3. 注释

注释包括单行注释和多行注释。单行注释用于注释单行代码，一般位于单行代码的后面或者上面，注释形式为"//单行注释"。多行注释用于注释多行代码，例如注释程序或函数，注释形式为"/*多行注释*/"。

1.2 常用的数据类型

C++中常用的数据类型及其标识符、所占字节数和数值范围如下表所示。

数据类型	标 识 符	所占字节数	数值范围
布尔型	bool	1（8 位）	1（真）或 0（假）
短整型	short	2（16 位）	−32 768 ~ 32 767
整型	int	4（32 位）	−2 147 483 648 ~ 2 147 483 647
长整型	long	4（32 位）	−2 147 483 648 ~ 2 147 483 647
超长整型	long long	8（64 位）	−9 223 372 036 854 775 808 ~ 9 223 372 036 854 775 807
单精度实型	float	4（32 位）	1.1e−38 ~ 3.4e+38
双精度实型	double	8（64 位）	2.2e−308 ~ 1.7e+308
长双精度实型	long double	16（128 位）	3.3e−4932 ~ 1.1e+4932

1.3 玩转输入和输出

在 C++中，cin 和 cout 用于处理标准输入和输出。要在程序中输入内容和输出结果，就需要在程序的开头引入头文件#include<iostream>。

1. cin

cin 用于处理标准输入，与提取运算符">>"结合使用。例如：

```
int a,b;
cin>>a>>b;
```

2. cout

cout 用于处理标准输出，与插入运算符 "<<" 结合使用。例如：

```
string s="C++";
cout<<"Hello world!"<<endl;
cout<<a<<b<<endl;  //输出 a、b
cout<<s<<endl;  //输出 s
```

在算法比赛中，为提高运行速度，还经常使用 C 风格的输入和输出语句。在程序的开头引入头文件#include<cstdio>。输入语句为 "scanf(格式控制符,地址列表);"，输出语句为 "printf(格式控制符,输出列表);"。

若不想写多个头文件，则可以使用万能头文件#include<bits/stdc++.h>。

训练 1（B2014）：输入圆的半径 r，输出其直径、周长和面积。

```
#include<bits/stdc++.h> //万能头文件
using namespace std;
const double PI=3.14159; //圆周率（常量）
int main(){
    double r,a,b,c;  //半径、直径、周长、面积
    scanf("%lf",&r); //输入半径
    a=2*r;
    b=2*PI*r;
    c=PI*r*r;
    printf("%.4f %.4f %.4f",a,b,c);  //在输出结果中保留 4 位小数
    return 0;
}
```

1.4 常用的运算符

（1）常用的算术运算符及其运算、范例、结果如下表所示。

算术运算符	运 算	范 例	结 果
+	正号	a=+3;	a=3;
–	负号	b=4; a=–b;	a=–4; b=4;
+	加	a=5+5;	a=10;
–	减	a=6–4;	a=2;
*	乘	a=3*4;	a=12;
/	除	a=5/5;	a=1;
%	取余	a=7%5;	a=2;
++	自增（前）	a=2; b=++a; //a=a+1;b=a;先加 1 后赋值	a=3; b=3;
++	自增（后）	a=2; b=a++; //b=a; a=a+1;先赋值后加 1	a=3; b=2;
––	自减（前）	a=2; b=––a; //先减 1 后赋值	a=1; b=1;
––	自减（后）	a=2; b=a––; //先赋值后减 1	a=1; b=2;

（2）常用的赋值运算符及其运算、范例、结果如下表所示。

赋值运算符	运　算	范　例	结　果
=	赋值	a=3; b=2;	a=3; b=2;
+=	加等于	a=3; b=2; a+=b; //相当于 a=a+b;	a=5; b=2;
-=	减等于	a=3; b=2; a-=b; //相当于 a=a-b;	a=1; b=2;
*=	乘等于	a=3; b=2; a*=b; //相当于 a=a*b;	a=6; b=2;
/=	除等于	a=3; b=2; a/=b; //相当于 a=a/b;	a=1; b=2;
%=	模等于	a=3; b=2; a%=b; //相当于 a=a%b;	a=1; b=2;

（3）常用的关系运算符及其运算、范例、结果如下表所示。关系运算符用于对两个数值或变量进行比较，其结果是一个逻辑值（逻辑值只有"真"或"假"，用 1 代表真，用 0 代表假）。

关系运算符	运　算	范　例	结　果
==	相等于	4==3	0
!=	不等于	4!=3	1
<	小于	4<3	0
>	大于	4>3	1
<=	小于或等于	4<=3	0
>=	大于或等于	4>=3	1

（4）常用的逻辑运算符及其运算、范例、结果如下表所示。逻辑运算符用于判断数据的真假，其结果也是一个逻辑值，即"真"或"假"。

逻辑运算符	运　算	范　例	结　果
!	非	!a	若 a 为假，则!a 为真；若 a 为真，则!a 为假
&&	与	a&&b	若 a 和 b 都为真，则结果为真，否则为假
||	或	a||b	若 a 和 b 有一个为真，则结果为真；若两者均为假，则结果为假

⚠️ **注意** 　千万不要将逻辑运算符"=="写成赋值运算符"="。例如，若将 if(a==b) 写成 if(a=b)，虽然系统不会有错误提示，却存在逻辑错误。

逻辑运算符的优先级如下：
- "&&"的优先级高于"||"；
- "&&""||"的优先级低于关系运算符；
- "!"的优先级高于所有关系运算符和算术运算符。

1.5 选择结构语句

在 C++中，我们经常需要对一些条件做出判断，决定执行什么操作，这时就需要使用选择结构语句，比如 if 条件语句和 switch 条件语句。

1.5.1 if 条件语句

if 条件语句有三种语法格式，如下图所示。

（1）if 语句——单分支结构，其运行逻辑如下图所示。

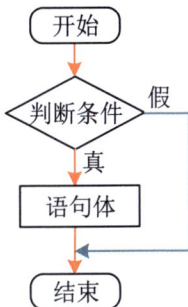

（2）if…else 语句——双分支结构，其运行逻辑如下图所示。

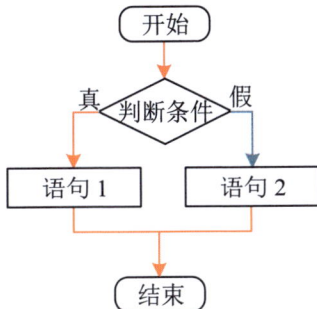

（3）if 语句的嵌套。在一个 if 语句中还可以包含一个或多个 if 语句，这叫作"if 语句的嵌套"，其运行逻辑如下图所示。

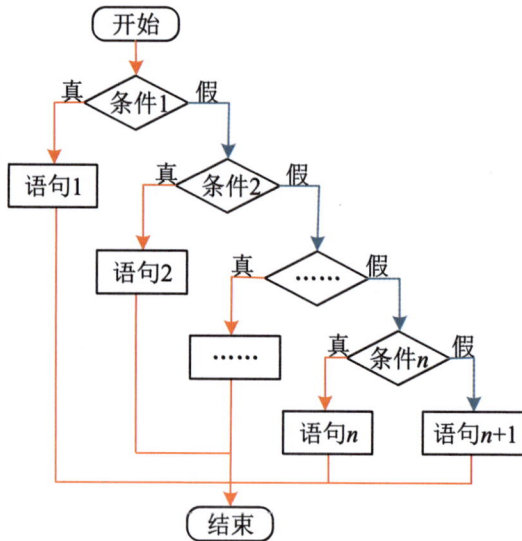

训练 2（B2050）：给定三条线段的长度（正整数），判断这三条线段能否构成一个三角形。

```cpp
#include<bits/stdc++.h> //万能头文件
using namespace std;
int main(){
    int a,b,c;  //整型变量a、b、c分别代表三条线段的长度
    cin>>a>>b>>c; //输入三条线段的长度
    if(a+b>c && a+c>b && b+c>a) //是否满足"两边之和大于第三条边"
        cout<<1<<endl; //是则输出1
    else
        cout<<0<<endl; //否则输出0
    return 0;
}
```

训练 3（B2037）：给定一个整数 n，判断 n 是奇数还是偶数。若 n 是奇数，则输出 odd；若 n 是偶数，则输出 even。

```cpp
#include<iostream>
using namespace std;
int main(){
    int n;
    cin>>n;
    if(n%2) //n除以2余数不为0
        cout<<"odd"<<endl;
    else
        cout<<"even"<<endl;
    return 0;
}
```

训练 4（P5711）：输入一个年份，判断其是否是闰年，是则输出 1，否则输出 0。

```cpp
#include<iostream>
using namespace std;
int main(){
    int year;
    cin>>year;
    if((year%4==0&&year%100!=0)||year%400==0)  //能被4整除但不能被100整除，或者能被
                                                //400整除
        cout<<"1"<<endl;
    else
        cout<<"0"<<endl;
    return 0;
}
```

训练 5（P5714）：BMI 指数是国际上常用的衡量人体胖瘦程度的一个指标。BMI=m/h^2，其中 m 指体重（千克），h 指身高（米）。不同体型的 BMI 指数判断逻辑如下。

- 小于 18.5：体重过轻，输出 Underweight。
- 大于或等于 18.5 且小于 24：正常体重，输出 Normal。
- 大于或等于 24：肥胖，首先输出 BMI 指数，然后换行，再输出 Overweight。

输入体重和身高数据，根据 BMI 指数判断体型并输出对应的判断结果。

```cpp
#include<iostream>
using namespace std;
int main(){
    float m,h,bmi;
    cin>>m>>h;
    bmi=m/(h*h);
    if(bmi<18.5)
        cout<<"Underweight";
    else if(bmi<24)
        cout<<"Normal";
    else
        cout<<bmi<<"\nOverweight";
    return 0;
}
```

训练 6（B2043）：给定一个整数 x，判断它能否被 3、5、7 整除，并输出相应的信息。

- 能同时被 3、5、7 整除：直接输出 3 5 7，每两个数之间都有一个空格，下同。
- 只能被其中两个数整除：按从小到大的顺序输出这两个数，例如 3 5 或者 3 7 或者 5 7。
- 只能被其中一个数整除：输出这个数。
- 不能被其中的任何一个数整除：输出小写字符"n"。

```
#include<bits/stdc++.h>
using namespace std;
int main(){
    int x;
    cin>>x;
    if(x%3==0)        //能被 3 整除
        cout<<"3 ";
    if(x%5==0)        //能被 5 整除
        cout<<"5 ";
    if(x%7==0)        //能被 7 整除
        cout<<"7";
    if(x%3 && x%5 && x%7)    //不能被 3、5、7 中的任何一个数整除
        cout<<"n";
    return 0;
}
```

训练 7（B2047）：编写程序，计算下列分段函数 $y=f(x)$ 的值。

- 当 $0 \leqslant x < 5$ 时，$y=-x+2.5$。
- 当 $5 \leqslant x < 10$ 时，$y=2-1.5(x-3)(x-3)$。
- 当 $10 \leqslant x < 20$ 时，$y=x/2-1.5$。

输入一个浮点数 x（$0 \leqslant x < 20$），输出 x 对应的分段函数值 $f(x)$，结果保留 3 位小数。

```
#include<bits/stdc++.h>
using namespace std;
int main(){
    float x,y;
    cin>>x;  //0<=x<20
    if(x<5)
        y=-x+2.5;
    else if(x<10)
        y=2-1.5*(x-3)*(x-3);
    else
        y=x/2-1.5;
    cout<<fixed<<setprecision(3)<<y;  //结果保留 3 位小数
    return 0;
}
```

训练 8（B2048）：请根据邮件的重量和用户要求，选择是否加急计算邮费。计算规则如下。

- 重量在 1000 克以内（包括）：基本邮费 8 元。
- 超过 1000 克的部分：每 500 克加收超重邮费 4 元，不足 500 克的部分按 500 克计算。
- 用户选择加急：多收 5 元。

输入以空格隔开的正整数 x 和字符 c（y 或 n），分别表示重量、是否选择加急。若字符是 y，则表示选择加急；若字符是 n，则表示未选择加急。

```
#include<bits/stdc++.h>
using namespace std;
int main(){
    int x,ans=8;  //基本邮费8元
    char c;
    cin>>x>>c;
    if(x>1000){
        x-=1000;
        ans+=((x-1)/500+1)*4;  //向上取整：n/k 向上取整的计算方法为(n-1)/k+1
    }
    if(c=='y')   //用户选择加急，多收5元
        ans+=5;
    cout<<ans;
    return 0;
}
```

1.5.2 switch 条件语句

除了 if 条件语句，switch 条件语句也是一种常用的选择结构语句。与 if 条件语句不同，switch 条件语句只能针对某个表达式的值做出判断，从而决定程序执行哪段代码。

⚠注意 switch 条件语句在执行完一个 case 语句之后不会自动停止，需要使用 break 语句停止；switch 条件语句中的每个 case 语句都必须对应一个单独的值，该值必须是整数或字符，不能是浮点数。若涉及取值范围、浮点数或比较，则先使用 if… else 语句转换。

训练 9（P5716）：输入年份和月份，输出这一年的这个月有多少天（需要考虑闰年）。

```
#include<bits/stdc++.h>
using namespace std;
int main(){
```

```
    int y,m;  //年、月份
    scanf("%d%d",&y,&m);
    switch(m){
        case 1:case 3:case 5:case 7:case 8:case 10:case 12:
            printf("31");   //1、3、5、7、8、10、12 月有 31 天
            break;
        case 4:case 6:case 9:case 11:  //4、6、9、11 月有 30 天
            printf("30");
            break;
        case 2:
            if(y%400==0||(y%4==0&&y%100!=0)) //判断是否为闰年
                printf("29"); //闰年的 2 月有 29 天
            else
                printf("28"); //平年的 2 月有 28 天
            break;
    }
    return 0;
}
```

1.6 循环结构语句

在实际生活中，我们经常会将同一件事情重复做很多次。在 C++中也经常需要重复执行同一代码块，这时就需要使用循环结构语句。循环结构语句包括 for、while 和 do while 语句。

1.6.1 for 语句

for 语句的示例及其运行逻辑如下图所示。

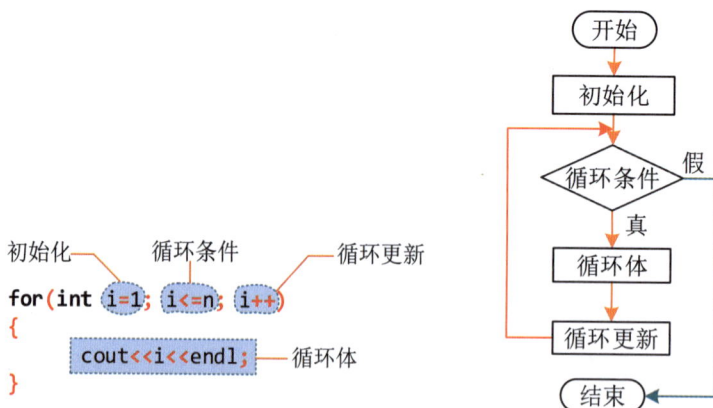

训练 10（P5722）：计算 $1+2+3+\cdots+(n-1)+n$ 的值，其中，正整数 n 不大于 100。

```
#include<iostream>
using namespace std;
```

```
int main(){
    int n,sum=0;
    cin>>n;
    for(int i=1;i<=n;i++)  //循环累加从1到n的数
        sum+=i;
    cout<<sum<<endl;
    return 0;
}
```

训练 11（B2098）： 给定含有 *n* 个整数的序列，要求对这个序列进行去重操作。所谓去重，是指对这个序列中每个重复出现的数，只保留该数第一次出现时的位置，删除其余位置。

```
#include<bits/stdc++.h> //万能头文件
using namespace std;
int n,a[20010],cnt[110];
int main(){
    cin>>n;
    for(int i=1;i<=n;i++){
        cin>>a[i];
        cnt[a[i]]++; //a[i]的出现次数加1
        if(cnt[a[i]]==1) //若a[i]是第一次出现，则输出a[i]
            cout<<a[i]<<" ";
    }
    return 0;
}
```

1. continue 语句

continue 语句用于跳过后面的循环体，直接循环更新且执行下一次循环，其运行逻辑如下图所示。

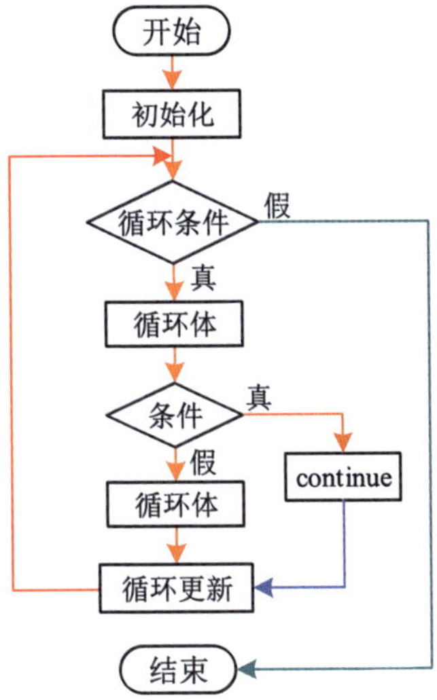

2. break 语句

break 语句用于直接跳出所在的循环，其运行逻辑如下图所示。

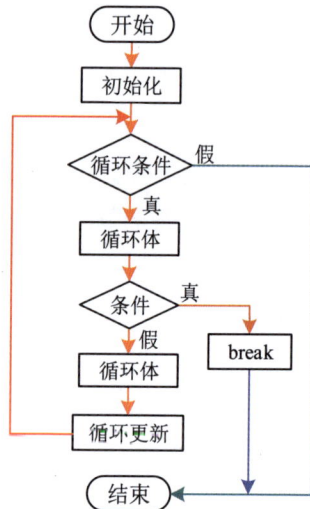

训练 12（B2059）：计算非负整数 m～n（包括 m 和 n）之间所有奇数的和，其中，m 不大于 n，n 不大于 300。例如 m=3，n=12，其和为 3+5+7+9+11=35。

```cpp
#include<iostream>
using namespace std;
int main(){
    int m,n,sum=0;
    cin>>m>>n;
    for(int i=m;i<=n;i++){
        if(i%2==0) //跳过偶数，不计算
            continue;  //跳过循环体后面的语句，执行下一次循环
        sum+=i;
    }
    cout<<sum<<endl;
    return 0;
}
```

训练 13（B2128）：求在 2～n（n 为大于 2 的正整数）区间有多少个素数。

```cpp
#include<bits/stdc++.h> //万能头文件
using namespace std;
int n,ans=0;
bool flag;
int main(){
    cin>>n;
    for(int i=2;i<=n;i++){ //枚举 2～n 区间的所有整数
        flag=true;
```

```
            for(int j=2;j*j<=i;j++){//通过试除法判断素数
                if(i%j==0){ //若能被整除，则不是素数
                    flag=false;
                    break;   //跳出所在循环
                }
            }
            if(flag)
                ans++;
        }
        cout<<ans;
    return 0;
}
```

1.6.2 while 语句

while 语句会反复地进行条件判断，只要条件成立，循环体就会一直执行，直到条件不成立，while 循环才会结束。其示例及运行逻辑如下图所示。

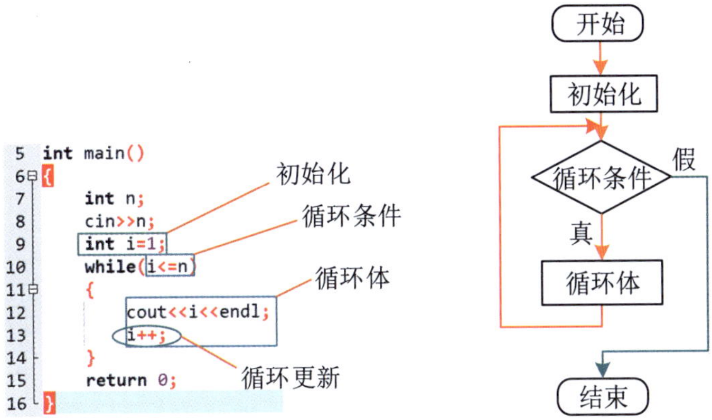

训练 14（P5722）：计算 $1+2+3+\cdots+(n-1)+n$ 的值，其中，正整数 n 不大于 100。

```
#include<iostream>
using namespace std;
int main(){
    int n,sum=0;
    cin>>n;
    int i=1; //初始值从 1 开始
    while(i<=n){ //若 i 小于或等于 n，则一直循环
        sum+=i;
        i++;  //循环更新
    }
    cout<<sum<<endl;
    return 0;
}
```

1.6.3 do while 语句

do while 语句先执行循环体，再判断循环条件，至少执行一次循环体。

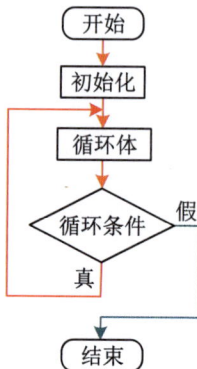

训练 15（P5722）：计算 $1+2+3+\cdots+(n-1)+n$ 的值，其中正整数 n 不大于 100。

```cpp
#include<iostream>
using namespace std;
int main(){
    int n,sum=0;
    cin>>n;
    int i=1; //初始值从 1 开始
    do{
        sum+=i;
        i++;
    }while(i<=n); //循环条件在后面
    cout<<sum<<endl;
    return 0;
}
```

训练 16（B2077）：角谷猜想指对于任意一个正整数，若它是奇数，则将其乘以 3 加 1；若它是偶数，则将其除以 2，将得到的结果再按照上述规则重复处理，最终总能够得到 1。输入一个整数，将经过处理得到 1 的过程输出。例如输入 5，输出：

```
5*3+1=16
16/2=8
8/2=4
4/2=2
2/2=1
End
```

代码如下。

```cpp
#include<bits/stdc++.h> //万能头文件
using namespace std;
long long n; //若定义为 int 类型，则进行乘法运算可能会溢出
```

```
int main(){
    cin>>n;
    while(n!=1){  //计算到 n=1 时结束循环
        if(n%2){ //若 n 是奇数
            cout<<n<<"*3+1="<<n*3+1<<endl;
            n=n*3+1;
        }else{ //若 n 是偶数
            cout<<n<<"/2="<<n/2<<endl;
            n=n/2;
        }
    }
    cout<<"End"<<endl;
    return 0;
}
```

for、while、do while 语句的区别如下。

- while 语句先判断循环条件，再决定是否执行循环体。
- do while 语句先执行循环体，再判断循环条件，至少执行一次循环体。
- for 语句在省略循环条件时，会认为条件为 true。
- for 语句可以用初始化语句声明一个局部变量，而 while 语句不可以。
- 若在循环体中包含 continue 语句，则 for 语句会跳到循环更新处，while 语句会跳到循环条件处。
- 在无法预知循环次数或者循环更新不规律时，可以用 while 语句。

1.7 巧用数组

在程序设计过程中，数组可以存储一组相同类型的数据。

1.7.1 一维数组

1. 静态定义

一维数组的静态定义格式如下图所示。

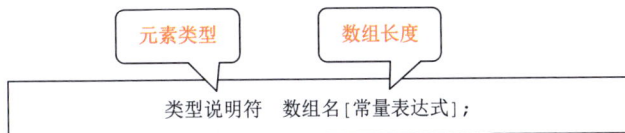

元素类型　　数组长度

类型说明符　数组名[常量表达式];

数组长度必须是整型常量，不能是变量，必须是已知的数值。

- 可以在定义数组时对数组进行初始化。

```
int a[3]={0,1,2};
int b[10]={0};
```

- 在定义并初始化数组时，可以不指定其长度。

```
int a[]={0,1,2,3,4,5};
```

- 在定义数组时可以对数组进行整体赋值，在其他情况下不可以对数组进行整体赋值。

```
a[3]={0,1,2};//错误!
```

- 不可以在数组变量之间赋值。

```
int a[3],b[3];
a=b;//错误!
```

- 系统不会检查下标是否有效。

```
int a[10]; //下标0~9，即a[0]~a[9]，若调用a[10]，则系统不会提示错误
```

- 对于特别大的数组，要将其定义在主函数main()外，若将其定义在主函数main()内，则会导致异常退出。

训练17（B2064）：斐波那契数列的第1个数和第2个数都为1，接下来的每个数都等于前面两个数之和。下面的程序包含 n 行输入，每行都为一个正整数 $k(1 \leqslant k \leqslant 30)$，请输出斐波那契数列中的第 k 个数。

```
#include<bits/stdc++.h> //万能头文件
using namespace std;
int f[50];
int main(){
    int n,k;
    f[1]=f[2]=1;
    for(int i=3;i<=30;i++)  //先求出前30项并将其存入数组
        f[i]=f[i-1]+f[i-2];
    cin>>n;
    for(int i=1;i<=n;i++){
        cin>>k;
        cout<<f[k]<<endl;
    }
    return 0;
}
```

2. 动态定义

动态定义数组指在程序运行过程中动态分配内存空间且定义数组。一维数组的动态定义格式如下图所示。

元素类型   数组长度

类型说明符 *数组名=new[常量或变量表达式];

对于动态定义数组，在使用完毕后需要使用 delete 释放其占用的内存空间，格式：delete[] 数组名。

```
int *a=new int[n];//动态定义数组
delete[] a;
```

!注意

- 不要使用 delete 释放未使用 new 分配的内存空间。
- 不要使用 delete 释放同一内存空间两次。
- 对于使用 new 为一个实体分配的内存空间，需要使用 delete 释放。
- 对于使用 new 为一个数组分配的内存空间，需要使用 delete[]释放。
- 对空指针使用 delete 是安全的。

1.7.2　二维数组

1. 静态定义

二维数组的静态定义格式如下图所示。

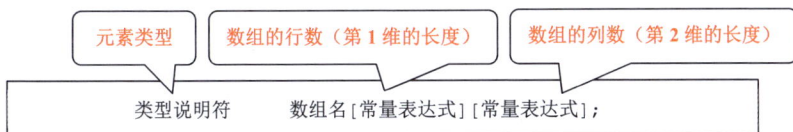

元素类型　　数组的行数（第 1 维的长度）　　数组的列数（第 2 维的长度）

类型说明符　　数组名[常量表达式] [常量表达式]；

其中，数组的行数和列数必须是整型常量，不能是变量，该数值必须是已知的数值。

- 可以在定义时对数组进行初始化。

```
int a[2][4]={{0,1,2,3},{7,2,9,5}};
int a[2][4]={0,1,2,3,7,2,9,5};
int a[2][4]={{0,1,2},{0}};
```

- 将二维数组作为参数时，可以省略其行数，但必须指定其列数。

```
int sum(int a[][5],int n);
```

2. 动态定义

一个 m 行 n 列的二维数组相当于 m 个长度为 n 的一维数组。

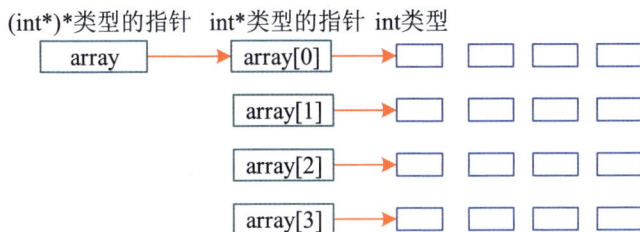

(int*)*类型的指针　int*类型的指针　int类型

array → array[0] → □ □ □ □
array[1] → □ □ □ □
array[2] → □ □ □ □
array[3] → □ □ □ □

```
int **array=new int*[m];
for(int i=0;i<m;++i){
    array[i]=new int[n];//按行分配内存空间
}
for(int i=0;i<m;i++){
    delete[] array[i]; //按行释放内存空间
}
delete[] array;
```

训练 18（P5731）： 蛇形填数，输入一个不大于 9 的正整数 n，以蛇形填写 $n×n$ 的矩阵。

```
#include<bits/stdc++.h> //万能头文件
using namespace std;
int a[20][20];
int main(){
    int n,x,y,total=1;
    scanf("%d",&n);
    x=y=1;
    a[1][1]=1;
    while(total<n*n){
        while(y+1<=n&&!a[x][y+1])//向右
            a[x][++y]=++total;
        while(x+1<=n&&!a[x+1][y])//向下
            a[++x][y]=++total;
        while(y-1>0&&!a[x][y-1])//向左
            a[x][--y]=++total;
        while(x-1>0&&!a[x-1][y])//向上
            a[--x][y]=++total;
    }
    for(int i=1;i<=n;i++){
        for(int j=1;j<=n;j++)
            printf("%3d",a[i][j]);
        if(i<n) printf("\n");
    }
    return 0;
}
```

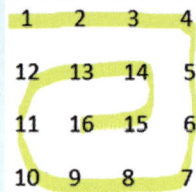

1	2	3	4
12	13	14	5
11	16	15	6
10	9	8	7

1.8　玩转字符串

字符串指存储在内存空间的连续字节中的一系列字符。C++中的字符串分为两种形式：C 风格的字符串、C++ string 类型的字符串。

1.8.1 C 风格的字符串

C 风格的字符串的头文件为#include<cstring>，默认以'\0'结束，在存储时不要忘了'\0'。字符串的定义形式如下。

- 字符数组：char a[8]={'v','e','r','y','g','o','o','d'}。
- 字符串：char a[8]={'a','b','c','d','e','f','g','\0'}。

还有另一种字符串定义形式，在初始化字符串时既可以带长度，也可以省略长度。

- 字符串：char a[8]="abcdefg"。
- 字符串：char a[]="afsdjkl;sd"。

字符数组或字符串的长度测量函数为 sizeof()、strlen()。

- sizeof()：返回所占内存空间的字节数。由于需要在编译时计算，因此 sizeof 不能用于返回动态分配的内存空间大小。
- strlen()：返回所占内存空间的字节数。

```
char str[100];
cin>>str;              //例如输入 abc
cout<<str<<endl;
cout<<strlen(str)<<"\t"<<sizeof(str)<<endl;  //输出 3    100
```

可以通过 cin、cin.getline()和 cin.get()输入 C 风格的字符串。

- cin：读取一个字符串，遇到空格、制表符、换行符则结束，换行符被保留在输入序列中。
- cin.getline()：读取一行，遇到分隔符则结束（默认为换行符），丢弃换行符。
- cin.get()：读取一行，遇到分隔符则结束（默认为换行符），换行符被保留在输入序列中。

cin.getline()有三个参数 s、n 和 delim，其中：s 表示字符数组；n 表示读取字符串的最大长度（包括最后的空字符'\0'），若输入的行超出这个长度，超出的字符就会在下一次读取时被继续处理；delim 是字符类型的变量，表示行结束的分隔符（默认是换行符'\n'）。cin.get()与 cin.getline()的用法相同，区别是 cin.getline()会丢弃换行符。

!注意 使用 cin 和 cin.get()后会将换行符保留在输入序列中，解决方法为再调用一次 cin.get()或 cin.ignore()。连续使用 cin 输入无影响，因为使用 cin 输入时会自动跳过换行符。

```
char str[100];
cin>>str;
cout<<str<<endl;
cin.get();             //前面有 cin，在输入流中有回车符
cin.getline(str,10);   //读入一行，最多读入 9 个字符，遇到换行符则停止，最后默认为'\0'
```

```
cout<<str<<endl;
cin.getline(str,10,':'); //读入一行，最多读入9个字符，读到冒号则停止
cout<<str<<endl;
char str1[100], str2[100];
cin>>str1>>str2; //可以输入一个字符串，换行后，再输入一个字符串
cout<<str1<<"\t"<<str2<<endl;
```

1.8.2　C++ string 类型的字符串

C++ string 类型的字符串的长度没有限制，其头文件为#include<string>。C++中的 string 类型隐藏了字符串的数组性质，使用户可以像处理普通变量一样处理字符串。

```
string str;
string str="afsdjkl;sd";
```

⚠ 注意

- 可以使用 C 风格的字符串初始化 string 类型的字符串。
- 可以使用 cin 输入并将输入的内容存储在 string 类型的字符串中。
- 可以使用 cout 输出 string 类型的字符串。
- string 类型的字符串没有 '\0' 的概念。
- char 类型的数组使用了一组用于存储一个字符串的存储单元，而 string 变量使用了一个表示字符串的实体。

string 类型的字符串的长度测量函数有.length()、.size()。

```
string s="0123456789";
cout<<"s.length()="<<s.length()<<endl; //结果为10
cout<<"s.size()="<<s.size()<<endl; //结果为10
```

可以通过 cin 和 getline()输入 string 类型的字符串。getline()有三个参数，即 is、str 和 delim：is 是输入流对象，一般为 cin；str 是对 string 类型的变量的引用，为 string 类型，可以读入任意长度的字符串；delim 表示行结束时的分隔符（默认是'\n'）。

```
string s;
cin>>s;
cout<<s<<endl;
cin.get();           //前面有 cin，在输入流中有回车符，再调用一次 cin.get()跳过这个回车符
getline(cin,s);      //读一行，遇到换行符则停止
cout<<s<<endl;
getline(cin,s,':'); //读入一行，遇到换行符则停止
cout<<s<<endl;
```

训练 19（P5015）：统计在作文的标题中有多少个字符。在标题中可能有大、小写英文字母，以及数字、空格和换行符。在统计字符数时，空格和换行符不计算在内。

```cpp
#include<bits/stdc++.h> //万能头文件
using namespace std;
int main(){
    int cnt=0;
    string s;
    getline(cin,s); //读取一行，丢弃换行符
    for(int i=0;i<s.size();i++)
        if(s[i]!=' ')
            cnt++;
    cout<<cnt;
    return 0;
}
```

1.9 结构体的应用

在程序设计过程中，经常需要将多个数据项组合在一起作为一个数据元素。例如，一个学生的信息包括姓名、学号、性别、年龄、分数等。此时可以将学生的信息定义为结构体类型。

```cpp
struct student{//学生信息结构体
    string name;
    string number;
    string sex;
    int age;
    float score;
};
student a;//定义一个结构体类型的变量a
```

有时为了方便，会使用 typedef 给结构体起一个别名（小名）：

```cpp
typedef struct student{//学生信息结构体
    string name;
    string number;
    string sex;
    int age;
    float score;
}stu;
stu a;//定义一个结构体类型的变量a，与 student a 等效
```

训练 20（P5740）：现有 n 名学生参加了期末考试，并且已经收集到每名学生的信息：姓名（不超过 8 个字符的仅有英文小写字母的字符串）及语文、数学、英语成绩（均为不超过 150 的自然数）。请输出总分最高的学生的各项信息（姓名、各科成绩）。若有多个总分最高的学生，则输出原始名单靠前的那位。

```cpp
#include<iostream>
```

```
using namespace std;
struct student{
    string name; //姓名
    int x,y,z; //三科成绩
}a[1005];
int main(){
    int n,max=0,sum=0,k=0;
    cin>>n;
    for(int i=0;i<n;i++){
        cin>>a[i].name>>a[i].x>>a[i].y>>a[i].z;
        sum=a[i].x+a[i].y+a[i].z;
        if(max<sum){
            max=sum; //记录最高总分
            k=i; //记录总分最高的学生下标
        }
    }
    cout<<a[k].name<<" "<<a[k].x<<" "<<a[k].y<<" "<<a[k].z<<endl;
    return 0;
}
```

1.10 指针的应用

在 C++ 中，指针是一个变量，其值是另一个变量的地址。通过使用指针，可以间接访问或者修改其指向的变量。以下是 C++ 指针的常见使用方式。

1. 指针变量

定义一个指针变量 p，p 存储变量 x 的地址。$*p$ 表示取地址中的内容。

```
int x=10;
int *p=&x; //定义一个指针变量 p，p 被赋值为变量 x 的地址，相当于 int *p; p=&x;
cout<<x<<endl; //10
cout<<*p<<endl; //10
cout<<p<<endl; //0x6ffe14，变量 x 的地址
```

2. 指针与字符串

定义一个指针，指向字符串的首地址，通过指针加法调用字符。

```
char *str="Hello, World!";
cout<<*(str+2)<<endl; //输出 l，即 str[2]
```

3. 指针与数组

定义一个指针，指向数组的首地址，或者在动态分配内存空间定义数组时指向该

内存空间的首地址。

```
int a[5]={1,2,3,4,5};
int *p1=a; //定义一个指针，指向数组的首地址
cout<<*(p1+2)<<endl; //输出 3，即 a[2]，因为 p1 存储数组 a[]的首地址
int *p2=new int(10); //分配内存空间并初始化数组大小为 10
```

4. 指针与结构体

在定义单链表时，每个节点都包含两个域：数据域和指针域。数据域存储数据元素，指针域存储下一个节点的地址，指针指向结构体类型。

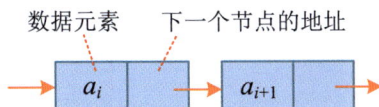

```
typedef struct Lnode{
    int data; //节点的数据域
    struct Lnode *next; //节点的指针域
}Lnode,*LinkList; //LinkList 为指向结构体 LNode 的指针类型
LinkList s; //定义一个指针变量，指向结构体
cin>>s->data; //输入元素的值
```

5. 指针与函数

指针既可以作为函数的参数，也可以作为函数的返回值。例如，定义一个函数，交换两个数。

```
void swap(int *x,int *y){ //交换两个数
    int temp=*x;
    *x=*y;
    *y=temp;
}
int x1=2,x2=3;
swap(&x1,&x2);
cout<<x1<<" "<<x2<<endl; //输出 3 2
```

6. 指针与类

定义一个指针，指向类对象，通过指针调用该类对象的成员。

```
class MyClass{ //定义一个类
public:
    int val; //定义一个公有变量
};
MyClass obj;         //定义一个类对象实例
MyClass *ptr=&obj; //定义一个指针并使其指向类对象 obj
ptr->val=10;
cout<<ptr->val<<endl; //输出 10
```

第 2 章

算法之美

2.1 算法复杂度

瑞士著名科学家 N.Wirth 提出：数据结构+算法=程序。数据结构是程序的骨架，算法是程序的灵魂。算法是对特定问题解决步骤的一种体现方式，不依赖任何语言，既可以用自然语言、C、C++、Java、Python 等体现，也可以用流程图、框图体现。对于同一个问题，可以采用不同的算法解决。那么，怎样才算一个好算法呢？

先看一个例子，写一个算法，求序列之和：$-1,1,-1,1,\cdots,(-1)^n$。

看到这个例子时，你会怎么想？是用 for 语句，还是用 while 语句？

先看算法 sum1：

```
int sum1(int n){
    int sum=0;
    for(int i=1;i<=n;i++)
        sum+=pow(-1,i);//表示 (-1)^i
    return sum;
}
```

该算法可以实现求和运算，但是为什么不这样运算？

$$-1,\ 1,\ -1,\ 1,\cdots,\ (-1)^n$$
$$\underbrace{\qquad}_{0}\ \underbrace{\qquad}_{0}$$

再看算法 sum2：

```
int sum2(int n){
    int sum=0;
    if(n%2==0)
        sum=0;
    else
        sum=-1;
```

```
    return sum;
}
```

假设 $n=10^8$，运行两个程序，比较运行结果和运行时间：

```
sum1=0  time1=10124
sum2=0  time2=0
```

很明显，算法 sum2 的运行时间远远短于算法 sum1，运行速度更快。

再看一个例子：假设第 1 个月有一对刚诞生的兔子，第 2 个月兔子进入成熟期，第 3 个月兔子开始生育兔子，而一对成熟的兔子每月都会生育一对兔子，兔子永不死去……那么，从一对初生兔子开始，12 个月后会有多少对兔子呢？n 个月后又会有多少对兔子呢？

兔子数列即斐波那契数列，这个数列有一个十分明显的特点：从第 3 个月开始，当月兔子数=上月兔子数+当月新生兔子数，而当月新生兔子数正好是上上月兔子数，因此，前面相邻两项之和构成了后一项，即当月兔子数=上月兔子数+上上月兔子数。斐波那契数列为 1,1,2,3,5,8,13,21,34…

斐波那契数列表达式如下：

$$F(n) = \begin{cases} 1 & , n = 1 \\ 1 & , n = 2 \\ F(n-1) + F(n-2) & , n > 2 \end{cases}$$

将斐波那契数列表达式直接写成递归程序。

```
long double fib1(int n){
    if(n<1)
        return -1;
    else if(n==1||n==2)
        return 1;
    else
        return fib1(n-1)+fib1(n-2);
}
```

若采用数组存储每一项，则从前向后递推，可以写成非递归程序。

```
long double fib2(int n){
    if(n<1)
        return -1;
    long double *a=new long double[n+1];
    a[1]=a[2]=1;
    for(int i=3;i<=n;i++){
        a[i]=a[i-1]+a[i-2];
        cout<<a[i]<<endl;
    }
```

```
    long double temp=a[n];
    delete []a;
    return temp;
}
```

两个程序的运行结果和运行时间如下。

```
fib1(10)=55                   time1=4
fib2(10)=55                   time2=3
fib1(30)=832040               time1=17
fib2(30)=832040               time2=2
fib1(50)=1.25863e+010         time1=76269
fib2(50)=1.25863e+010         time2=6
fib1(100)=------------------------------------------
fib2(100)=3.54225e+020        time2=151
```

两个程序的运行结果都正确，但是运行时间随着数据规模 n 的增加，差距越来越大。第 1 个程序计算到 100 的时候，已经非常缓慢了，缓慢到让人无法忍受，以至于将运行窗口关闭。

不知你是否发现，第 2 个程序在 n=10 时，time2=3；在 n=30 时，time2=2。当数值变大时，运行时间反而变短了！其实，同一台机器，每次的运行时间都可能不同，更不必说在不同的机器上运行了。因此在计算算法的时间复杂度时，并不是真的在计算算法的运行时间。

好算法的衡量标准如下。

（1）**正确性**。指算法能够满足解决具体问题的需求，程序运行正常，无语法错误，能够通过典型的软件测试，达到预期的需求规格。

（2）**易读性**。指算法遵循标识符命名规则，简洁、易懂，注释语句恰当、适量，既便于自己和他人阅读，也便于后期调试和修改。

（3）**健壮性**。指算法对非法数据及操作有较好的反应和处理。例如，在信息管理系统中登记电话号码时，少输入 1 位，系统就应该提示出错。

（4）**高效性**。指算法运行效率高，即算法运行所消耗的时间短。算法的时间复杂度就是算法运行需要的时间。现代计算机 1 秒能计算数亿次，因此不能用秒来具体计算算法消耗的时间。由于采用相同配置的计算机进行一次基本运算的时间是一定的，所以我们可以用算法基本运算的执行次数来衡量算法效率，即将算法基本运算的执行次数作为时间复杂度的衡量标准。

（5）**低存储性**。指算法所需的内存空间少。尤其像手机、Pad 这样的嵌入式设备，若算法占用内存空间过大，则无法执行。

算法复杂度包括时间复杂度和空间复杂度。除前 3 条基本标准外，好算法的评判标准就是高效和低存储，高效即时间复杂度低，低存储即空间复杂度低。

2.1.1　时间复杂度

时间复杂度指算法运行需要的时间。一般将算法基本运算的执行次数作为时间复杂度的衡量标准。

```
int sum(int n){
    int sum=0;//1 次
    for(int i=1;i<=n;i++)//n+1 次
        sum+=i;//n 次
    return sum;//1 次
}
```

总执行次数为 $2×n+3$。若用一个函数 $T(n)$ 表达：$T(n)=2n+3$，则当 n 足够大时，例如 $n=10^5$ 时，$T(n)=2×10^5+3$。算法运行时间主要取决于最高项，后面的可以忽略不计。因为若你告诉朋友买车花了 20 万零 199 元，则朋友会认为你花了 20 万元，并不关心尾数。若一个人是亿万富翁，则不管其是有 2 亿元还是有 10 亿元，都是亿万富翁。因此在表达时舍小项、舍系数，只看最高项就可以了。若用时间复杂度的渐进上界 O 表示，则该算法的时间复杂度为 $O(n)$。

其实完全没有必要计算每行代码的运行次数，只计算出现频率最多的语句的运行次数即可。循环内层的语句往往是运行次数最多的，对运行时间贡献最大。例如，在下面的算法中，"total=total+i*j" 是对时间复杂度贡献最大的语句，只计算该语句的运行次数即可。该算法的时间复杂度为 $O(n^2)$。

```
sum=0;            //运行 1 次
total=0;          //运行 1 次
for(i=1;i<=n;i++){ //运行 n+1 次，最后 1 次判断条件不成立，结束
    sum=sum+i;        //运行 n 次
    for(j=1;j<=n;j++)  //运行 n×(n+1) 次
        total=total+i*j;//运行 n×n 次
}
```

并不是对每个算法都能直接计算运行次数。对于某些算法如排序、查找、插入等，可以按最好、最坏和平均情况分别求其渐进复杂度。但在考查一个算法时，通常考查最坏情况，而不是考查最好情况，因为最坏情况对于衡量算法的好坏具有实际意义。

2.1.2　空间复杂度

空间复杂度指算法在运行过程中占用了多少内存空间。算法占用的内存空间包括：输入和输出数据占用的内存空间、算法本身占用的内存空间、额外需要的辅助空间。

输入和输出数据占用的内存空间是必需的。算法本身占用的内存空间可以通过精

简算法来压缩，但压缩的量很小，可以忽略不计。程序在运行时使用的辅助变量占用的内存空间就是辅助空间，是衡量空间复杂度的关键因素。一般将算法的辅助空间作为衡量空间复杂度的标准。

例如，将两个数交换。

```
swap(int x,int y){//x 与 y 交换
    int temp;
    temp=x;    //① temp 为辅助空间
    x=y;       //②
    y=temp;    //③
}
```

这两个数的交换过程如下图所示。

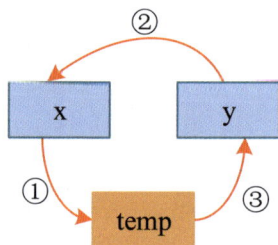

上图中的步骤标号与函数 swap()中的语句标号一一对应，该算法使用了一个辅助空间 temp，空间复杂度为 $O(1)$。

⚠️注意　在递归算法中，每次递推都需要一个栈空间来保存调用记录，因此在计算空间复杂度时需要计算递归栈的辅助空间。

例如，计算 n 的阶乘。

```
long long fac(int n){
    if(n<0)
        return -1;
    else if(n==0||n==1)
        return 1;
    else
        return n*fac(n-1);
}
```

递推和回归在系统内部使用栈实现，栈空间的大小为递归树的深度。计算 n 的阶乘，其递归树如下图所示。

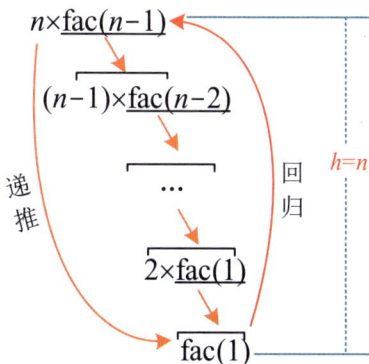

计算 n 的阶乘时，递归树的深度为 n，因此计算 n 的阶乘的递归算法的空间复杂度为 $O(n)$。

常见算法的时间复杂度如下。

（**1**）**常数阶**：算法运行的次数是一个常数，例如 5、20、100，通常用 $O(1)$ 表示。

（**2**）**对数阶**：具有对数阶时间复杂度的算法的运行效率较高，常见的有 $O(\log n)$、$O(n\log n)$ 等。

（**3**）**多项式阶**：对很多算法的时间复杂度都可以用多项式表达，常见的有 $O(n)$、$O(n^2)$、$O(n^3)$ 等。

（**4**）**指数阶**：具有指数阶时间复杂度的算法的运行效率极差，是程序员避之不及的，常见的有 $O(2^n)$、$O(n!)$、$O(n^n)$ 等。

常见的时间复杂度函数曲线如下图所示。

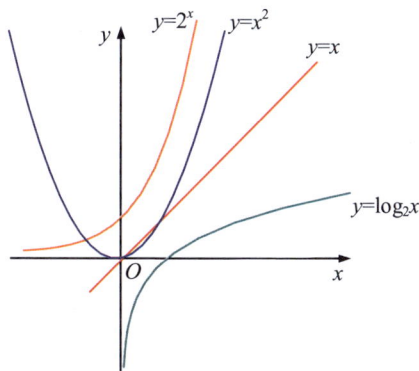

从上图可以看出，指数阶增量随着 x 的增加而急剧增加，而对数阶增量增加缓慢。它们之间的关系为 $O(1) < O(\log n) < O(n) < O(n\log n) < O(n^2) < O(n^3) < O(2^n) < O(n!) < O(n^n)$。

通过曲线可以大致看出时间复杂度在数量级上的差别，但仍不形象。下面通过具体的时间来看看时间复杂度在数量级上的差别。

因为一天有 24 小时，每小时有 60 分钟，每分钟有 60 秒，所以可大致计算如下。

- 一天：$24\times60\times60\approx25\times4000=10^5$ 秒。
- 一年：$365\times10^5\approx3\times10^7$ 秒。
- 100 年：$100\times3\times10^7\approx3\times10^9$ 秒。
- 三生三世：$3\times3\times10^9\approx10^{10}$ 秒。

若有 10 亿数据要排序，10 亿=10^9，则两种不同机器运算的时间如下。

（1）普通计算机：10^9 次运算/秒。

- 若排序的时间复杂度为 $O(n^2)$，则需要 $(10^9)^2/10^9=10^{18}/10^9=10^9$ 秒≈30 年。
- 若排序的时间复杂度为 $O(n\log n)$，则需要 $(10^9\times\log10^9)/10^9=(10^9\times30)/10^9=30$ 秒。

（2）超级计算机：10^{17} 次运算/秒。

- 若排序的时间复杂度为 $O(n^2)$，则需要 $(10^9)^2/10^{17}=10^{18}/10^{17}=10$ 秒。
- 若排序的时间复杂度为 $O(n\log n)$，则需要 $(10^9\times\log10^9)/10^{17}=(10^9\times30)/10^{17}=$ 3×10^{-7} 秒。

> ⚠ **注意** $2^{10}=1024\approx10^3$，$2^{30}\approx10^9$，$\log10^3\approx\log2^{10}\approx10$，$\log10^9\approx\log2^{30}\approx30$。

2.2 函数

函数是对实现某一功能的代码的模块化封装，其定义如下：

```
返回值类型  函数名(参数类型 参数名1,…,参数类型 参数 n){
    执行语句
    …;
}
```

若没有返回值，则返回值类型为 void。若前面有函数原型声明，则可以将对函数的定义放在被调用函数之后。定义函数时的参数被称为"形式参数"。函数在被调用时，将实际参数依次传递给形式参数。

2.2.1 标准函数

训练 1（P5737）：输入 x、y，输出 $[x,y]$ 区间闰年的数量，并在下一行输出所有闰年的年份数字。

```
#include<iostream>
using namespace std;
int ans[1500];
bool judge(int year){  //判断 year 是否为闰年
    if((year%4==0&&year%100!=0)||year%400==0)//能被 4 整除但不能被 100 整除,或者能被 400
                                             //整除,这样的年是闰年
```

```
        return true;
    else
        return false;
}
int main(){
    int x,y,cnt=0;
    cin>>x>>y;
    for(int i=x;i<=y;i++){ //枚举[x,y]区间的每个年份
        if(judge(i))   //判断是否为闰年
            ans[cnt++]=i;  //记录闰年的年份
    }
    cout<<cnt<<endl;
    for(int i=0;i<cnt;i++)
        cout<<ans[i]<<" ";
    return 0;
}
```

2.2.2 传值参数

函数在被调用时，将实际参数的值复制一个副本并赋值给形式参数，形式参数在函数内部的改变不影响实际参数，传值参数在函数内部的改变在出了函数后无效。

训练 2：输入 x、y，输出交换后的两个数。

```
#include<iostream>
using namespace std;
void swap(int x,int y){//传值参数
    int temp;
    temp=x;
    x=y;
    y=temp;
    cout<<"交换中"<<x<<"\t"<<y<<endl;
}
int main(){
    int a,b;
    cin>>a>>b;
    cout<<endl;
    cout<<"交换前"<<a<<"\t"<<b<<endl;
    swap(a,b);
    cout<<"交换后"<<a<<"\t"<<b<<endl;
    return 0;
}
```

2.2.3 引用参数

引用参数是指在参数前加"&"符号，在调用函数时，形式参数和实际参数指向

同一内存空间，形式参数在函数内部的改变影响实际参数，引用参数在函数内部的改变在出了函数后仍然有效。

训练3：输入 x、y，输出交换后的两个数。

```cpp
#include<iostream>
using namespace std;
void swap(int &x,int &y){//引用参数
    int temp;
    temp=x;
    x=y;
    y=temp;
    cout<<"交换中"<<x<<"\t"<<y<<endl;
}
int main(){
    int a,b;
    cin>>a>>b;
    cout<<endl;
    cout<<"交换前"<<a<<"\t"<<b<<endl;
    swap(a,b);
    cout<<"交换后"<<a<<"\t"<<b<<endl;
    return 0;
}
```

2.2.4 数组参数

训练4（B2057）：孙老师讲授的《计算概论》期中考试刚刚结束，他想知道这次考试的最高分数。输入的内容包括考试的人数 n（$1 \leqslant n < 100$）和 n 个学生的成绩。

```cpp
#include<iostream>
using namespace std;
int n,a[105];
int maxval(int a[],int n){ //a[n]作为参数时，要分开写，a[]也可被写为*a
    int ans=0;
    for(int i=0;i<n;i++) //枚举每个分数，求最高分数
        if(ans<a[i])
            ans=a[i];
    return ans;
}
int main(){
    cin>>n;
    for(int i=0;i<n;i++)
        cin>>a[i];
    cout<<maxval(a,n)<<endl;
    return 0;
}
```

2.3　递归

递归调用是函数内部调用自身的过程。递归必须要有结束条件，否则会进入无限递归状态，永远无法结束。

2.3.1　递归函数

训练 5（P5739）：求 $n!$，$n!=1×2×3×\cdots×n$。

解析：因为 $n!=n×(n-1)!$，所以可以进行递归调用，只对特殊情况进行判断，将其作为递归结束条件。当 $n=0$ 或者 $n=1$ 时直接返回 1，在其他情况下直接进行递归调用。

```cpp
#include<iostream>
using namespace std;
int fac(int n){
    if(n==0||n==1) return 1;
    return n*fac(n-1);
}
int main(){
    int n;
    cin>>n;
    cout<<fac(n);
    return 0;
}
```

2.3.2　递归的原理

递归包括递推和回归。递推指先将原问题不断分解为子问题，直到达到结束条件，返回最近子问题的解；然后逆向逐一回归，最终到达递推开始时的原问题，返回原问题的解。

阶乘是典型的递归调用方式，5 的阶乘递推、回归过程如下图所示。

上图中的递推、回归过程是从逻辑思维上推理并用图进行形象表达的，但其在计算机内部是被怎样处理的呢？计算机使用了一种被称为"栈"的数据结构，它类似于一个放了一摞盘子的容器，每次放进去一个，拿出来的时候只能从顶端拿一个，不允许从中间插入或抽取，因此被称为"后进先出"（Last In First Out，LIFO）。

5 的阶乘递推（入栈）过程的形象表达如下图所示，在实际递归中传递的是参数的地址。

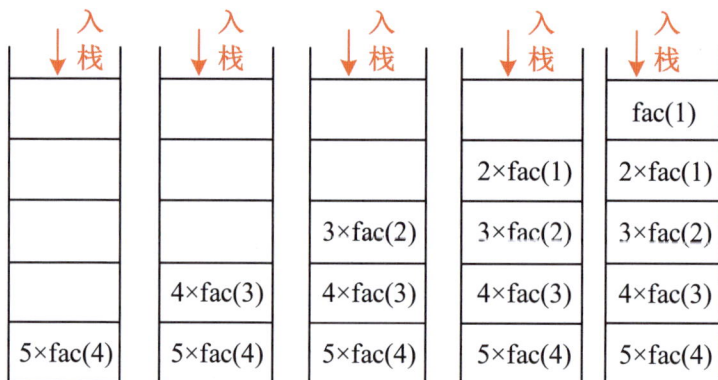

入栈	入栈	入栈	入栈	入栈
				fac(1)
			2×fac(1)	2×fac(1)
		3×fac(2)	3×fac(2)	3×fac(2)
	4×fac(3)	4×fac(3)	4×fac(3)	4×fac(3)
5×fac(4)	5×fac(4)	5×fac(4)	5×fac(4)	5×fac(4)

5 的阶乘回归（出栈）过程的形象表达如下图所示，首先一步步地让子问题入栈，直到直接可解，得到返回值，再一步步地出栈，最终得到递归结果。在运算过程中使用了 5 个栈空间作为辅助空间。

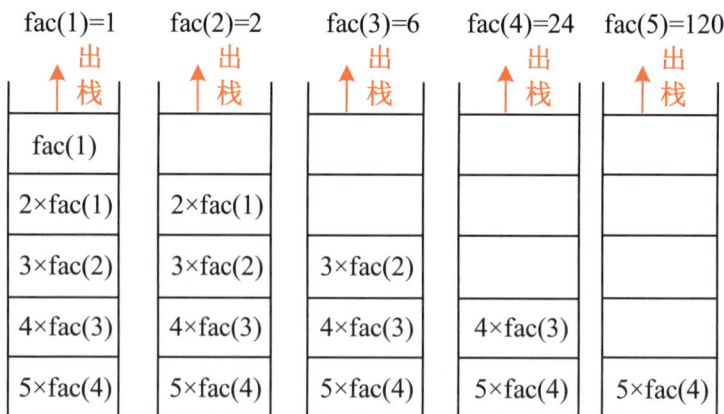

fac(1)=1	fac(2)=2	fac(3)=6	fac(4)=24	fac(5)=120
出栈	出栈	出栈	出栈	出栈
fac(1)				
2×fac(1)	2×fac(1)			
3×fac(2)	3×fac(2)	3×fac(2)		
4×fac(3)	4×fac(3)	4×fac(3)	4×fac(3)	
5×fac(4)	5×fac(4)	5×fac(4)	5×fac(4)	5×fac(4)

训练 6（B2064）：斐波那契数列的第 1 个数和第 2 个数都为 1，接下来的每个数都等于前面两个数之和。给出一个正整数 k，请输出斐波那契数列中的第 k 个数。

解析：斐波那契数列的递归表达式如下：

$$F(n) = \begin{cases} 1 & , n = 1 \\ 1 & , n = 2 \\ F(n-1) + F(n-2) & , n > 2 \end{cases}$$

以 $F(6)$ 为例，递归求解过程如下图所示。

代码如下。

```cpp
#include<iostream>
using namespace std;
int fib(int n){
    if(n==1||n==2)    //进行特殊情况判断，直接返回结果
        return 1;
    return fib(n-1)+fib(n-2);  //递归调用，当前项等于前两项之和
}
int main(){
    int n,k;
    cin>>n;
    for(int i=1;i<=n;i++){
        cin>>k;
        cout<<fib(k)<<endl;
    }
    return 0;
}
```

训练 7（P1427）：小鱼最近参加了一个数字游戏，需要把看到的一串数字记住后反着念出来。这对小鱼来说实在是太难了，请你帮小鱼解决这个问题。输入一串以空格隔开的整数，以 0 结束。

解析：本题要求逆序输出一个序列，这既可以通过栈实现，也可以通过递归算法实现。

```cpp
#include<bits/stdc++.h>
using namespace std;

void print(){
    int x;
```

```
    cin>>x;
    if(x==0) return; //递归结束条件
    print(); //递归调用
    cout<<x<<" "; //调用结束时输出 x
}

int main(){
    print();
    return 0;
}
```

训练 8（B3634）：输入两个整数 *a* 和 *b*，求它们的最大公约数（gcd）和最小公倍数（lcm）。这两个整数均为 int 类型。

解析：本题求解最大公约数和最小公倍数。对于最大公约数，可以通过辗转相除法求解，当 m=0 时，直接返回 n，否则递归求解 m 和 n%m 的最大公约数。两个数的最小公倍数等于两数之积除以两数的最大公约数。

```
#include<iostream>
using namespace std;

int gcd(int n,int m) { //最大公约数
    if(m==0) return n;
    return gcd(m,n%m);
}

long long lcm(int n,int m) { //最小公倍数，定义为 long long 类型，以免溢出
    return (long long)n*m/gcd(n,m); //需要转换为 long long 类型，以免溢出
}

int main(){
    int a,b;
    cin>>a>>b;
    cout<<gcd(a,b)<<" "<<lcm(a,b);//输出 a 和 b 的最大公约数、最小公倍数
    return 0;
}
```

第3章

线性表的应用

线性表是由 n（$n \geqslant 0$）个具有相同数据类型的元素组成的有限序列，它是最常用的一种基础线性结构。顾名思义，线性表就像一条线，不会分叉。线性表有唯一的头和尾，除了第 1 个元素，每个元素都有唯一的直接前驱；除了最后一个元素，每个元素都有唯一的直接后继，如下图所示。

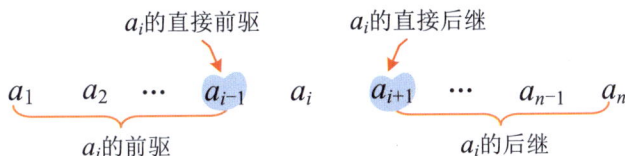

> ⚠ **注意** 为了描述方便，本书之后提到的前驱和后继分别与直接前驱和直接后继同义。

线性表有两种存储方式：**顺序存储方式**和**链式存储方式**。采用顺序存储方式的线性表被称为"顺序表"，采用链式存储方式的线性表被称为"链表"。

3.1 顺序表

顺序表采用的是顺序存储方式，即逻辑上相邻的数据在计算机内的存储位置也是相邻的。在顺序存储方式中，对元素的存储是连续的，中间不允许有空，这样可以快速定位某个元素，但是在插入、删除某个元素时需要移动大量元素。在顺序表中，最简单的存储数据的方法是使用一个定长数组 data[]，最大内存空间数为 Maxsize，用 length 记录实际的元素数量，即顺序表的长度。

实际的元素数量length=7

3.1.1 插入

在顺序表中的第 i 个位置之前插入一个元素 e 时，需要从最后一个元素开始后移一位，直到第 i 个元素也后移一位，之后把 e 放入第 i 个位置，如下图所示。

有 $n-i+1$ 个元素后移一位

| a_1 | a_2 | $\cdots$ | $a_i \rightarrow$ | $\cdots \rightarrow$ | $a_n \rightarrow$ | | | |

例如，在顺序表中的第 5 个位置之前插入一个元素 9，其示意图如下图所示。

后移一位 →

| 0 | 1 | 2 | 3 | 4 | 5 | 6 | 7 | |
| 3 | 5 | 6 | 7 | 2 | 8 | 10 | 1 | |

（1）移动元素。从最后一个元素开始后移一位，移动过程如下图所示。

| 0 | 1 | 2 | 3 | 4 | 5 | 6 | 7 | 8 |
| 3 | 5 | 6 | 7 | 2 | 8 | 10 | → | 1 |

| 0 | 1 | 2 | 3 | 4 | 5 | 6 | 7 | 8 |
| 3 | 5 | 6 | 7 | 2 | 8 | → | 10 | 1 |

| 0 | 1 | 2 | 3 | 4 | 5 | 6 | 7 | 8 |
| 3 | 5 | 6 | 7 | 2 | → | 8 | 10 | 1 |

| 0 | 1 | 2 | 3 | 4 | 5 | 6 | 7 | 8 |
| 3 | 5 | 6 | 7 | → | 2 | 8 | 10 | 1 |

（2）插入元素。此时第 5 个位置空了出来，将要插入的元素 9 放入第 5 个位置，如下图所示。

| 0 | 1 | 2 | 3 | 4 | 5 | 6 | 7 | 8 |
| 3 | 5 | 6 | 7 | 9 | 2 | 8 | 10 | 1 |

算法分析：可以在第 i 个位置之前插入元素，$i=1,2,\cdots,n+1$，共有 $n+1$ 种情况。在第 i 个位置之前插入元素时，移动元素的次数为 $n-i+1$。把每种情况下的移动次数都乘以其插入概率 p_i 并求和，即平均情况下的时间复杂度。若每个位置的插入概率均等，即每个位置的插入概率均为 $1/(n+1)$，则平均情况下的时间复杂度计算如下：

$$\sum_{i=1}^{n+1} p_i \times (n-i+1) = \frac{1}{n+1} \sum_{i=1}^{n+1} (n-i+1) = \frac{1}{n+1}(n+(n-1)+\cdots+1+0) = \frac{n}{2}$$

也就是说，若每个位置的插入概率均等，则在顺序表中插入元素的平均情况下的时间复杂度为 $O(n)$。

3.1.2 删除

在顺序表中删除第 i 个元素时，需要首先将该元素暂存到变量 x 中，然后从第 $i+1$ 个元素开始前移，直到第 n 个元素也前移一位，即可完成删除操作，如下图所示。

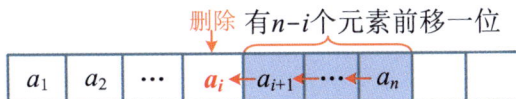

删除 有 $n-i$ 个元素前移一位

| a_1 | a_2 | $\cdots$ | a_i | a_{i+1} | $\cdots$ | a_n | | |

例如，从顺序表中删除第 5 个元素，其示意图如下图所示。

前移一位

| 0 | 1 | 2 | 3 | 4 | 5 | 6 | 7 | | |
| 3 | 5 | 6 | 7 | 2̸ | 8 | 10 | 1 | | |

（1）移动元素。首先将待删除元素 2 暂存到变量 x 中，然后从第 6 个元素开始前移一位，移动元素的过程如下图所示。

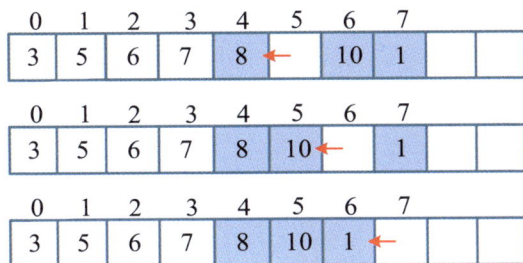

| 0 | 1 | 2 | 3 | 4 | 5 | 6 | 7 | | |
| 3 | 5 | 6 | 7 | 8 | | 10 | 1 | | |

| 0 | 1 | 2 | 3 | 4 | 5 | 6 | 7 | | |
| 3 | 5 | 6 | 7 | 8 | 10 | | 1 | | |

| 0 | 1 | 2 | 3 | 4 | 5 | 6 | 7 | | |
| 3 | 5 | 6 | 7 | 8 | 10 | 1 | | | |

（2）删除元素后表的长度减 1。

算法分析：在顺序表中删除元素共有 n 种情况，删除第 i 个元素时，移动元素的次数为 $n-i$。把每种情况下的移动次数都乘以其删除概率 p_i 并求和，即平均情况下的时间复杂度。若每个元素的删除概率均等，即每个元素的删除概率均为 $1/n$，则在顺序表中删除元素的平均情况下的时间复杂度计算如下：

$$\sum_{i=1}^{n} p_i \times (n-i) = \frac{1}{n} \sum_{i=1}^{n} (n-i) = \frac{1}{n}((n-1) + \cdots + 1 + 0) = \frac{n-1}{2}$$

也就是说，若每个元素的删除概率均等，则在顺序表中删除元素的平均情况下的时间复杂度为 $O(n)$。

- 顺序表的优点：操作简单，存储密度高，可以随机存取，进行存取的时间复

杂度为 $O(1)$。

- 顺序表的缺点：进行插入和删除操作需要移动大量元素，平均情况下的时间复杂度均为 $O(n)$。

若经常需要进行插入、删除操作，则采用顺序存储方式效率较低，可以采用链式存储方式。

3.2 链表

3.2.1 单链表

链表是采用了链式存储方式的线性表，即逻辑上相邻的数据在计算机内的存储位置不一定相邻，则怎么表示逻辑上的相邻关系呢？可以给每个元素都附加一个指针域，存储下一个节点的地址，即该指针指向下一个节点，如下图所示。

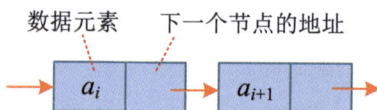

每个节点都包含两个域：数据域和指针域。数据域存储数据元素，指针域存储下一个节点的地址，指针指向节点。若链表中的每个指针都指向下一个节点，都朝向一个方向，则这样的链表被称为"单向链表"或"单链表"。

单链表的节点结构体定义如下图所示。

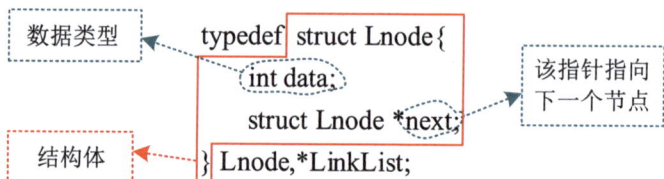

在定义了节点结构体之后，就可以把若干节点连接在一起，形成一个单链表。

不管这个单链表有多长，只要找到它的头，就可以拉起整个单链表。因此若给这个单链表设置一个头指针，则这个单链表的每个节点就都可被找到了。

有时为了操作方便，还会给单链表增加一个不存储数据的头节点（也可以存储单链表的长度等信息）。给单链表加上头节点，就像给铁链子加上钥匙扣。

若想在顺序表中找到第 i 个元素，则可以立即通过 L.elem[$i-1$]找到，想找哪个就找哪个，这叫作"随机存取"。但若想在单链表中找到第 i 个元素，则该怎么办？答案是必须从头开始，按顺序一个一个地找，一直找到第 i 个元素，这叫作"顺序存取"。

（1）插入。在节点 i 之前插入元素 e，相当于在节点 $i-1$ 之后插入元素 e。假设 p 指针指向节点 $i-1$，s 指针指向待插入的新节点，则插入操作如下图所示。

其中，"s->next=p->next"表示将 p 下一个节点的地址赋值给 s 的指针域，即 s 的 next 指针指向 p 的下一个节点；"p->next=s"表示将 s 的地址赋值给 p 的指针域，即 p 的 next 指针指向 s。

算法代码：

```
bool ListInsert_L(LinkList &L,int i,int e){//在带头节点的单链表L中的第i个位置插入e
    LinkList p=L,s;
    int j=0;
    while(p&&j<i-1){ //查找第i-1个节点，p指向该节点
        p=p->next;
        j++;
    }
    if(!p||j>i-1) //i>n+1或者i<1
        return false;
    s=new Lnode;        //生成新节点
    s->data=e;          //将新节点的数据域置为e
    s->next=p->next;    //将新节点的指针域指向aᵢ
    p->next=s;          //将p的指针域指向s
    return true;
}
```

（2）删除。删除一个节点，实际上就是跳过这个节点。根据单链表向后操作的特性，要想跳过节点 i，就必须先找到节点 $i-1$，否则是无法跳过的，如下图所示。

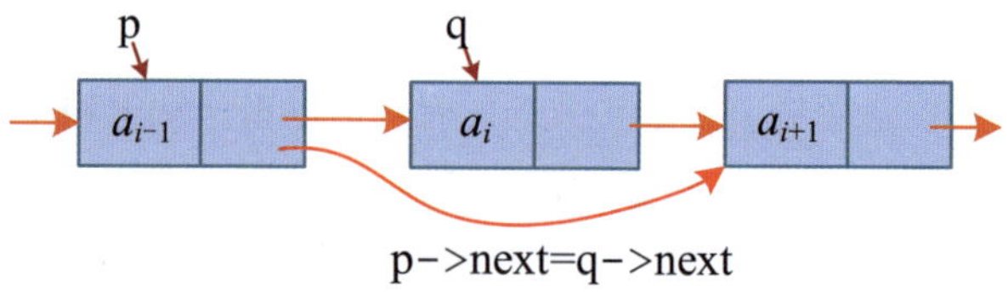

p->next=q->next

其中，"p->next=q->next"表示将 q 的下一个节点的地址赋值给 p 的指针域。

在有关指针的赋值语句中，等号右侧是节点的地址，等号左侧是节点的指针域，如下图所示。

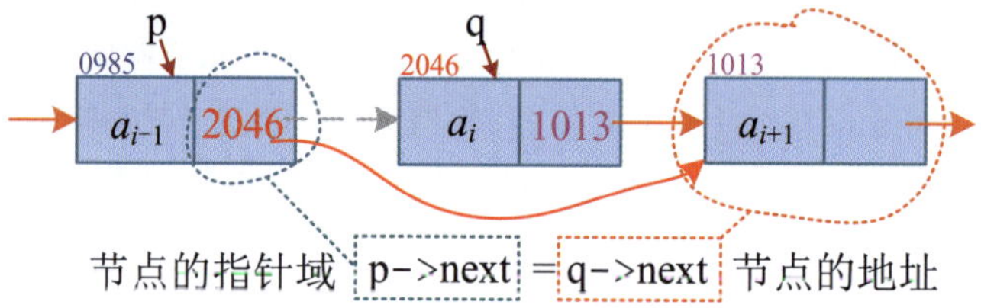

节点的指针域 p->next = q->next 节点的地址

在上图中，假设 q 下一个节点的地址为 1013，该地址被存储在 q->next 里面，因此等号右侧 q->next 的值为 1013。把该地址赋值给 p 的 next 指针域，把原来的值 2046 覆盖，这样，p->next 的值也为 1013，相当于跳过了 q。赋值之后如下图所示。之后用 delete q 释放被删除节点占用的内存空间。

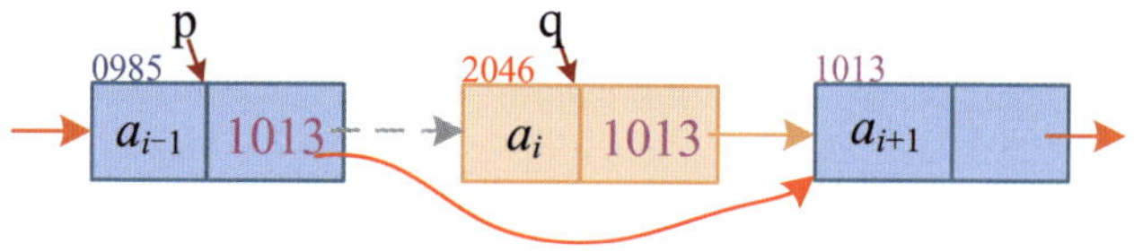

算法代码：

```
bool ListDelete_L(LinkList &L, int i){ //在带头节点的单链表 L 中删除节点 i
    LinkList p=L,q;
    int j=0;
    while(p->next&&j<i-1){ //查找节点 i-1，p 指向该节点
        p=p->next;
        j++;
    }
    if(!(p->next)||(j>i-1))//当 i>n 或 i<1 时，删除位置不合理
        return false;
    q=p->next;          //q 指向被删除节点
    p->next=q->next;    //改变被删除节点的前驱 p 的指针域
    delete q;           //释放被删除节点 q 占用的内存空间
    return true;
}
```

在单链表中，每个节点除了存储自身数据，还存储下一个节点的地址，因此可以

轻松访问下一个节点及其所有后继，但是不能再访问前面的节点了，因为在单链表中只能向后操作，不能向前操作。例如在删除 q 时，要先找到它的上一个节点 p，然后才能删掉 q。若需要向前操作，则该怎么办呢？可以借助另一种链表——双向链表。

3.2.2　双向链表

在单链表中，每个节点都被附加了一个指针域，指向下一个节点。在单链表中只能向后操作，不能向前操作。为了向前、向后操作方便，可以给每个节点都附加两个指针域，一个指针域存储上一个节点的地址，另一个指针域存储下一个节点的地址。这种链表被称为"双向链表"，如下图所示。

从上图可以看出，双向链表的每个节点都包含三个域：数据域和两个指针域。两个指针域分别存储上一个和下一个节点的地址，即指向前驱和后继。

双向链表的节点结构体定义如下图所示。

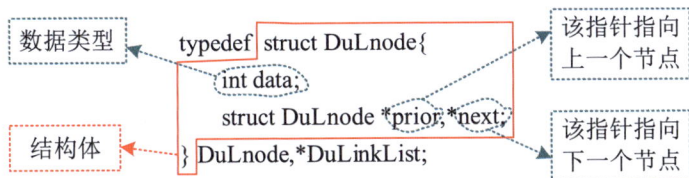

1. 插入

单链表只有一个指针域，是向后操作的，不能向前操作，因此若要在单链表的节点 i 之前插入一个元素，则必须先找到节点 $i-1$。在节点 i 之前插入一个元素相当于把新节点放在节点 $i-1$ 之后。而双向链表因为有两个指针，可以向前、后两个方向操作，所以可以直接找到节点 i，把新节点插入节点 i 之前。

> ⚠ 注意　这里假设节点 i 是存在的，若节点 i 不存在，而节点 $i-1$ 存在，则还需要找到节点 $i-1$，将新节点插入节点 $i-1$ 之后，如下图所示。

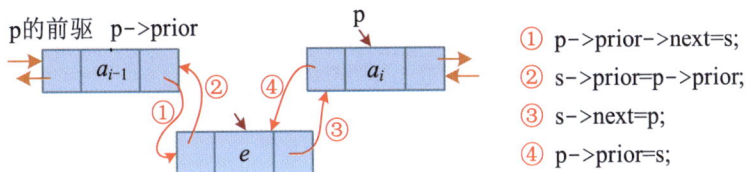

① p->prior->next=s;
② s->prior=p->prior;
③ s->next=p;
④ p->prior=s;

其中：

①表示将 s 的地址赋值给 p 的前驱的 next 指针域，即 p 的前驱的 next 指针指向 s；

②表示将 p 的前驱的地址赋值给 s 的 prior 指针域，即 s 的 prior 指针指向 p 的前驱；

③表示将 p 的地址赋值给 s 的 next 指针域，即 s 的 next 指针指向 p；

④表示将 s 的地址赋值给 p 的 prior 指针域，即 p 的 prior 指针指向 s。

因为 p 的前驱无标记，一旦修改了 p 的 prior 指针，p 的前驱就找不到了，所以最后修改这个指针。修改指针顺序的原则：先修改没有指针标记的那一端。

算法代码：

```
bool ListInsert_L(DuLinkList &L,int i,int e) {//在第 i 个位置之前插入元素 e
    DuLinkList p=L,s;
    int j=0;
    while(p&&j<i){ //查找节点 i，p 指向该节点
        p=p->next;
        j++;
    }
    if(!p||j>i)//i>n+1 或者 i<1
        return false;
    s=new DuLnode;         //生成新节点
    s->data=e;             //将新节点的数据域置为元素 e
    p->prior->next=s;
    s->prior=p->prior;
    s->next=p;
    p->prior=s;
    return true;
}
```

2．删除

删除一个节点，实际上就是跳过这个节点。在单链表中必须先找到节点 $i-1$，才能把节点 i 跳过去。在双向链表中则不必如此，直接找到节点 i，之后修改指针即可，如下图所示。

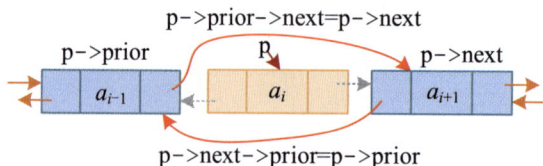

"p->prior->next=p->next"表示将 p 的后继的地址赋值给 p 的前驱的 next 指针域。即 p 的前驱的 next 指针指向 p 的后继。

> ⚠ **注意**　等号右侧是节点的地址，等号左侧是节点的指针域。

"p->next->prior=p->prior" 表示将 p 的前驱的地址赋值给 p 的后继的 prior 指针域。即 p 的后继的 prior 指针指向 p 的前驱。此项修改的前提是 p 的后继存在，若不存在，则无须修改此项。

这样就跳过了节点 p。之后用 delete p 释放被删除节点占用的内存空间。在删除节点时，修改指针没有顺序，先修改哪个指针都可以。

算法代码：

```
bool ListDelete_L(DuLinkList &L,int i){//删除第i个元素
    DuLinkList p=L;
    int j=0;
    while(p&&(j<i)){ //查找节点i，p指向该节点
        p=p->next;
        j++;
    }
    if(!p||(j>i))//当i>n或i<1时，删除位置不合理
        return false;
    if(p->next) //若p的后继存在
        p->next->prior=p->prior;
    p->prior->next=p->next;
    delete p;    //释放被删除节点占用的内存空间
    return true;
}
```

3.2.3　循环链表

在单链表中只能向后操作，不能向前操作，若从当前节点开始，则无法访问该节点前面的节点；若最后一个节点的指针指向头节点，形成一个环，就可以从任何一个节点出发，访问所有节点，这就是循环链表。循环链表与普通链表的区别，就是最后一个节点的后继指针是否指向了头节点。下面看看单链表和单向循环链表的区别。单链表如下图所示。

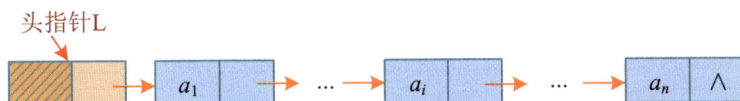

单向循环链表最后一个节点的 next 指针域不为空，而是指向了头节点，如下图所示。

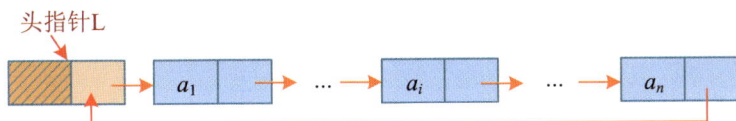

而单链表和单向循环链表判定空表的条件也发生了变化：单链表为空表时，L->next=NULL；单向循环链表为空表时，L->next=L，如下图所示。

在双向循环链表中，除了要让最后一个节点的后继指针指向节点 1，还要让头节点的前驱指针指向最后一个节点。双向循环链表为空表时，L->next=L->prior=L。

链表的优点和缺点如下。

- 链表的优点：链表是动态存储的，不需要预先分配最大内存空间数。进行插入、删除时不需要移动元素。
- 链表的缺点：每次都动态分配一个节点，每个节点的地址都是不连续的，需要由指针域记录下一个节点的地址，指针域需要占用一个 int 类型变量的内存空间，因此存储密度低（数据所占内存空间/节点所占总内存空间）。存取元素时必须从头到尾按顺序查找，属于顺序存取方式。

3.2.4　静态链表

链表还有另一种静态表示方式：用一个一维数组存储数据，用另一个一维数组（简称"后继数组"）记录当前数据的后继的下标。

例如，一个动态单向循环链表如下图所示。

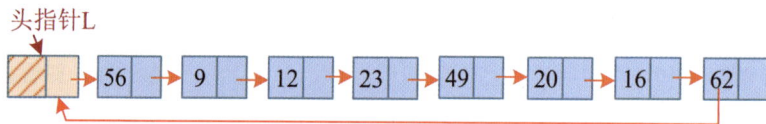

通过静态链表，可以首先把上图所示链表的数据存储在一维数组 data[]中，然后用后继数组 right[]记录每个元素的后继的下标，如下图所示。

data[]	0	1	2	3	4	5	6	7	8	9	10
		56	9	12	23	49	20	16	62		

right[]	0	1	2	3	4	5	6	7	8	9	10
	1	2	3	4	5	6	7	8	0		

data[]的 0 内存空间没有存储数据，作为头节点。right[1]=2，代表 data[1]的后继的下标为 2，即 data[2]，也就是说，元素 56 的后继为元素 9；right[8]=0，代表 data[8]的后继为头节点。

1．插入

若要在第 6 个元素之前插入一个元素 25，则只需首先将元素 25 放入 data[] 的尾部，即 data[9]=25，然后修改 right[5]=9，right[9]=6，如下图所示。

插入 25

	0	1	2	3	4	5	6	7	8	9	10
data[]		56	9	12	23	49	20	16	62	25	

	0	1	2	3	4	5	6	7	8	9	10
right[]	1	2	3	4	5	9	7	8	0	6	

插入之后，5 的后继为 9，9 的后继为 6，如下图所示。

5 → 9 → 6

相当于 9 被插入 5 和 6 之间，即插入 6 之前。也就是说，元素 49 的后继为元素 25，元素 25 的后继为元素 20。这样就相当于把元素 25 插入元素 49 和元素 20 之间了。是不是也很方便？不需要移动元素，只改动后继数组就可以了。

2．删除

若要删除第 3 个元素，则只需修改 right[2]=4，如下图所示。此时，2 的后继为 4，相当于跳过了第 3 个元素，实现了删除功能，而第 3 个元素并未被真正删除，只是已不在链表中。这样做的好处是不需要移动大量元素。

	0	1	2	3	4	5	6	7	8	9	10
data[]		56	9	~~12~~	23	49	20	16	62	25	

	0	1	2	3	4	5	6	7	8	9	10
right[]	1	2	4	4	5	9	7	8	0	6	

想一想： 为什么不直接在后继数组中存储数据？

静态链表通常存储后继的下标，而不是直接存储数据，除非特殊需要。因为数组下标为 int 类型的数据有可能为 long long 类型或结构体类型，占用的字节数更多。

怎么表示静态双向链表呢？例如，一个动态双向链表如下图所示。

头指针 L

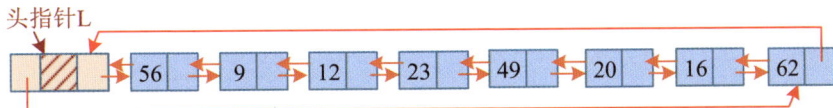

可以首先用静态双向链表把数据存储在一维数组 data[] 中，然后用前驱数组 left[] 记录每个元素的前驱的下标，用后继数组 right[] 记录每个元素的后继的下标，如下图所示。

	0	1	2	3	4	5	6	7	8	9	10
data[]		56	9	12	23	49	20	16	62		

	0	1	2	3	4	5	6	7	8	9	10
left[]	8	0	1	2	3	4	5	6	7		

	0	1	2	3	4	5	6	7	8	9	10
right[]	1	2	3	4	5	6	7	8	0		

left[1]=0，表示 data[1]没有前驱；right[1]=2，表示 data[1]的后继的下标为 2，即 data[2]。left[8]=7，right[8]=0，表示 data[8]的前驱为 data[7]，data[8]没有后继。

1. 插入

若要在第 6 个元素之前插入一个元素 25，则只需首先将元素 25 放入 data[]的尾部，即 data[9]=25，然后修改前驱数组和后继数组，left[9]=5，right[5]=9，left[6]=9，right[9]=6，如下图所示。

插入25

	0	1	2	3	4	5	6	7	8	9	10
data[]		56	9	12	23	49	20	16	62	**25**	

	0	1	2	3	4	5	6	7	8	9	10
left[]	8	0	1	2	3	4	**9**	6	7	**5**	

	0	1	2	3	4	5	6	7	8	9	10
right[]	1	2	3	4	5	**9**	7	8	0	**6**	

插入之后，9 的前驱为 5，5 的后继为 9，6 的前驱为 9，9 的后继为 6，如下图所示。

$$5 \leftrightarrows 9 \leftrightarrows 6$$

相当于 9 被插入 5 和 6 之间，即插入 6 之前，不需要移动元素，只改动前驱数组和后继数组就可以了。

2. 删除

若要删除第 3 个元素，则只需修改 left[4]=2，right[2]=4，如下图所示。和静态单链表一样，第 3 个元素并未被真正删除，只是已不在链表中。

	0	1	2	3	4	5	6	7	8	9	10
data[]		56	9	~~12~~	23	49	20	16	62		

	0	1	2	3	4	5	6	7	8	9	10
left[]	8	0	1	2	**2**	4	5	6	7		

	0	1	2	3	4	5	6	7	8	9	10
right[]	1	2	4	4	5	6	7	8	0		

删除之后，4 的前驱为 2，2 的后继为 4，跳过了 3。

3.3 栈

后进先出的线性序列被称为"栈"。栈是一种操作受限的线性表，只能在一端进出。进出的一端被称为"栈顶"，另一端被称为"栈底"，如下图所示。

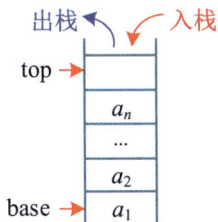

顺序栈需要两个指针：base 和 top，base 指向栈底，top 指向栈顶。

!注意 栈只能在一端操作，后进先出的特性是人为规定的，也就是说，不允许在中间进行查找、取值、插入、删除等操作，但顺序栈本身采用的是顺序存储方式，确实能够从中间取出一个元素，但这样就不是栈了。

顺序栈的基本操作包括入栈、出栈和取栈顶元素等。

3.3.1 入栈

入栈前要判断栈是否已满，若栈已满，则入栈失败；否则将元素放入栈顶，栈顶指针向上移动一个位置（top++）。依次输入 1、2，入栈，如下图所示。

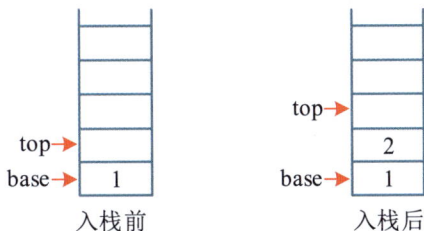

入栈前   入栈后

3.3.2 出栈

出栈前要判断栈是否为空，若栈为空，则出栈失败；否则将栈顶元素暂存到一个变量中，栈顶指针向下移动一个内存空间。栈顶元素所在的位置实际上是 top−1，因此首先把该元素取出来，暂存在变量 e 中，然后 top 向下移动一个位置。即可以首先移动一个位置，然后取元素。例如，栈顶元素 4 出栈前、后的状态如下图所示。

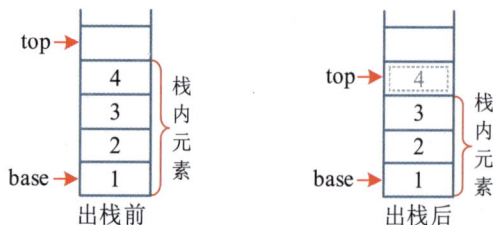

注意 因为在采用顺序存储方式删除一个元素时，并没有销毁该内存空间，所以 4 其实还在那个位置，只不过下次再有元素入栈时，就把它覆盖了。

3.3.3 取栈顶元素

与出栈不同，取栈顶元素时只是把栈顶元素复制了一份，栈顶指针未移动，栈内元素的数量未变。而出栈指栈顶指针向下移动一个位置，栈内不再包含这个元素。

例如，取栈顶元素*(top−1)，即元素 4，取值后 top 的位置没有改变，栈内元素的数量也没有改变，如下图所示。

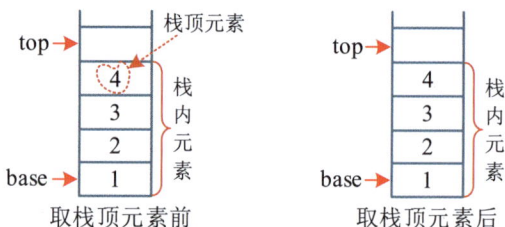

3.4 队列

在只有一个车道的单行道上，小汽车呈线性排列，只能从一端进，从另一端出，先进先出（First In First Out，FIFO）。

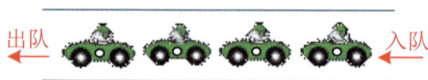

这种先进先出的线性序列，被称为"队列"。队列也是一种线性表，只不过它是操作受限的线性表，只能在两端操作：从一端进，从另一端出。进的一端被称为"队尾"（rear），出的一端被称为"队头"（front）。队列既可以采用顺序存储方式，也可以采用链式存储方式。

3.4.1 顺序队列

顺序队列指用一段连续的内存空间存储数据元素，用两个整型变量记录队头和队尾下一个元素的下标，如下图所示。

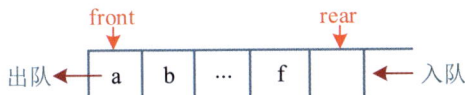

⚠ 注意 队列只能从一端进，从另一端出，不允许在中间进行查找、取值、插入、删除等操作。先进先出是人为规定的，若破坏了此规则，就不是队列了。

完美图解：

假设现在为顺序队列分配了 6 个内存空间，要进行入队和出队操作（front 和 rear 都是整型下标）。

（1）开始时队空，front=rear。

（2）元素 a_1 入队，被放入 rear 的位置，rear 后移一位。

（3）元素 a_2 入队，被放入 rear 的位置，rear 后移一位。

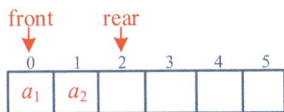

（4）元素 a_3、a_4、a_5 分别按顺序入队，rear 依次后移。

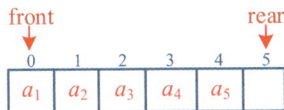

（5）元素 a_1 出队、a_2 出队，front 后移两位。

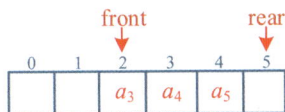

（6）元素 a_6 入队，被放入 rear 的位置，rear 后移一位。

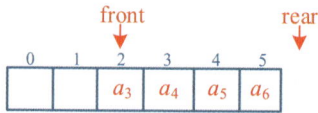

（7）元素 a_7 入队，此时 rear 已经超过了数组的最大下标，无法再入队，但是前面明明有两个内存空间，却出现了队满的情况，这种情况被称为 "假溢出"。如何解决该问题呢？能否利用前面的内存空间继续入队呢？

进行第 7 步后，rear 要后移一个位置，此时已经超过了数组的最大下标，即 rear+1=Maxsize（最大内存空间数为 6），若前面有空闲，rear 就可以转向前面下标为 0 的位置。

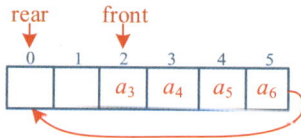

元素 a_7 入队，被放入 rear 的位置，rear 后移一位。

元素 a_8 入队，被放入 rear 的位置，rear 后移一位。

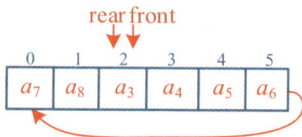

这时，虽然队列的内存空间已存满，但是出现了一个大问题：当队满时，front=rear，这和判定队空的条件一模一样，无法区分到底是队空还是队满。如何解决呢？有两种方法：一种方法是设置一个标志，标记队空和队满；另一种方法是浪费一个内存空间，当 rear 的下一个位置是 front 时，就认为队满。

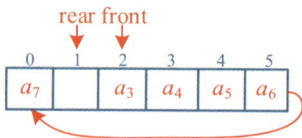

上述到达尾部又向前存储的队列被称为 "循环队列"，为了避免 "假溢出"，顺序队列通常为循环队列。

3.4.2 循环队列

下面讲解在循环队列中判定队空、队满，以及进行入队、出队、队列元素数量计算等的基本操作方法。

1. 队空

无论队头和队尾在什么位置，只要 rear 和 front 指向同一位置，就认为队空。若将循环队列中的一维数组画成环形图，则队空的情况如下图所示，front=rear。

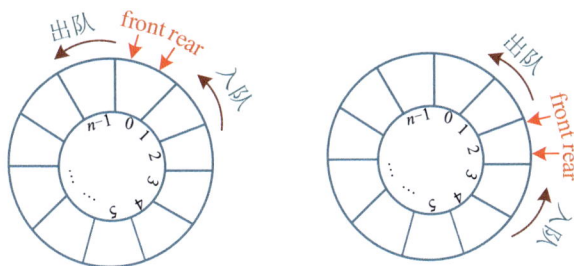

2. 队满

在此采用浪费一个内存空间的方法，当 rear 的下一个位置是 front 时，就认为队满。但是 rear 向后移动一个位置（rear+1）后，很可能超出了数组的最大下标，这时它的下一个位置应该为 0，队满（临界状态）的情况如下图所示。其中，队列的最大内存空间数 Maxsize=n，当 rear=Maxsize−1 时，rear+1=Maxsize。而根据循环队列的规则，rear 的下一个位置为 0 才对，怎么才能变为 0 呢？可以考虑取余运算，即 (rear+1)%Maxsize=0，而此时 front=0，即(rear+1)%Maxsize=front，为队满的临界状态。

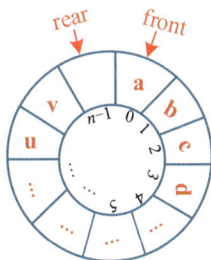

对队满的一般状态的判断是否也适用此方法呢？例如，循环队列队满（一般状态）的情况如下图所示。假如最大内存空间数 Maxsize=100，当 rear=1 时，rear+1=2。进行取余后，(rear+1)%Maxsize=2，而此时 front=2，即(rear+1)%Maxsize=front。对队满的一般状态也可以采用此公式进行判断，因为一个不大于 Maxsize 的数，与 Maxsize进行取余运算，其结果仍然是该数本身，所以在一般状态下，取余运算没有影响。只有在临界状态（rear+1=Maxsize）下，取余运算(rear+1)%Maxsize 的结果才会变为 0。

循环队列队满：(rear+1)%Maxsize=front。

3. 入队

入队时，首先将元素 x 放入 rear 指向的内存空间，然后 rear 后移一位。

例如，a、b、c 依次入队的过程如下图所示。

对于入队操作，当 rear 后移一位时，为了处理临界状态（rear+1=Maxsize），需要将 rear 加 1 后进行取余运算。

```
Q[rear]=x;  //将元素 x 放入 rear 指向的内存空间
rear=(rear+1)%Maxsize; //rear 后移一位
```

4. 出队

首先用变量保存队头元素，然后 front 后移一位。

例如，a、b 依次出队的过程如下图所示。

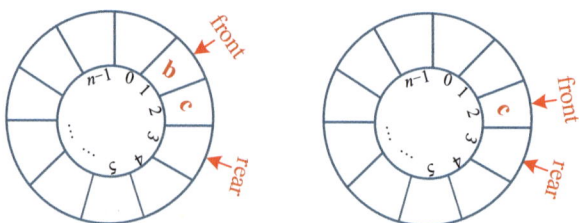

对于出队操作，当 front 后移一位时，为了处理临界状态（front+1=Maxsize），需要将 front 加 1 后进行取余运算。

```
e=Q[front];   //用变量记录 front 指向的元素
front=(front+1)%Maxsize; //front 后移一位
```

！注意　在循环队列中无论是入队还是出队，在将 rear、front 加 1 后都要进行取余运算，主要是为了处理临界状态。

5．队列中的元素数量计算

在循环队列中到底存储了多少个元素呢？在循环队列中存储的实际上是从 front 到 rear−1 这一区间的数据元素，但是不可以直接用两个下标相减得到元素数据。因为队列是循环的，所以存在两种情况：rear≥front，如下图（a）所示；rear<front，如下图（b）所示。

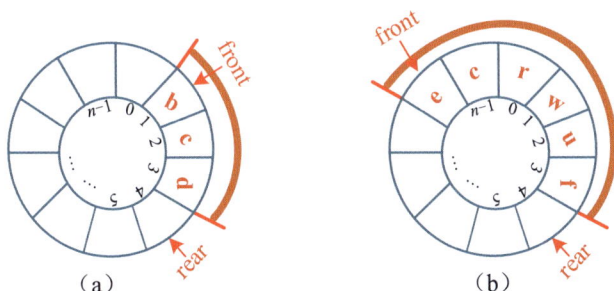

（a）　　　　　　　　　　（b）

在上图（b）中，rear=4，front=Maxsize−2，rear−front=6−Maxsize。但是可以看到循环队列中的元素实际上为 6 个，那么怎么办呢？当两者之差为负数时，可以将差值加上 Maxsize 计算元素数量，即 rear−front+Maxsize=6−Maxsize+Maxsize=6，元素数量为 6。

在计算元素数量时，可以分两种情况进行判断：

- rear≥front，元素数量为 rear−front；
- rear<front，元素数量为 rear−front+Maxsize。

也可以巧妙地统一为一个语句：(rear−front+Maxsize)%Maxsize。

队列中元素数量的计算公式是否正确呢？

假如 Maxsize=100，则在上图（a）中，rear=4，front=1，rear−front=3，(3+100)%100=3，元素数量为 3；在上图（b）中，rear=4，front=98，rear−front=−94，(−94+100)%100=6，元素数量为 6。计算公式正确。

当 rear−front 为正数时，加上 Maxsize 后超过了最大内存空间数，取余后正好是元素数量；当 rear−front 为负数时，加上 Maxsize 后正好是元素数量，因为元素数量小于 Maxsize，所以取余运算对其无影响。因此，%Maxsize 用于防止出现 rear−front 为正数的情况，+Maxsize 用于防止出现 rear−front 为负数的情况，如下图所示。

防负数　　　防正数

(rear − front + Maxsize)% Maxsize

总结如下。

- **队空**：front=rear; //rear 和 front 指向同一位置。
- **队满**：(rear+1)%Maxsize==front; //rear 后移一位正好是 front。
- **入队**：Q[rear]=x; rear=(rear+1)%Maxsize; //将 x 放入队尾，rear 后移一位。
- **出队**：e=Q[front]; front=(front+1)%Maxsize; //用变量保存队头元素，front 后移一位。
- **取队头元素**：e=Q[front]; //用变量保存队头元素。
- **队列中的元素数量**：(rear−front+Maxsize)%Maxsize。

3.5 STL 中的常用函数和容器

STL（Standard Template Library，标准模板库）是一个高效的 C++ 程序库，包含了计算机科学领域中很多常用的基本数据结构和基本算法。在算法竞赛中通常不需要手写链表、栈、队列、排序等，直接调用 STL 中的函数即可。

STL 提供了一些常用函数，这些函数被包含在头文件 #include<algorithm> 中，如下所述。

（1）min(x,y)：求两个元素的最小值。

（2）max(x,y)：求两个元素的最大值。

（3）swap(x,y)：交换两个元素。

（4）sort(begin,end,compare)：对一个序列进行排序。

STL 提供了一些常用容器，如 vector、stack、queue、list 等。在讲解 STL 中的容器之前，首先要明白什么是迭代器。迭代器是一个广义层面的指针，既可以是指针，也可以是对其进行类似指针操作的对象。模板使算法独立于存储的数据类型，而迭代器使算法独立于使用的容器类型。例如，使用迭代器输出 vector 容器中的元素，代码如下。

```
for(vector<int>::iterator it=a.begin();it!=a.end();it++)
    cout<<*it<<endl;
```

容器的通用函数如下。

- .size()：容器内的元素数量，为无符号整型。
- .empty()：判断容器是否为空，返回一个 bool 值。
- .front()：返回容器的第一个元素。
- .back()：返回容器的最后一个元素。
- .begin()：指向容器第一个元素的指针。
- .end()：指向容器最后一个元素的下一个位置的指针。

- .swap(b)：交换两个容器的内容。
- ::iterator：迭代器。

3.5.1 sort()

sort(begin,end,compare)用于对一个序列进行排序。其中，参数 begin 和 end 分别表示待排序数组的首地址和尾地址；compare 表示用于排序的比较函数，可省略，默认为从小到大排序。stable_sort (begin, end, compare)为稳定排序，即保持相等元素的相对顺序。

（1）使用默认的函数排序。

```
int main(){
    int a[10]={7,4,5,23,2,73,41,52,28,60};
    sort(a,a+10);//将数组 a[]从小到大排序
    for(int i=0;i<10;i++)
        cout<<a[i]<<" ";
    return 0;
}
```

（2）自定义比较函数。sort()默认为从小到大排序。如何用 sort()实现从大到小排序呢？可以编写一个比较函数来实现，自定义比较函数同样适用于结构体类型，可以按照结构体的某个成员（如身高、体重等）对结构体进行排序。

```
bool cmp(int a,int b){
    return a<b; //从小到大排序，若改为 return a>b，则为从大到小排序
}
int main(){
    int a[10]={7,4,5,23,2,73,41,52,28,60};
    sort(a,a+10,cmp); //将数组 a[]从小到大排序
    for(int i=0;i<10;i++)
        cout<<a[i]<<" ";
    return 0;
}
```

（3）利用 functional 标准库。对于简单的排序，引入头文件#include<functional>即可。functional 提供了一些基于模板的比较函数对象（其中的 Type 表示数据类型）。

- equal_to<Type>：等于。
- not_equal_to<Type>：不等于。
- greater<Type>：大于。
- greater_equal<Type>：大于或等于。
- less<Type>：小于。
- less_equal<Type>：小于或等于。

例如，sort(begin,end,less<Type>())为从小到大排序，sort(begin,end,greater<Type>())为从大到小排序。

```
int main(){
    int a[10]={7,4,5,23,2,73,41,52,28,60};
    sort(a,a+10,greater<int>());//从大到小排序
    for(int i=0;i<10;i++)
        cout<<a[i]<<" ";
    return 0;
}
```

3.5.2 vector（向量）

vector 是一个封装了动态数组的顺序容器（Sequence Container）。顺序容器中的元素按照严格的线性顺序排序，可以通过元素在序列中的位置访问对应的元素，支持数组表示法和随机访问。vector 使用一个内存分配器动态处理存储需求，在无法确定数组大小时可使用 vector。使用 vector 时需要引入头文件#include<vector>。

（1）创建。向量能够存储各种类型的对象，比如 C++标准数据类型、结构体类型等。例如：

```
vector<int>a; //创建一个空向量 a，数据类型为 int，相当于一维数组 a[]，数组大小不定
vector<int>a(100); //创建一个向量 a，元素数量为 100，所有元素的初始值都为默认值 0
vector<int>a(10,666); //创建一个向量 a，元素数量为 10，所有元素的初始值都为 666
vector<int>b(a); //向量 b 由向量 a 复制而来
vector<int>b(a.begin()+3,a.end()-3); //复制[a.begin()+3,a.end()-3)区间的元素到向量 b
vector<int>a[5]; //创建一个二维数组，相当于创建了 5 个向量，每个都是一维数组
```

（2）插入。向 vector 中插入元素时，既可以在尾部插入，也可以在中间插入。注意：在中间插入元素时需要将插入位置之后的所有元素后移，时间复杂度为 $O(n)$，效率较低。

```
a.push_back(5); //在向量 a 尾部插入 1 个元素 5
a.insert(a.begin()+1,10); //在 a.begin()+1 位置前插入 1 个 10
a.insert(a.begin()+1,5,10); //在 a.begin()+1 位置前插入 5 个 10
a.insert(a.begin()+1,b.begin(),b.begin()+3); //在 a.begin()+1 位置前插入 b 向量的
                                             //前 3 个元素
```

（3）删除。既可以删除尾部元素及指定位置的元素、区间，也可以清空整个向量。

```
a.pop_back(); //删除向量 a 中的最后一个元素
a.erase(a.begin()+1); //删除 a.begin()+1 位置的元素
a.erase(a.begin()+3,a.end()-3); //删除 [a.begin()+3,a.end()-3) 区间的元素
a.clear(); //清空整个向量
```

（4）遍历。既可以用数组表示法，也可以用迭代器对向量中的元素进行访问。

```
for(int i=0;i<a.size();i++) //用数组表示法遍历
    cout<<a[i]<<"\t";
for(vector<int>::iterator it=a.begin();it<a.end();it++)
    cout<<*it<<"\t"; //用迭代器遍历
```

（5）改变向量的大小。函数 resize() 可以改变向量的大小，若其参数比向量大，则填充默认值 0；若其参数比向量小，则舍弃向量后面的部分。

```
a.resize(5); //设置向量 a 的大小为 5，若在向量 a 中有 8 个元素，则舍弃后面 3 个元素
```

🖊 训练　角谷猜想

题目描述（**P5727**）：给出一个正整数 n，对这个数字一直进行下面的操作：若这个数字是奇数，则将其乘以 3 再加 1，否则除以 2。经过若干循环后，最终都会回到 1。这就是著名的"角谷猜想"。例如当 $n=20$ 时，变化的过程是 20→10→5→16→8→4→2→1。

输入：输入一个正整数 n。

输出：从最后的 1 开始，逆序输出整个变化序列，以空格隔开。

输入样例	输出样例
20	1 2 4 8 16 5 10 20

1. 算法设计

可以根据题意模拟计算，并用数组记录每次计算的结果，之后逆序输出。因为不知道需要计算多少次，所以可以用 vector 存储计算结果。

2. 算法实现

```
int main(){
    int n;
    vector<int>a;
    cin>>n;
    while(n!=1){
        a.push_back(n);     //存入数组
        if(n%2) n=3*n+1;    //奇数，乘以 3 加 1
        else n/=2;          //偶数，除以 2
    }
    a.push_back(1); //把最后的 1 存入数组
    for(int j=a.size()-1;j>=0;j--) //逆序输出
        cout<<a[j]<<' ';
    return 0;
}
```

3.5.3　stack（栈）

stack 只允许在栈顶操作，不允许在中间位置进行插入和删除操作，不支持数组表示法和随机访问。使用 stack 时需要引入头文件#include<stack>。stack 的基本操作很简单，包括入栈、出栈、取栈顶元素、判断栈是否为空、求栈大小。

- stack<int>s：创建一个空栈 s，数据类型为 int。
- push(x)：将 x 入栈。
- pop()：出栈。
- top()：取栈顶元素（未出栈）。
- empty()：判断栈是否为空，若为空则返回 true。
- size()：求栈大小，返回栈中的元素数量。

训练　数字游戏

题目描述（**P1427**）：小鱼最近参加了一个数字游戏，需要把看到的一串数字 a_i 记住后反着念出来。这对小鱼来说实在是太难了，请你帮小鱼解决这个问题。

输入：在一行内输入一串整数，以 0 结束，以空格隔开。

输出：在一行内逆序输出这串整数，以空格隔开。

输入样例	输出样例
3 65 23 5 34 1 30 0	30 1 34 5 23 65 3

1. 算法设计

本题很简单，将一串数字逆序输出，可以依据栈的后进先出特性，先将所有元素依次入栈，再依次输出并出栈。

2. 算法实现

```
int main(){
    stack<int>s; //定义一个栈
    int x;
    while(true){
        cin>>x;
        if(x==0) break;
        s.push(x);      //入栈
    }
    while(!s.empty()){ //栈不为空
        cout<<s.top()<<" ";  //输出栈顶元素
        s.pop();        //出栈
    }
    return 0;
}
```

3.5.4 queue（队列）

queue 是队列，只允许从队尾入队、从队头出队，不允许在中间位置进行插入和删除操作，不支持数组表示法和随机访问。使用 queue 时需要引入头文件 #include<queue>。queue 的基本操作很简单，包括入队、出队、取队头元素、判断队列是否为空、求队列大小。

- queue<int>q：创建一个空队列 q，数据类型为 int。
- push(x)：将 x 入队。
- pop()：出队。
- front()：取队头元素（未出队）。
- empty()：判断队列是否为空，若为空，则返回 true。
- size()：求队列大小，返回队列中的元素数量。

✎ 训练　骑士移动

题目描述（POJ1915）：写程序，计算骑士从一个位置移动到另一个位置所需的最少移动次数。骑士移动的规则如下图所示。

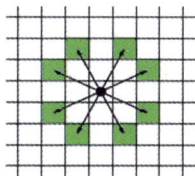

输入：第 1 行为测试用例的数量 n。每个测试用例都包含 3 行：第 1 行为棋盘的长度 L（$4 \leqslant L \leqslant 300$），棋盘的大小为 $L \times L$；第 2 行和第 3 行都为一对 $\{0, \cdots, L-1\}$、$\{0, \cdots, L-1\}$ 的整数，分别表示骑士在棋盘上的起始位置和结束位置。假设这些位置是该棋盘上的有效位置。

输出：对于每个测试用例，都单行输出骑士从起点移动到终点所需的最少移动次数。若起点和终点相等，则移动次数为零。

输入样例	输出样例
3	5
8	28
0 0	0
7 0	
100	
0 0	
30 50	
10	
1 1	
1 1	

1. 算法设计

本题求解棋盘上从起点到终点的最短距离，可以使用队列进行广度优先搜索，步骤如下：

（1）若起点正好等于终点，则返回 0；

（2）将起点放入队列；

（3）若队列不为空，则队头元素出队，否则扩展 8 个方向，若找到目标，则立即返回步长+1，否则判断是否越界；若没有越界，则将步长+1 并放入队列，标记其已访问。若骑士的当前位置为 (x, y)，则移动时当前位置坐标加上偏移量即可。例如，骑士从当前位置移动到右上角的位置 $(x-2, y+1)$，如下图所示。

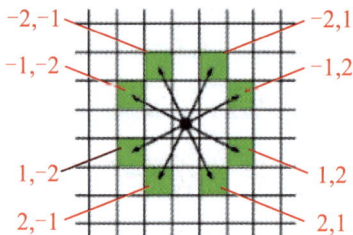

8 个方向的位置偏移量如下。

```
int dx[8]={-2,-2,-1,-1,1,1,2,2};        //行偏移量
int dy[8]={1,-1,2,-2,2,-2,1,-1};        //列偏移量
```

也可以用一个二维数组 int dir[8][2]={-2,-1,-2,1,-1,-2,-1,2,1,-2,1,2,2,-1,2,1}表示位置偏移量。

2. 算法实现

```
struct point{//到达的位置和需要的步数
    int x,y;
    int step;
};
int dx[8]={-2,-2,-1,-1,1,1,2,2};
int dy[8]={1,-1,2,-2,2,-2,1,-1};
//int dir[8][2]={-2,-1,-2,1,-1,-2,-1,2,1,-2,1,2,2,-1,2,1};
bool vis[maxn][maxn];
int sx,sy,ex,ey,tx,ty,L;

int bfs(){
    if(sx==ex&&sy==ey) return 0;
    memset(vis,false,sizeof(vis));//初始化
    queue<point>Q;//定义一个队列
    point start,node;
    start.x=sx;
```

```
start.y=sy;
start.step=0;//初始化队列
Q.push(start);//压入队列
int step,x,y;
while(!Q.empty()){
    start=Q.front(),Q.pop();//取队头元素，同时把这个队头元素弹出
    x=start.x;
    y=start.y;
    step=start.step;//把队头元素的x、y、step取出
    for(int i=0;i<8;i++){//扩展
        tx=x+dx[i];
        ty=y+dy[i];
        if(tx==ex&&ty==ey) return step+1;
        if(tx>=0&&tx<L&&ty>=0&&ty<L&&!vis[tx][ty]){
            node.x=tx;
            node.y=ty;
            node.step=step+1;
            Q.push(node);//满足条件的入队
            vis[tx][ty]=true;
        }
    }
}
}
```

3.5.5　list（双向链表）

list 是一个双向链表，可以在常数时间内进行插入和删除操作，不支持数组表示法和随机访问。使用 list 时需要引入头文件#include<list>。

list 的专用成员函数如下。

- merge(b)：将链表 b 与调用链表合并，在合并之前，两个链表必须已经排序，合并后经过排序的链表被保存在调用链表中，b 为空。
- remove(val)：从链表中删除 val 的所有节点。
- splice(pos,b)：将链表 b 的内容插入 pos 的前面，b 为空。
- reverse()：将链表翻转。
- sort()：将链表排序。
- unique()：将连续的相同元素压缩为单个元素。不连续的相同元素无法压缩，因此一般先排序后去重。

其他成员函数如下。

- push_front(x)/push_back(x)：x 从链表头或链表尾入。
- pop_front()/pop_back()：从链表头或链表尾出。
- front()/back()：返回链表头元素或链表尾元素。

- insert(p,t)：在 p 之前插入 t。
- erase(p)：删除 p。
- clear()：清空链表。

🖊 训练　新兵队列训练

题目描述（HDU1276）：某部队进行新兵队列训练，一开始将新兵按顺序依次编号，并排成一行横队。训练的规则为从头开始进行 1、2 报数，凡报 2 的出列，剩下的向小编号方向靠拢，再从头开始进行 1 至 3 报数，凡报 3 的出列，剩下的向小编号方向靠拢，继续从头开始进行 1、2 报数……以后从头开始轮流进行 1、2 报数，1 至 3 报数，直到剩下的人数不超过 3 时为止。

输入：包含多个测试用例，第 1 行为测试用例的数量 n，接着为 n 行新兵人数（不超过 5000）。

输出：单行输出剩下的新兵的最初编号，编号之间以空格隔开。

输入样例	输出样例
2	1 7 19
20	1 19 37
40	

1. 算法设计

本题为报数问题，可以使用 list 解决。

（1）定义一个 list，将 1～n 依次放入链表尾部。

（2）若链表中的元素大于 3，则初始化计数器 cnt=1；遍历链表，若 cnt++%k=0，则删除当前元素，否则指向下一个元素继续计数；首先 k=2 报数，报数结束后，再 k=3 报数，交替进行。

（3）按顺序输出链表中的元素，以空格隔开，最后换行。

> ⚠**注意**　数据量大时，慎用 STL 中的 list，空间复杂度和时间复杂度都容易超出限制。

2. 算法实现

```
int main(){
    int T,n;
    list<int> a;
    list<int>::iterator it;
    scanf("%d",&T);
    while(T--){
        scanf("%d",&n);
```

```
        a.clear();
        int k=2;//第一次删除报 2 的新兵
        for(int i=1;i<=n;i++)
            a.push_back(i);//存入每个新兵的编号
        while(a.size()>3){
            int cnt=1;
            for(it=a.begin();it!=a.end();){
                if(cnt++%k==0)//删除报 k 的新兵
                    it=a.erase(it);//it 指向下一个新兵的地址
                else
                    it++;//it 指向下一个新兵的地址
            }
            k=(k==2?3:2);
        }
        for(it=a.begin();it!=a.end();it++){
            if(it!=a.begin()) printf(" ");
            printf("%d",*it);
        }
        printf("\n");
    }
    return 0;
}
```

第4章

树的应用

4.1 树

树（Tree）是由 n（$n \geq 0$）个节点组成的有限集合，当 $n=0$ 时，为空树；当 $n>0$ 时，为非空树。任意一棵非空树，都满足：①有且仅有一个被称为"根"的节点；②除根外的其余节点可分为 m（$m>0$）个互不相交的有限集合 $T_1, T_2, \cdots, T_m$，其中每个集合本身又是一棵树，被称为"根的子树"。

一棵树如下图所示。该树除了根，还有 3 棵互不相交的子树：T_1、T_2、T_3。

上述对树的定义是从集合论的角度给出的递归定义，即把树的节点看作一个集合，除了根，其余节点被分为 m 个互不相交的集合，每个集合又都是一棵树。

树的相关术语较多，下面一一进行介绍。

- 节点：节点包含数据元素及若干指向子树的分支信息。
- 节点的度：节点拥有的子树数量。
- 树的度：树中节点的最大度数。
- 终端节点：度为 0 的节点，又被称为"叶子"。
- 分支节点：度大于 0 的节点。除了叶子，都是分支节点。
- 内部节点：除了根和叶子，都是内部节点。

一棵树如下图所示，它的度为 3，内部节点和终端节点均被用虚线圈了起来。

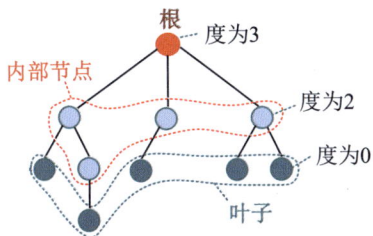

一棵树如下图所示，根为第 1 层，根的子节点（即孩子）为第 2 层……该树最多有 4 层，因此树的深度为 4。

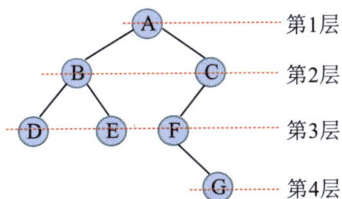

- 路径：树中两个节点之间路径上的节点序列。
- 路径长度：两个节点之间路径上的边数。

一棵树如下图所示，D 到 A 的路径为 D-B-A，D 到 A 的路径长度为 2。树中没有环，因此树中任意两个节点之间的路径都是唯一的。

若把树看作一个族谱，树就成了一棵家族树，如下图所示。

- 双亲、孩子：某节点的子树的根被称为该节点的"孩子"，同理，该节点为其孩子的"双亲"。
- 兄弟：双亲相同的节点互称"兄弟"。
- 堂兄弟：双亲是兄弟的节点互称"堂兄弟"。

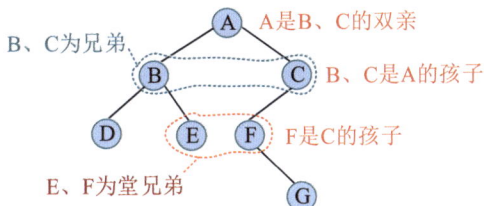

- 祖先：从该节点到根经过的所有节点都被称为该节点的"祖先"。
- 子孙：节点的子树中的所有节点都被称为该节点的"子孙"。

祖先和子孙的关系如下图所示，D 的祖先为 B、A，A 的子孙为 B、C、D、E、F、G。

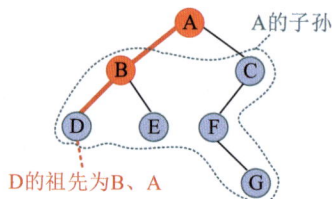

- 有序树：节点的各子树从左向右有序，不能互换位置，如下图所示。

- 无序树：节点的各子树可互换位置。
- 森林：由 m（$m \geq 0$）棵不相交的树组成的集合。

上图中的树，删除根 A 后，余下的 3 棵子树构成一个森林，如下图所示。

4.1.1 树的存储

树形结构是一对多的关系，除了根，每个节点都有唯一的直接前驱（双亲）；除了叶子，每个节点都有一个或多个直接后继（孩子）。如何将数据及它们之间的逻辑关系存储起来呢？可以采用顺序存储方式和链式存储方式。

1. 顺序存储方式

在顺序存储方式中采用了一段连续的内存空间，因为树中节点具有一对多的逻辑关系，所以不仅要存储数据元素，还要存储它们之间的逻辑关系。顺序存储方式的表示方法有双亲表示法、孩子表示法和双亲孩子表示法，下面以下图为例进行讲解。

（1）双亲表示法：除了存储数据元素，还存储其双亲的存储位置下标，其中"–1"
表示不存在。每个节点都有 2 个域：数据域（data）和双亲域（parent），如下图（a）
所示。如上图所示，根 A 没有双亲，双亲被记为–1。B、C、D 的双亲为 A，而 A 的
存储位置下标为 0，因此 B、C、D 的双亲被记为 0。E、F 的双亲为 B，而 B 的存储
位置下标为 1，因此 E、F 的双亲被记为 1。同理，其他节点也这样存储。

（2）孩子表示法：除了存储数据元素，还存储其所有孩子的存储位置下标，如下
图（b）所示。A 有 3 个孩子 B、C、D，而 B、C、D 的存储位置下标为 1、2、3，因
此将 1、2、3 存入 A 的孩子域（child）。同样，B 有 2 个孩子 E、F，而 E、F 的存储
位置下标为 4、5，因此将 4、5 存入 B 的孩子域。在本例中，每个节点都被分配了 3
个孩子域（想一想为什么），B 只有 2 个孩子，另一个孩子域被记为–1，表示不存在。
同理，其他节点也这样存储。

（3）双亲孩子表示法：除了存储数据元素，还存储其双亲和所有孩子的存储位置
下标，如下图（c）所示。其实就是在孩子表示法的基础上增加了一个双亲域，其他
都和孩子表示法相同，是双亲表示法和孩子表示法的结合体。

	data	parent
0	A	-1
1	B	0
2	C	0
3	D	0
4	E	1
5	F	1
6	G	2
7	H	3
8	I	3
9	J	6

（a）双亲表示法

	data	child	child	child
0	A	1	2	3
1	B	4	5	-1
2	C	6	-1	-1
3	D	7	8	-1
4	E	-1	-1	-1
5	F	-1	-1	-1
6	G	9	-1	-1
7	H	-1	-1	-1
8	I	-1	-1	-1
9	J	-1	-1	-1

（b）孩子表示法

	data	parent	child	child	child
0	A	-1	1	2	3
1	B	0	4	5	-1
2	C	0	6	-1	-1
3	D	0	7	8	-1
4	E	1	-1	-1	-1
5	F	1	-1	-1	-1
6	G	2	9	-1	-1
7	H	3	-1	-1	-1
8	I	3	-1	-1	-1
9	J	6	-1	-1	-1

（c）双亲孩子表示法

双亲表示法、孩子表示法和双亲孩子表示法的优缺点如下。

（1）双亲表示法：只记录了每个节点的双亲，无法直接得到该节点的孩子。

（2）孩子表示法：可以得到该节点的孩子，但是由于不知道每个节点到底有多少
个孩子，因此只能按照树的度（树中节点的最大度）分配给孩子内存空间，这样做可

能会浪费很多内存空间。

（3）双亲孩子表示法：在孩子表示法的基础上增加了一个双亲域，可以快速得到节点的双亲和孩子，缺点与孩子表示法一样，可能会浪费很多内存空间。

2. 链式存储方式

由于树中每个节点的孩子数量无法确定，因此在采用链式存储方式时，不确定分配多少个孩子指针域才合适。若采用异构型数据结构，将每个节点的指针域数量都按照节点的孩子数量进行分配，则不容易描述其数据结构；若对每个节点都分配固定数量的指针域（例如树的度），则会浪费很多内存空间。可以考虑通过两种思路进行存储：①邻接表思路，将节点的所有孩子都存储在一个单链表中，称之为"孩子链表表示法"；②二叉链表思路，左指针存储节点的第 1 个孩子，右指针存储其右兄弟，称之为"孩子兄弟表示法"。下面对孩子链表表示法和孩子兄弟表示法进行详细讲解。

1）孩子链表表示法

孩子链表表示法类似于邻接表，在表头中，data 存储数据元素，first 为指向第 1 个孩子的指针，并将所有孩子都放入一个单链表。单链表的节点记录该节点的下标和下一个节点的地址。上图中的树，其孩子链表表示法如下图所示。

A 有 3 个孩子 B、C、D，而 B、C、D 的存储位置下标为 1、2、3，因此将 1、2、3 放入单链表，链接在 A 的 first 指针域。同样，B 有 2 个孩子 E、F，而 E、F 的存储位置下标为 4、5，因此，将 4、5 放入单链表，链接在 B 的 first 指针域。同理，其他节点也这样存储。

在孩子链表表示法的基础上，若在表头中再增加一个双亲域，则为双亲孩子链表表示法。

2）孩子兄弟表示法

采用孩子兄弟表示法时，节点除了存储数据元素，还存储两个指针域：lchild 和 rchild，称之为"二叉链表"。lchild 存储节点第 1 个孩子的地址，rchild 存储其右兄弟的地址。节点的数据结构如下图所示。

一棵树及其孩子兄弟表示法如下图所示。

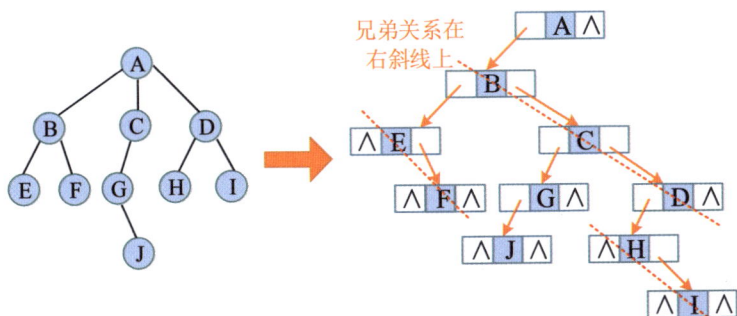

- A 有 3 个孩子 B、C、D，将其长子（第 1 个孩子）B 当作 A 的左孩子，B 的右指针存储其右兄弟 C，C 的右指针存储其右兄弟 D。
- B 有 2 个孩子 E、F，将其长子 E 当作 B 的左孩子，E 的右指针存储其右兄弟 F。
- C 有 1 个孩子 G，将其长子 G 当作 C 的左孩子。
- G 有 1 个孩子 J，将其长子 J 当作 G 的左孩子。
- D 有 2 个孩子 H、I，将其长子 H 当作 D 的左孩子，H 的右指针存储其右兄弟 I。

孩子兄弟表示法秘籍：将长子当作左孩子，将兄弟关系向右斜。

4.1.2 树、森林与二叉树的转换

根据树的孩子兄弟表示法，对任何一棵树都可以根据秘籍采用二叉链表存储方式。在二叉链表存储方式中，每个节点都有两个指针域，这也被称为"二叉树表示法"。这样，任何树和森林都可以被转换为二叉树，其存储方式就简单多了，这完美解决了树中孩子数量无法确定且难以分配内存空间的问题。

树转换为二叉树秘籍：将长子当作左孩子，兄弟关系向右斜。

1. 树与二叉树的转换

根据树转换为二叉树秘籍，可以把任何一棵树都转换为二叉树，如下图所示。

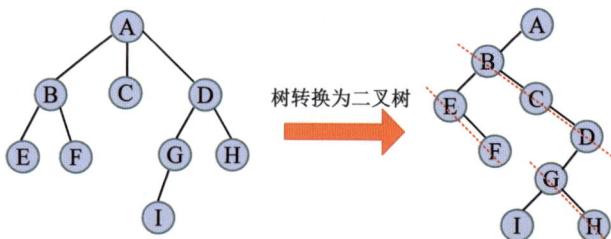

- A 有 3 个孩子 B、C、D，将其长子 B 当作 A 的左孩子，三兄弟 B、C、D 在右斜线上。
- B 有 2 个孩子 E、F，将其长子 E 当作 B 的左孩子，两兄弟 E、F 在右斜线上。
- D 有 2 个孩子 G、H，将其长子 G 当作 D 的左孩子，两兄弟 G、H 在右斜线上。
- G 有 1 个孩子 I，将其长子 I 当作 G 的左孩子。

怎么将二叉树还原为树呢？仍然根据树转换为二叉树秘籍，反向操作即可，如下图所示。

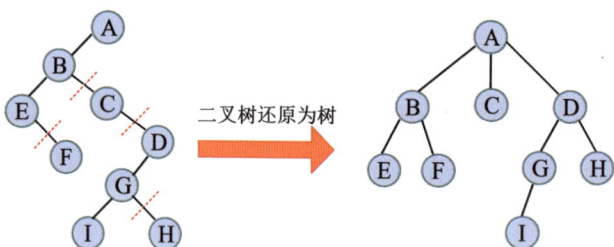

- B 是 A 的左孩子，说明 B 是 A 的长子。B、C、D 在右斜线上，说明 B、C、D 是兄弟，它们的双亲都是 A。
- E 是 B 的左孩子，说明 E 是 B 的长子。E、F 在右斜线上，说明 E、F 是兄弟，它们的双亲都是 B。
- G 是 D 的左孩子，说明 G 是 D 的长子。G、H 在右斜线上，说明 G、H 是兄弟，它们的双亲都是 D。
- I 是 G 的左孩子，说明 I 是 G 的长子。

2. 森林与二叉树的转换

森林是由 m（$m \geq 0$）棵互不相交的树组成的集合。可以把森林中每棵树的根都看作兄弟，因此三棵树的根 B、C、D 是兄弟，兄弟关系在右斜线上，其他转换与树转换为二叉树一样，将长子当作左孩子，兄弟关系向右斜。或者首先把森林中的每棵树都转换成二叉树，然后把每棵树的根都连接在右斜线上即可。

把每棵树的根都看作兄弟

森林转换为二叉树

同理，二叉树也可被还原为森林，如下图所示。B、C、D 在右斜线上，说明它们是兄弟，将其断开，B 和其子孙就是第 1 棵二叉树，C 是第 2 棵二叉树，D 和其子孙是第 3 棵二叉树，再按照二叉树还原为树的规则，将这 3 棵二叉树分别还原为树即可。

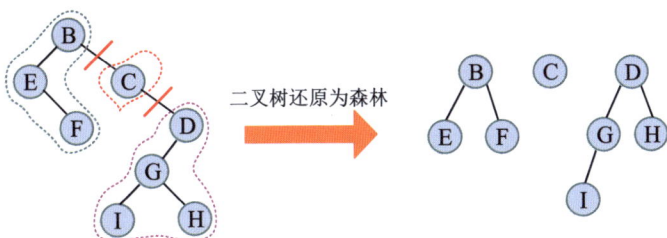

二叉树还原为森林

由于在普通的树中，每个节点的子树数量都不同，所以存储和运算比较困难，因此在实际应用过程中可以首先将树或森林转换为二叉树，然后进行存储和运算。二者存在唯一的对应关系，不影响运算结果。

4.2 二叉树

二叉树（Binary Tree）是由 n（$n \geq 0$）个节点组成的集合，或为空树（$n=0$），或为非空树。对于非空树 T，要满足：①有且仅有一个根；②除了根，其余节点被分为两个互不相交的子集 T_1 和 T_2，分别被称为 "T 的左子树" 和 "T 的右子树"，且 T_1 和 T_2 本身都是二叉树。

二叉树是一种特殊的树，最多有两棵子树，分别为左子树和右子树，二者是有序的，不可以互换。也就是说，在二叉树中不存在度大于 2 的节点。二叉树共有 5 种形态，如下图所示。

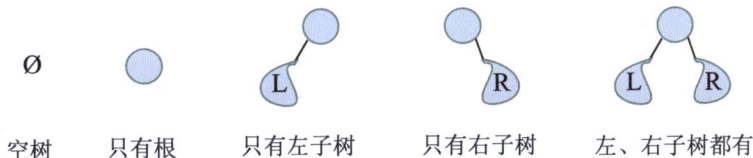

空树　　只有根　　只有左子树　　只有右子树　　左、右子树都有

二叉树的结构最简单，规律性最强，因此通常被重点讲解。

4.2.1 二叉树的性质

性质 1：在二叉树的第 i 层最多有 2^{i-1} 个节点。

一棵二叉树如下图所示，其中的每个节点最多有 2 个孩子，第 1 层为根，有 1 个节点，第 2 层最多有 2 个节点，第 3 层最多有 4 个节点。因为上一层的每个节点最多有 2 个孩子，所以当前层的节点数最多是上一层节点数的两倍。

下面使用数学归纳法证明。

- 当 $i=1$ 时：只有一个根，$2^{i-1}=2^0=1$。
- 当 $i>1$ 时：假设第 $i-1$ 层有 2^{i-2} 个节点，而第 i 层的节点数最多是第 $i-1$ 层节点数的两倍，即第 i 层最多有 $2 \times 2^{i-2}=2^{i-1}$ 个节点。

性质 2：深度为 k 的二叉树最多有 2^k-1 个节点。

证明：若深度为 k 的二叉树，每层都达到最大节点数，如下图所示，则把每层的节点数加起来就是整棵二叉树的最大节点数。

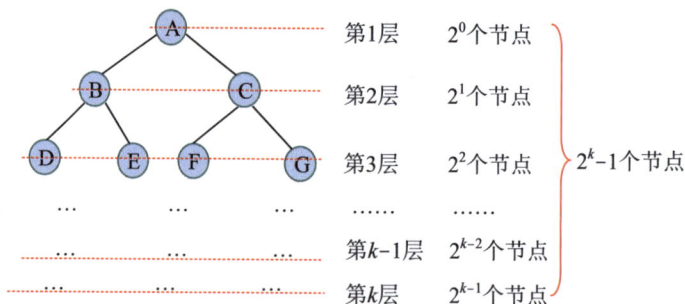

性质 3：对于任何一棵二叉树，若叶子数为 n_0，度为 2 的节点数为 n_2，则 $n_0=n_2+1$。

证明：二叉树中节点的度不超过 2，因此共有 3 种节点：度为 0、度为 1、度为 2。设二叉树的总节点数为 n，度为 0 的节点数为 n_0，度为 1 的节点数为 n_1，度为 2 的节点数为 n_2，则总节点数等于 3 种节点数之和，即 $n=n_0+n_1+n_2$。

而总节点数又等于分支数 $b+1$，即 $n=b+1$。为什么呢？如下图所示，从下向上看，每个节点都对应一个分支，只有根没有对应的分支，因此总节点数为分支数 $b+1$。

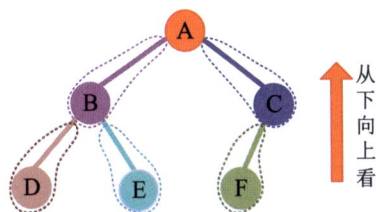

怎么计算分支数 b 呢？从上向下看，如下图所示，每个度为 2 的节点都产生 2 个分支，度为 1 的节点产生 1 个分支，度为 0 的节点没有分支，因此分支数 $b=n_1+2n_2$，则 $n=b+1=n_1+2n_2+1$。而前面已经得到 $n=n_0+n_1+n_2$，两式联合得：$n_0=n_2+1$。

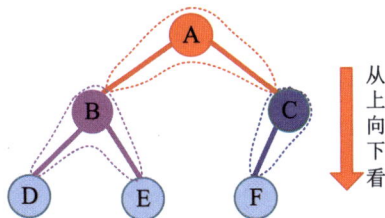

4.2.2　满二叉树和完全二叉树

有两种比较特殊的二叉树：满二叉树和完全二叉树。

满二叉树：一棵深度为 k 且有 2^k-1 个节点的二叉树。满二叉树每层都"充满"了节点，达到最大节点数，如下图所示。

完全二叉树：除了最后一层，每层都是满的（达到最大节点数），最后一层的节点是从左向右排列的。深度为 k 的完全二叉树，其每个节点都与深度为 k 的满二叉树中编号为 $1\sim n$ 的节点一一对应。例如，完全二叉树如下图所示，它和上图中的满二叉树编号一一对应。完全二叉树除了最后一层，前面每层都是满的，最后一层必须从左向右排列。也就是说，若 2 没有左孩子，则它不可以有右孩子；若 2 没有右孩子，则 3 不可以有左孩子。

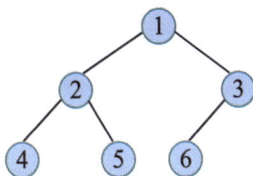

性质 1：具有 n 个节点的完全二叉树的深度必为 $\lfloor \log_2 n \rfloor + 1$。

证明：假设完全二叉树的深度为 k，则除了最后一层，前 $k-1$ 层都是满的，最后一层最少有一个节点，如下图所示。

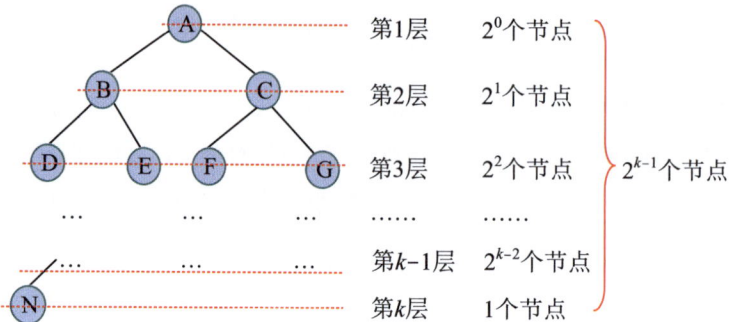

最后一层最多有 2^{k-1} 个节点，如下图所示。

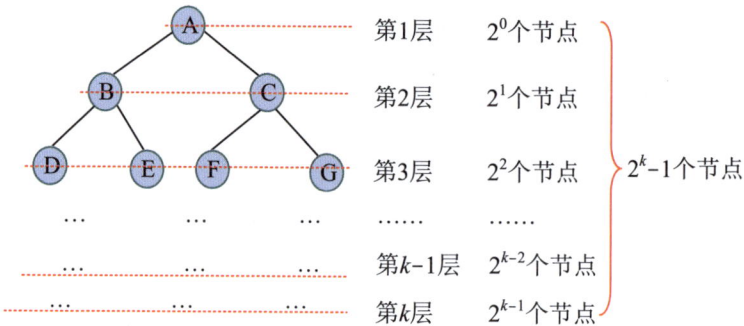

因此，$2^{k-1} \leq n \leq 2^k - 1$，右边放大后，$2^{k-1} \leq n < 2^k$，同时取对数，$k-1 \leq \log_2 n < k$，$k = \lfloor \log_2 n \rfloor + 1$。其中，$\lfloor x \rfloor$ 表示小于 x 的最大整数，如 $\lfloor 3.6 \rfloor = 3$。

例如，一棵完全二叉树有 10 个节点，则该完全二叉树的深度为 $k = \lfloor \log_2 10 \rfloor + 1 = 4$。

性质 2：对于完全二叉树，若从上向下、从左向右编号，则编号为 i 的节点，其**左孩子编号必为 $2i$，其右孩子编号必为 $2i+1$；其双亲编号必为 $i/2$**（在 C++ 中，整数相除的结果仍为整数）。

完全二叉树的编号如下图所示。

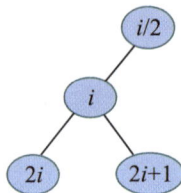

例如，一棵完全二叉树如下图所示。2 的双亲为 1，左孩子为 4，右孩子为 5；3

的双亲为 1，左孩子为 6，右孩子为 7。

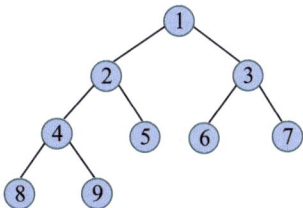

例题 1： 一棵完全二叉树有 1001 个节点，其中叶子的数量是多少？

首先找到最后一个节点 1001，其双亲编号为 1001/2=500，该节点是最后一个拥有孩子的节点，其后全是叶子，即 1001–500=501 个叶子。

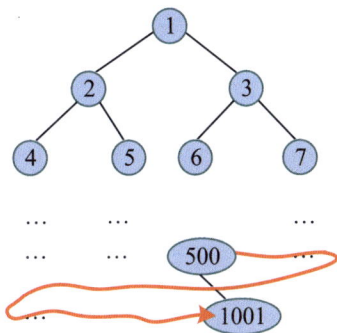

例题 2： 一棵完全二叉树的第 6 层有 8 个叶子，则该完全二叉树最少有多少个节点，最多有多少个节点？

完全二叉树的叶子分布在最后一层或倒数第 2 层。因此该树有可能为 6 层或 7 层。

节点最少的情况（6 层）： 8 个叶子在最后一层（即第 6 层），前 5 层是满的，如下图所示。最少有 2^5–1+8=39 个节点。

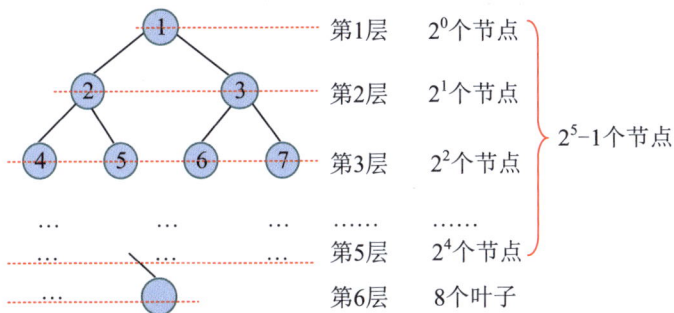

节点最多的情况（7 层）： 8 个叶子在倒数第 2 层（即第 6 层），前 6 层是满的，第 7 层最少缺失了 8×2=16 个节点，因为第 6 层的 8 个叶子若生成孩子的话，会有 16 个节点。如下图所示，最多有 2^7–1–16=111 个节点。

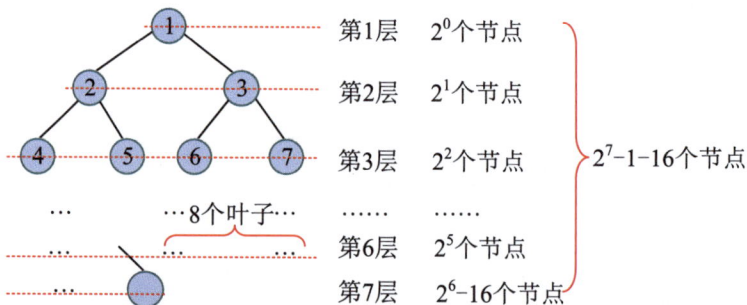

第1层　2^0个节点
第2层　2^1个节点
第3层　2^2个节点
……　　……
第6层　2^5个节点
第7层　2^6-16个节点

2^7-1-16个节点

…8个叶子…

4.2.3　二叉树的存储结构

二叉树的存储结构分为两种：顺序存储结构和链式存储结构。

1. 顺序存储结构

二叉树可以采用顺序存储结构，按完全二叉树的节点层次编号，依次存储二叉树中的数据元素。对完全二叉树很适合采用顺序存储结构，下面左图中的完全二叉树的顺序存储结构如右图所示。

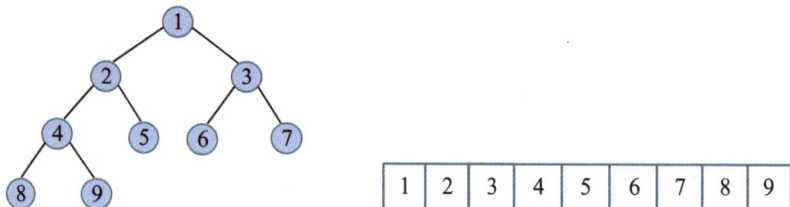

1	2	3	4	5	6	7	8	9

普通二叉树在进行顺序存储时需要被补充为完全二叉树，在对应的完全二叉树没有孩子的位置补 0，其顺序存储结构如下图所示。

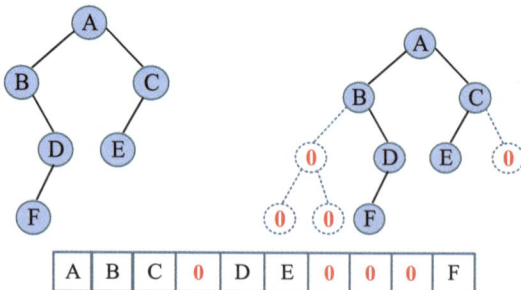

A	B	C	0	D	E	0	0	0	F

显然，对普通二叉树不适合采用顺序存储结构，因为在将普通二叉树补充为完全二叉树的过程中有可能补充太多的 0，会浪费大量内存空间。因此对普通二叉树可以采用链式存储结构。

2. 链式存储结构

二叉树最多有两个"叉",即最多有两棵子树。二叉树在采用链式存储结构时,每个节点都包含:一个数据域,用于存储节点信息;两个指针域,用于指向左、右孩子。这种存储形式被称为"二叉链表",如下图所示。

二叉链表的节点结构体定义如下图所示。

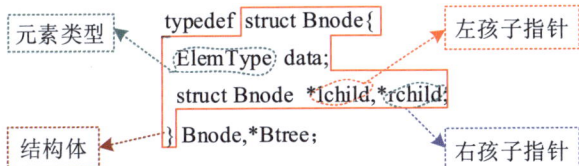

一棵二叉树及其二叉链表如下图所示。

在一般情况下,对二叉树采用二叉链表存储即可,但是在实际应用中若经常需要访问双亲,采用二叉链表存储时就必须从根出发查找其双亲,这样做非常麻烦。例如在上图中,若想查找 F 的双亲,就必须从根 A 出发,先访问 C,再访问 F,此时才能返回 F 的双亲 C。为了解决该问题,可以增加一个指向双亲的指针域,这样每个节点都包含:一个数据域,用于存储节点信息;三个指针域,用于分别指向两个孩子和双亲。这种存储形式被称为"三叉链表",如下图所示。

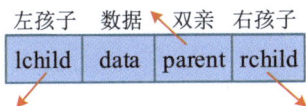

三叉链表的节点结构体定义如下图所示。

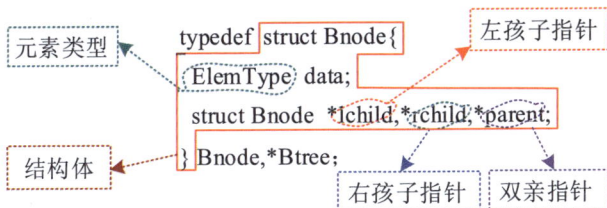

一棵二叉树及其三叉链表如下图所示。

4.3 二叉树遍历

二叉树遍历就是按某条搜索路径访问二叉树中的每个节点一次且仅一次。遍历是有顺序的，如何进行二叉树遍历呢？

一棵二叉树是由根、左子树、右子树组成的，如下图所示。

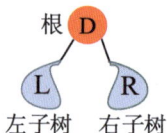

按照根、左子树、右子树的访问顺序不同，可以有 6 种遍历方案：DLR、LDR、LRD、DRL、RDL、RLD，若限定先左后右（先左子树后右子树）的遍历顺序，则只有 3 种遍历方案：DLR、LDR、LRD。按照根的访问顺序不同，根在前面的遍历方案被称为"先序遍历"（DLR），根在中间的遍历方案被称为"中序遍历"（LDR），根在最后的遍历方案被称为"后序遍历"（LRD）。

因为树的定义本身就是递归的，因此对树和二叉树的基本操作用递归算法很容易实现。下面分别介绍二叉树的三种遍历方法及其实现。

4.3.1 先序遍历

先序遍历指首先访问根，然后先序遍历左子树，在左子树为空或已遍历时先序遍历右子树，即 DLR。若二叉树为空（NULL），则什么也不做。

完美图解：一棵二叉树的先序遍历过程如下。

（1）访问根 A，先序遍历 A 的左子树。

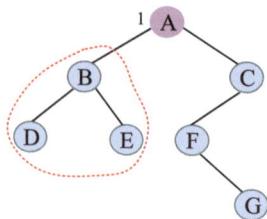

（2）访问根 B，先序遍历 B 的左子树。

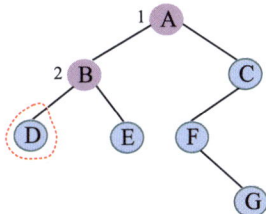

（3）访问根 D，先序遍历 D 的左子树，D 的左子树为空，什么也不做，返回 D。

（4）先序遍历 D 的右子树，D 的右子树为空，返回 B。

（5）先序遍历 B 的右子树。

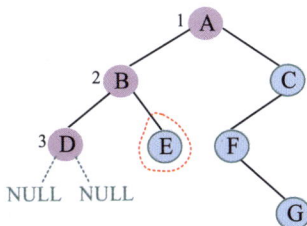

（6）访问根 E，先序遍历 E 的左子树，E 的左子树为空，返回 E。先序遍历 E 的右子树，E 的右子树为空，返回 A。

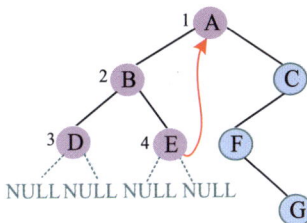

（7）先序遍历 A 的右子树。

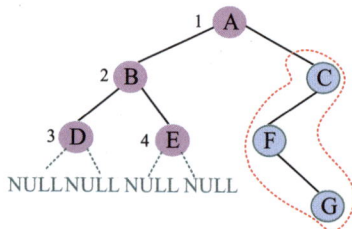

（8）访问根 C，先序遍历 C 的左子树。

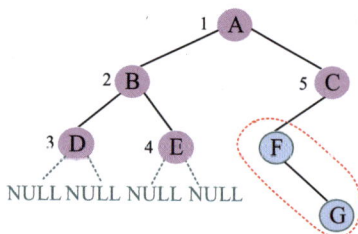

（9）访问根 F，先序遍历 F 的左子树，F 的左子树为空，返回 F。

（10）先序遍历 F 的右子树。

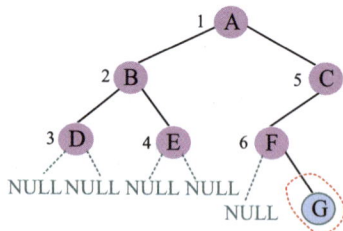

（11）访问根 G，先序遍历 G 的左子树，G 的左子树为空，返回 G。先序遍历 G 的右子树，G 的右子树为空，返回 C。

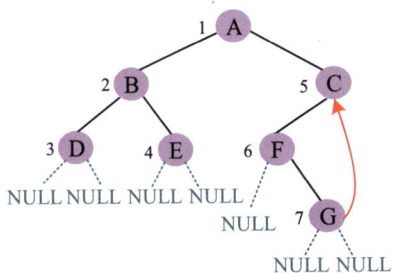

（12）先序遍历 C 的右子树，C 的右子树为空，遍历结束。

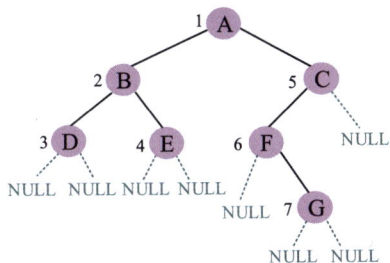

先序遍历序列为 **ABDECFG**。

算法代码：

```
void preorder(Btree T) {//先序遍历
    if(T){
        cout<<T->data<<" ";
        preorder(T->lchild);
        preorder(T->rchild);
    }
}
```

4.3.2 中序遍历

中序遍历指首先中序遍历左子树，在左子树为空或已遍历时访问根，然后中序遍历右子树，即 LDR。若二叉树为空，则什么也不做。

完美图解： 一棵二叉树的中序遍历过程如下。

（1）中序遍历 A 的左子树。

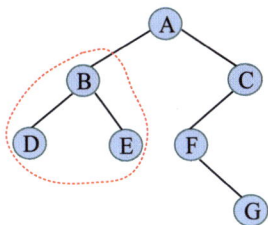

（2）中序遍历 B 的左子树。

（3）中序遍历 D 的左子树，D 的左子树为空，访问 D，中序遍历 D 的右子树，D 的右子树也为空，返回 B。

（4）访问 B，中序遍历 B 的右子树。

（5）中序遍历 E 的左子树，E 的左子树为空，访问 E，中序遍历 E 的右子树，E 的右子树也为空，返回 A。

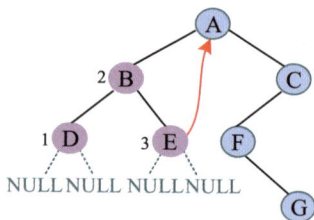

（6）访问 A，中序遍历 A 的右子树。

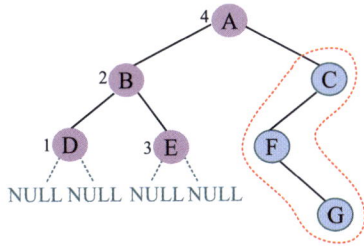

（7）中序遍历 C 的左子树。

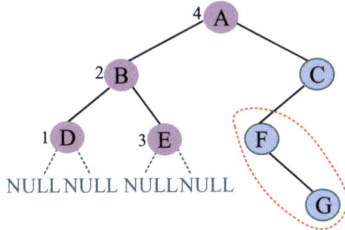

（8）中序遍历 F 的左子树，F 的左子树为空，访问 F，中序遍历 F 的右子树。

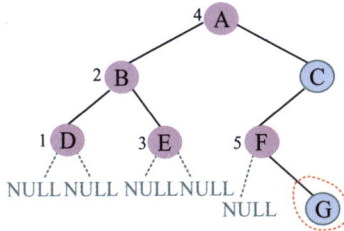

（9）中序遍历 G 的左子树，G 的左子树为空，访问 G，中序遍历 G 的右子树，G 的右子树也为空，返回 C。

（10）访问 C，中序遍历 C 的右子树，G 的右子树为空，遍历结束。

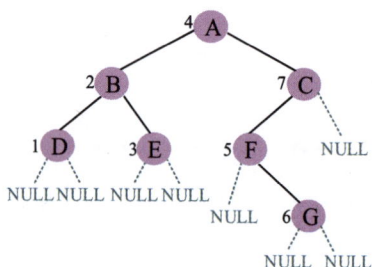

中序遍历序列为 DBEAFGC。

算法代码：

```
void inorder(Btree T){//中序遍历
    if(T){
        inorder(T->lchild);
        cout<<T->data<<" ";
        inorder(T->rchild);
    }
}
```

4.3.3 后序遍历

后序遍历指首先后序遍历左子树，然后后序遍历右子树，在左子树、右子树为空或已遍历时访问根，即 LRD。若二叉树为空，则什么也不做。

完美图解：一棵二叉树的后序遍历过程如下。

（1）后序遍历 A 的左子树。

（2）后序遍历 B 的左子树。

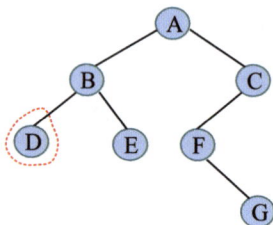

（3）后序遍历 D 的左子树，D 的左子树为空，后序遍历 D 的右子树，D 的右子树也为空，访问 D，返回 B。

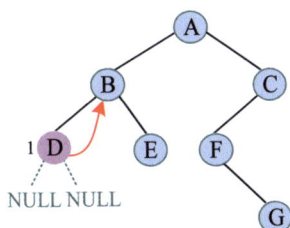

（4）后序遍历 B 的右子树。

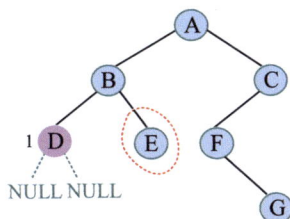

（5）后序遍历 E 的左子树，E 的左子树为空，后序遍历 E 的右子树，E 的右子树也为空，访问 E，此时 B 的左、右子树都已被遍历，访问 B，返回 A。

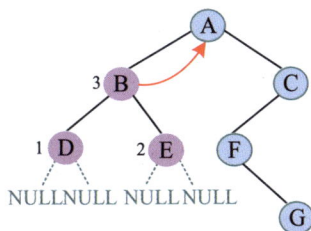

（6）后序遍历 A 的右子树。

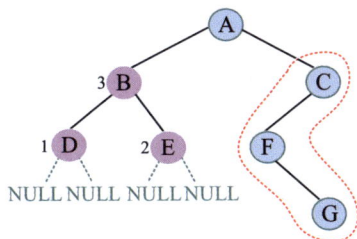

（7）后序遍历 C 的左子树。

（8）后序遍历 F 的左子树，F 的左子树为空，后序遍历 F 的右子树。

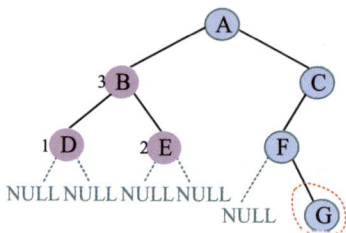

（9）后序遍历 G 的左子树，G 的左子树为空，后序遍历 G 的右子树，G 的右子树也为空，访问 G，此时 F 的左、右子树都已被遍历，访问 F，返回 C。

（10）后序遍历 C 的右子树，C 的右子树为空，此时 C 的左、右子树都已被遍历，访问 C，此时 A 的左、右子树都已被遍历，访问 A，遍历结束。

后序遍历序列为 DEBGFCA。

算法代码：

```
void posorder(Btree T) {//后序遍历
    if(T){
```

```
        posorder(T->lchild);
        posorder(T->rchild);
        cout<<T->data<<"  ";
    }
}
```

二叉树遍历代码简单明了，"cout<<T->data;"语句在前面的就是先序遍历，在中间的就是中序遍历，在后面的就是后序遍历。

若不要求遵循程序执行流程，只写出二叉树遍历序列，则还可以使用投影法快速得到该遍历序列。

1. 先序遍历

先序遍历就像在左边刮大风的情况下遍历，将二叉树的树枝刮向右方，遍历顺序为根、左子树、右子树，太阳直射，将所有节点都投影到地上。一棵二叉树，其先序遍历投影如下图所示，先序遍历序列为 ABDECFG。

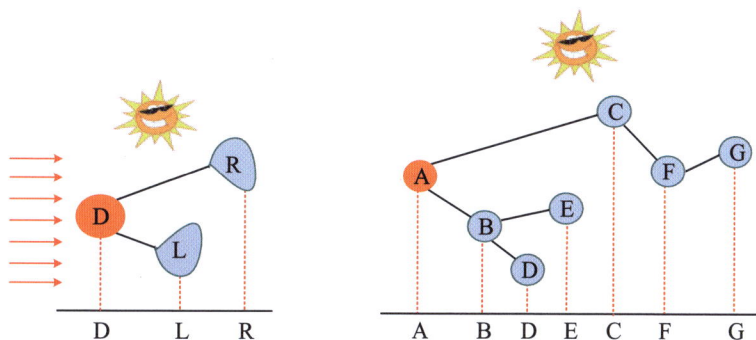

2. 中序遍历

中序遍历就像在无风的情况下遍历，遍历顺序为左子树、根、右子树，太阳直射，将所有节点都投影到地上。一棵二叉树，其中序遍历投影如下图所示，中序遍历序列为 DBEAFGC。

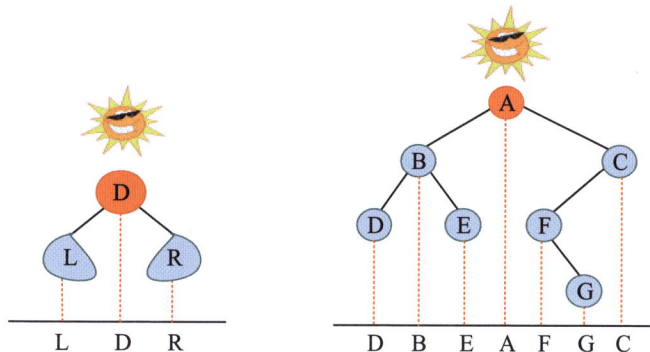

3. 后序遍历

后序遍历就像在右边刮大风的情况下遍历，将二叉树树枝刮向左方，且遍历顺序为左子树、右子树、根，太阳直射，将所有节点都投影到地上。一棵二叉树，其后序遍历投影如下图所示，后序遍历序列为 DEBGFCA。

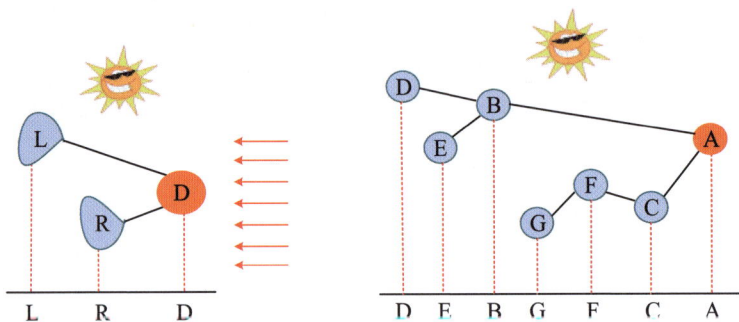

4.3.4 层次遍历

在二叉树遍历方案中除了有先序遍历、中序遍历和后序遍历，还有层次遍历，即按照层次从左向右遍历。

层次遍历秘籍：①遍历第 1 层，②遍历第 2 层……在同一层按照从左向右的顺序遍历，直到最后一层。

一棵树如下图所示，其层次遍历过程：首先遍历第 1 层 A，然后遍历第 2 层，从左向右遍历 B、C，再遍历第 3 层，从左向右遍历 D、E、F，再遍历第 4 层的 G。

程序是怎么实现层次遍历的呢？通过观察可以发现，先被访问的节点，其孩子也先被访问，先来先服务，因此可以用队列实现。

完美图解：下面以上图所示的二叉树为例，展示其层次遍历过程。

（1）创建一个队列 Q，令根入队（**注意**：实际上是指向根 A 的指针入队，为了图解方便，将数据入队）。

（2）队头元素出队，输出 A，同时令 A 的孩子 B、C 入队（按从左向右的顺序进

行，若是普通树，则包含所有孩子）。

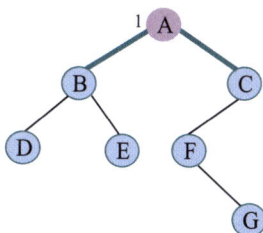

Q | B | C | | |

（3）队头元素出队，输出 B，同时令 B 的孩子 D、E 入队。

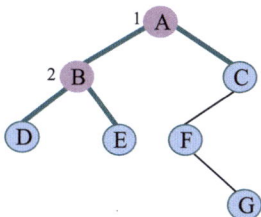

Q | C | D | E | |

（4）队头元素出队，输出 C，同时令 C 的孩子 F 入队。

Q | D | E | F | |

（5）队头元素出队，输出 D，同时令 D 的孩子入队，D 没有孩子，什么也不做。

Q | E | F | | |

（6）队头元素出队，输出 E，同时令 E 的孩子入队，E 没有孩子，什么也不做。

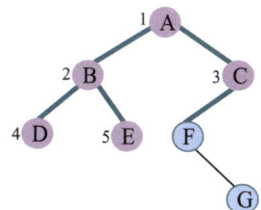

Q | F | | | |

（7）队头元素出队，输出 F，同时令 F 的孩子 G 入队。

（8）队头元素出队，输出 G，同时令 G 的孩子入队，G 没有孩子，什么也不做。队列为空，算法结束。

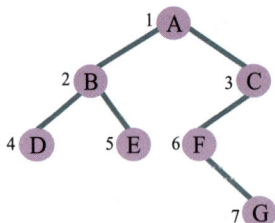

算法代码：

```
bool Leveltraverse(Btree T){
    Btree p;
    if(!T)
        return false;
    queue<Btree>Q; //创建一个普通队列（先进先出），存储指针类型的数据
    Q.push(T); //根指针入队
    while(!Q.empty()){ //若队列不为空
        p=Q.front();//取出队头元素，将其当作当前节点
        Q.pop(); //队头元素出队
        cout<<p->data<<" ";
        if(p->lchild)
            Q.push(p->lchild); //左孩子指针入队
        if(p->rchild)
            Q.push(p->rchild); //右孩子指针入队
    }
    return true;
}
```

✐ 训练 1　新二叉树

题目描述（P1305）：输入一棵二叉树，输出其先序遍历序列。

输入：第 1 行为二叉树的节点数 n（$1 \leqslant n \leqslant 26$）。后面的 n 行以每个字母为节点，后两个字母分别为其左、右孩子。用*表示空节点。

输出：输出二叉树的先序遍历序列。

输入样例	输出样例
6	abdicj
abc	
bdi	
cj*	
d**	
i**	
j**	

题解： 可通过静态存储方式存储每个节点的左、右孩子（下标）。本题第 1 个字符为根，从根开始进行先序遍历，输出先序遍历序列。

算法代码：

```
int n,root,lc[100],rc[100];
string s;
void preorder(int t){
    if(t!='*'-'a'){
        cout<<char(t+'a');
        preorder(lc[t]);
        preorder(rc[t]);
    }
}

int main(){
    cin>>n;
    for(int i=0;i<n;i++){
        cin>>s;
        if(!i)
            root=s[0]-'a';
        lc[s[0]-'a']=s[1]-'a';
        rc[s[0]-'a']=s[2]-'a';
    }
    preorder(root);
    return 0;
}
```

✏️ 训练2　二叉树遍历

题目描述（B3642）： 有一棵由 n（$n \leqslant 10^6$）个节点组成的二叉树。现给出每个节点的两个孩子的编号（均不超过 n），请构造一棵二叉树（根的编号为1），若是叶子，则输入 0 0。构造好这棵二叉树之后，依次求出它的先序遍历序列、中序遍历序列和后序遍历序列。

输入： 第 1 行为一个整数 n，表示节点数。之后有 n 行，第 i 行包含两个整数 l、

r，分别表示节点 i 的左、右孩子的编号。若 $l=0$，则表示无左孩子；若 $r=0$，则表示无右孩子。

输出：输出 3 行，每行都有 n 个数字，以空格隔开。第 1 行是先序遍历序列，第 2 行是中序遍历序列，第 3 行是后序遍历序列。

输入样例	输出样例
7	1 2 4 3 7 6 5
2 7	4 3 2 1 6 5 7
4 0	3 4 2 5 6 7 1
0 0	
0 3	
0 0	
0 5	
6 0	

题解：可先通过静态存储方式存储每个节点的左、右孩子（下标），之后输出先序遍历序列、中序遍历序列和后序遍历序列。

算法代码：

```
int n,lc[maxn],rc[maxn];
void preorder(int t){
    if(t!=0){
        cout<<t<<" ";
        preorder(lc[t]);
        preorder(rc[t]);
    }
}

void inorder(int t){
    if(t!=0){
        inorder(lc[t]);
        cout<<t<<" ";
        inorder(rc[t]);
    }
}

void posorder(int t){
    if(t!=0){
        posorder(lc[t]);
        posorder(rc[t]);
        cout<<t<<" ";
    }
}

int main(){
```

```
    int l,r;
    cin>>n;
    for(int i=1;i<=n;i++){
        cin>>l>>r;
        lc[i]=l;
        rc[i]=r;
    }
    preorder(1);
    cout<<endl;
    inorder(1);
    cout<<endl;
    posorder(1);
    return 0;
}
```

4.4 哈夫曼树

4.4.1 哈夫曼编码

通常的编码方案有等长编码和不等长编码两种。这是一个关于如何设计最优编码方案的问题，目的是使总编码最短。对于这个问题，可利用字符的使用频率来编码，属于不等长编码，使得经常使用的字符编码较短，不经常使用的字符编码较长。若进行等长编码，假设所有字符的编码都等长，则对 n 个不同的字符进行编码需要$\lceil \log n \rceil$位二进制数。例如，对于三个不同的字符 a、b、c，至少需要两位二进制数，即 a:00、b:01、c:10。若每个字符的使用频率都相等，则进行等长编码效率最高。

进行不等长编码时需要解决两个关键问题：①编码尽可能短，我们可以让使用频率高的字符编码较短，让使用频率低的字符编码较长，这种方法可以提高压缩率，节省内存空间，也能提高运算和通信速度，即频率越高，编码越短；②不能有二义性。

例如，若对 ABCD 这样编码：

A: 0   B: 1   C: 01   D: 10

则得到 0110，该怎样翻译呢？是翻译为 ABBA、ABD、CBA，还是翻译为 CD？若将这种混乱的译码用在情报中，后果可能很严重！如何消除二义性呢？解决办法：任何一个字符的编码都不能是另一个字符编码的前缀，即前缀码特性。

哈夫曼编码的基本思想：首先将字符的使用频率作为权值构造一棵哈夫曼树，然后利用哈夫曼树对字符进行编码。构造一棵哈夫曼树，是将所要编码的字符作为叶子，将该字符在文件中的使用频率作为叶子的权值，以自底向上的方式，通过 $n-1$ 次的"合并"运算后构造出树。其核心思想是让权值最大的叶子离根最近。

哈夫曼编码采取的贪心策略：每次都从树的集合中取出没有双亲且权值最小的两棵树作为左、右子树，构造一棵新树，新树的根的权值为其左、右孩子权值之和，将新树插入树的集合。

1. 编码步骤

（1）确定合适的数据结构。在编写程序前需要考虑的情况如下。

- 在哈夫曼树中没有度为 1 的节点，一棵有 n 个叶子的哈夫曼树共有 $2n-1$ 个节点（$n-1$ 次的合并，每次都产生一个新节点）。

- 构造好哈夫曼树后，编码时需要从叶子出发走一条从叶子到根的路径，译码时需要从根出发走一条从根到叶子的路径。

（2）构造 n 棵节点为 n 个字符的单节点树集合 $T=\{t_1,t_2,t_3,\cdots,t_n\}$，每棵树都只有一个带权的根，权值为该字符的使用频率。

（3）若在 T 中只剩下一棵树，则哈夫曼树构造成功，跳到第 6 步，否则从集合 T 中取出没有双亲且权值最小的两棵树 t_i 和 t_j，将它们合并成一棵新树 z_k，新树的左孩子为 t_i，右孩子为 t_j，z_k 的权值为 t_i 和 t_j 的权值之和。

（4）从集合 T 中删除 t_i、t_j，加入 z_k。

（5）重复第 3～4 步。

（6）约定左分支上的编码为 0，右分支上的编码为 1。从叶子到根逆向求解每个字符的哈夫曼编码。那么，从根到叶子路径上的字符组成的字符串为该叶子的哈夫曼编码，编码结束。

2. 完美图解

假设一些字符及其使用频率如下表所示，则如何得到它们的哈夫曼编码呢？

字符	a	b	c	d	e	f
使用频率	0.05	0.32	0.18	0.07	0.25	0.13

可以把每个字符都作为叶子，将其对应的频率作为其权值，因为只是比较大小，所以为了比较方便，可以将其同时扩大一百倍，得到 a:5、b:32、c:18、d:7、e:25、f:13。

（1）初始化。构造 n 棵节点为 n 个字符的单节点树集合 $T=\{a,b,c,d,e,f\}$。

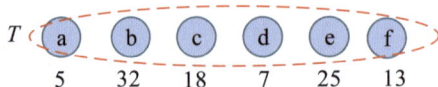

（2）从集合 T 中取出没有双亲且权值最小的两棵树 a 和 d，将它们合并成一棵新树 t_1，新树的左孩子为 a，右孩子为 d，新树的权值为 a 和 d 的权值之和 12。将新树的根 t_1 加入集合 T，将 a、d 从集合 T 中删除。

（3）从集合 T 中取出没有双亲且权值最小的两棵树 t_1 和 f，将它们合并成一棵新树 t_2，新树的左孩子为 t_1，右孩子为 f，新树的权值为 t_1 和 f 的权值之和 25。将新树的根 t_2 加入集合 T，将 t_1 和 f 从集合 T 中删除。

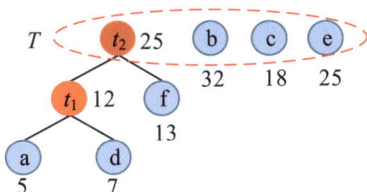

（4）从集合 T 中取出没有双亲且权值最小的两棵树 c 和 e，将它们合并成一棵新树 t_3，新树的左孩子为 c，右孩子为 e，新树的权值为 c 和 e 的权值之和 43。将新树的根 t_3 加入集合 T，将 c 和 e 从集合 T 中删除。

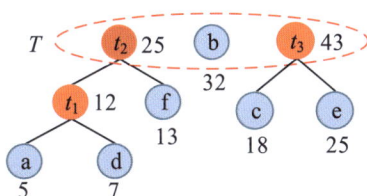

（5）从集合 T 中取出没有双亲且权值最小的两棵树 t_2 和 b，将它们合并成一棵新树 t_4，新树的左孩子为 t_2，右孩子为 b，新树的权值为 t_2 和 b 的权值之和 57。将新树的根 t_4 加入集合 T，将 t_2 和 b 从集合 T 中删除。

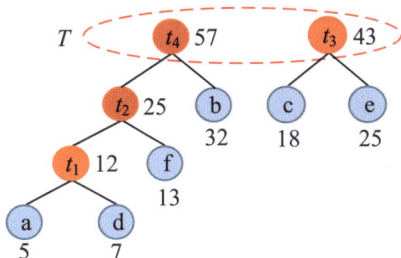

（6）从集合 T 中取出没有双亲且权值最小的两棵树 t_3 和 t_4，将它们合并成一棵新树 t_5，新树的左孩子为 t_3，右孩子为 t_4，新树的权值为 t_3 和 t_4 的权值之和 100。将新树的根 t_5 加入集合 T，将 t_3 和 t_4 从集合 T 中删除。

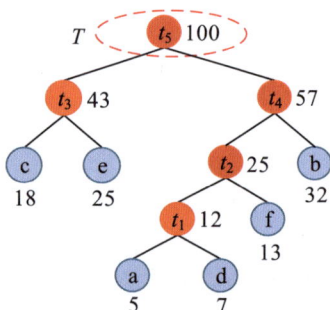

（7）在集合 T 中只剩下一棵树，哈夫曼树构造成功。

（8）约定左分支上的编码为 0，右分支上的编码为 1。从叶子到根逆向求解每个字符的哈夫曼编码。那么，从根到叶子路径上的字符组成的字符串为该叶子的哈夫曼编码，如下图所示。

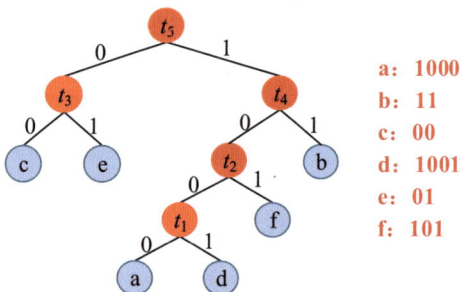

a：1000
b：11
c：00
d：1001
e：01
f：101

3. 算法实现

在构造哈夫曼树的过程中，首先将每个节点的双亲、左孩子、右孩子都初始化为 -1，找出所有节点中双亲为 -1 且权值最小的两个节点 t_1、t_2，并将其合并为一棵二叉树，更新信息（双亲的权值为 t_1、t_2 权值之和，其左孩子为权值最小的节点 t_1，右孩子为权值次小的节点 t_2）。重复此过程，构造出一棵哈夫曼树。

（1）数据结构。每个节点都包括权值（weight）、双亲（parent）、左孩子（lchild）、右孩子（rchild）、节点的字符信息（value）五个域，如下图所示。

weight	parent	lchild	rchild	value

将其定义为结构体形式，定义节点结构体 HnodeType。

```
typedef struct{
    double weight;  //权值
    int parent;     //双亲
    int lchild;     //左孩子
    int rchild;     //右孩子
    char value;     //节点的字符信息
} HNodeType;
```

在结构体编码过程中,哈夫曼编码数组 bit[]存储节点的编码,start 记录编码开始时的下标,在进行逆向编码(从叶子到根,想一想为什么不从根到叶子)及存储时,start 从 $n-1$ 开始依次递减,从后向前存储;进行读取时,从 start+1 开始到 $n-1$ 从前向后输出,即该字符的编码,如下图所示。

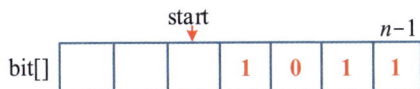

哈夫曼编码结构体 HcodeType 的代码如下。

```
typedef struct{
    int bit[MAXBIT];      //存储编码的数组
    int start;            //编码开始时的下标
} HCodeType;
```

(2)初始化。首先初始化哈夫曼树数组 HuffNode[]中的节点权值为 0,双亲和左、右孩子均为-1,然后读入叶子的权值,如下表所示。

编　号	weight	parent	lchild	rchild	value
0	5	-1	-1	-1	a
1	32	-1	-1	-1	b
2	18	-1	-1	-1	c
3	7	-1	-1	-1	d
4	25	-1	-1	-1	e
5	13	-1	-1	-1	f
6	0	-1	-1	-1	
7	0	-1	-1	-1	
8	0	-1	-1	-1	
9	0	-1	-1	-1	
10	0	-1	-1	-1	

(3)循环构造哈夫曼树。从集合 T 中取出双亲为-1 且权值最小的两棵树 t_i 和 t_j,将它们合并成一棵新树 z_k,新树的左孩子为 t_i,右孩子为 t_j,z_k 的权值为 t_i 和 t_j 的权值之和。

```
int i,j,t1,t2;  //t1、t2 为两个最小权值节点的编号
double m1,m2;  //m1、m2 为两个最小权值节点的权值
for(i=0;i<n-1;i++){
        m1=m2=MAXVALUE;  //初始化为最大值
        t1=t2=-1;  //初始化为-1
        //找出所有节点中权值最小、无双亲的两个节点
        for(j=0;j<n+i;j++){
            if(HuffNode[j].weight<m1 && HuffNode[j].parent==-1){
```

```
        m2=m1;
        t2=t1;
        m1=HuffNode[j].weight;
        t1=j;
    }
    else if(HuffNode[j].weight<m2 && HuffNode[j].parent==-1){
        m2=HuffNode[j].weight;
        t2=j;
    }
}
/* 更新新树信息 */
HuffNode[t1].parent=n+i; //t1 的双亲为新节点 n+i
HuffNode[t2].parent=n+i; //t2 的双亲为新节点 n+i
HuffNode[n+i].weight=m1+m2; //新节点的权值为两个最小权值之和 m1+m2
HuffNode[n+i].lchild=t1; //新节点 n+i 的左孩子为 t1
HuffNode[n+i].rchild=t2; //新节点 n+i 的右孩子为 t2
}
}
```

完美图解：

第 1 步，$i=0$ 时：$j=0; j<6$，找双亲为 -1 且权值最小的两个数。

```
t1=0    t2=3;    //t1、t2 为两个最小权值节点的编号
m1=5  m2=7;    //m1、m2 为两个最小权值节点的权值
HuffNode[0].parent=6;   //t1 的双亲为新节点 n+i
HuffNode[3].parent=6;   //t2 的双亲为新节点 n+i
HuffNode[6].weight=12;  //新节点的权值为两个最小权值之和 m1+m2
HuffNode[6].lchild=0;   //新节点 n+i 的左孩子为 t1
HuffNode[6].rchild=3;   //新节点 n+i 的右孩子为 t2
```

数据更新后如下表所示。

编　　号	weight	parent	lchild	rchild	value
0	5	6	−1	−1	a
1	32	−1	−1	−1	b
2	18	−1	−1	−1	c
3	7	6	−1	−1	d
4	25	−1	−1	−1	e
5	13	−1	−1	−1	f
6	12	−1	0	3	
7	0	−1	−1	−1	
8	0	−1	−1	−1	
9	0	−1	−1	−1	
10	0	−1	−1	−1	

对应的哈夫曼树如下图所示。

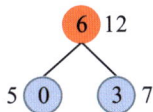

第 2 步，$i=1$ 时：$j=0; j<7$，找双亲为-1 且权值最小的两个数。

```
t1=6    t2=5;    //t1、t2 为两个最小权值节点的编号
m1=12  m2=13;    //m1、m2 为两个最小权值节点的权值
HuffNode[5].parent=7;    //t1 的双亲为新节点 n+i
HuffNode[6].parent=7;    //t2 的双亲为新节点 n+i
HuffNode[7].weight=25;   //新节点的权值为两个最小权值之和 m1+m2
HuffNode[7].lchild=6;    //新节点 n+i 的左孩子为 t1
HuffNode[7].rchild=5;    //新节点 n+i 的右孩子为 t2
```

数据更新后如下表所示。

编　　号	weight	parent	lchild	rchild	value
0	5	6	–1	–1	a
1	32	–1	–1	–1	b
2	18	–1	–1	–1	c
3	7	6	–1	–1	d
4	25	–1	–1	–1	e
5	13	7	–1	–1	f
6	12	7	0	3	
7	25	–1	6	5	
8	0	–1	–1	–1	
9	0	–1	–1	–1	
10	0	–1	–1	–1	

对应的哈夫曼树如下图所示。

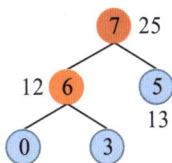

第 3 步，$i=2$ 时：$j=0; j<8$，找双亲为-1 且权值最小的两个数。

```
t1=2    t2=4;    //t1、t2 为两个最小权值节点的编号
m1=18  m2=25;    //m1、m2 为两个最小权值节点的权值
HuffNode[2].parent=8;    //t1 的双亲为新节点 n+i
HuffNode[4].parent=8;    //t2 的双亲为新节点 n+i
HuffNode[8].weight=43;   //新节点的权值为两个最小权值之和 m1+m2
```

```
HuffNode[8].lchild=2;    //新节点 n+i 的左孩子为 t1
HuffNode[8].rchild=4;    //新节点 n+i 的右孩子为 t2
```

数据更新后如下表所示。

编　号	weight	parent	lchild	rchild	value
0	5	6	–1	–1	a
1	32	–1	–1	–1	b
2	18	8	–1	–1	c
3	7	6	–1	–1	d
4	25	8	–1	–1	e
5	13	7	–1	–1	f
6	12	7	0	3	
7	25	–1	6	5	
8	43	–1	2	4	
9	0	–1	–1	–1	
10	0	–1	–1	–1	

对应的哈夫曼树如下图所示。

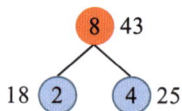

第 4 步，$i=3$ 时：$j=0$; $j<9$，找双亲为 –1 且权值最小的两个数。

```
t1=7    t2=1;    //t1、t2 为两个最小权值节点的编号
m1=25  m2=32;    //m1、m2 为两个最小权值节点的权值
HuffNode[7].parent=9;    //t1 的双亲为新节点 n+i
HuffNode[1].parent=9;    //t2 的双亲为新节点 n+i
HuffNode[9].weight=57;   //新节点的权值为两个最小权值之和 m1+m2
HuffNode[9].lchild=7;    //新节点 n+i 的左孩子为 t1
HuffNode[9].rchild=1;    //新节点 n+i 的右孩子为 t2
```

数据更新后如下表所示。

编　号	weight	parent	lchild	rchild	value
0	5	6	–1	–1	a
1	32	9	–1	–1	b
2	18	8	–1	–1	c
3	7	6	–1	–1	d
4	25	8	–1	–1	e
5	13	7	–1	–1	f
6	12	7	0	3	

续表

编 号	weight	parent	lchild	rchild	value
7	25	9	6	5	
8	43	–1	2	4	
9	57	–1	7	1	
10	0	–1	–1	–1	

对应的哈夫曼树如下图所示。

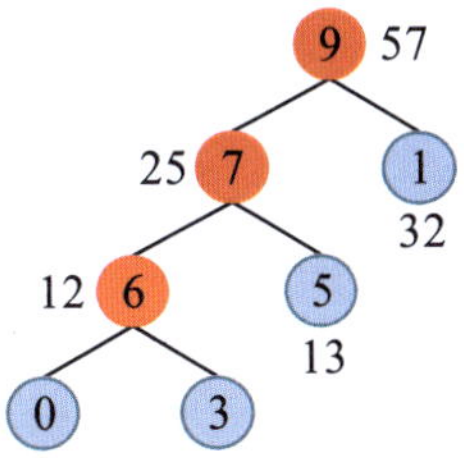

第 5 步，$i=4$ 时：$j=0; j<10$，找双亲为–1 且权值最小的两个数。

```
t1=8   t2=9;    //t1、t2 为两个最小权值节点的编号
m1=43  m2=57;   //m1、m2 为两个最小权值节点的权值
HuffNode[8].parent=10;   //t1 的双亲为新节点 n+i
HuffNode[9].parent=10;   //t2 的双亲为新节点 n+i
HuffNode[10].weight=100; //新节点的权值为两个最小权值之和 m1+m2
HuffNode[10].lchild=8;   //新节点 n+i 的左孩子为 t1
HuffNode[10].rchild=9;   //新节点 n+i 的右孩子为 t2
```

数据更新后如下表所示。

编 号	weight	parent	lchild	rchild	value
0	5	6	–1	–1	a
1	32	9	–1	–1	b
2	18	8	–1	–1	c
3	7	6	–1	–1	d
4	25	8	–1	–1	e
5	13	7	–1	–1	f
6	12	7	0	3	
7	25	9	6	5	
8	43	10	2	4	
9	57	10	7	1	
10	100	–1	8	9	

对应的哈夫曼树如下图所示。

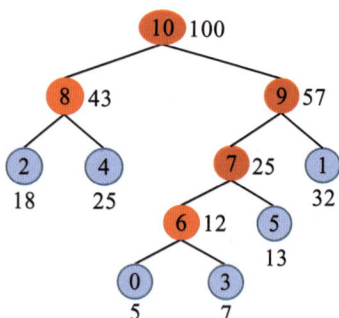

（4）输出哈夫曼编码。

```
void HuffmanCode(HCodeType HuffCode[MAXLEAF], int n){
    HCodeType cd;        /* 定义一个临时变量来存储求解编码时的信息 */
    int i,j,c,p;
    for(i=0;i<n;i++){
        cd.start=n-1;
        c=i;    //i 为叶子编号
        p=HuffNode[c].parent;
        while(p!=-1){
            if(HuffNode[p].lchild==c){
                cd.bit[cd.start]=0;
            }
            else
                cd.bit[cd.start]=1;
            cd.start--;        /* start 向前移动一位 */
            c=p;               /* c、p 上移，准备下一循环 */
            p=HuffNode[c].parent;
        }
    /* 把叶子的编码信息从临时变量 cd 中复制出来，放入编码结构体数组 */
        for(j=cd.start+1;j<n;j++)
            HuffCode[i].bit[j]=cd.bit[j];
        HuffCode[i].start=cd.start;
    }
}
```

哈夫曼编码数组如下图所示。

第 1 步，$i=0$ 时：$c=0$。

```
cd.start=n-1=5;
p=HuffNode[0].parent=6;//从 HuffNode[]中读出节点 0 的双亲，即节点 6
```

数据更新后如下表所示。

编　号	weight	parent	lchild	rchild	value
0	5	6	−1	−1	a
1	32	9	−1	−1	b
2	18	8	−1	−1	c
3	7	6	−1	−1	d
4	25	8	−1	−1	e
5	13	7	−1	−1	f
6	12	7	0	3	
7	25	9	6	5	
8	43	10	2	4	
9	57	10	7	1	
10	100	−1	8	9	

若 p!=−1，则从哈夫曼树数组 HuffNode[]中读出 6 的左孩子和右孩子，判断 0 是它的左孩子还是右孩子；若是左孩子，则将其编码为 0；若是右孩子，则将其编码为 1。

```
HuffNode[6].lchild=0;//0 是 6 的左孩子
cd.bit[5]=0;//编码为 0
cd.start--=4; /* start 向前移动一位 */
```

哈夫曼树及其哈夫曼编码数组如下图所示。

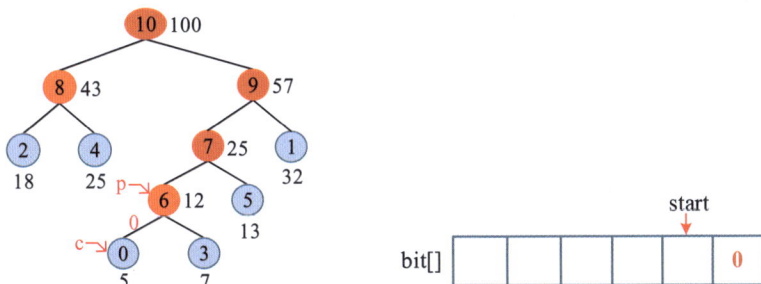

```
c=p=6;              /* c、p 上移，准备下一循环 */
p=HuffNode[6].parent=7;
```

c、p 上移后如下图所示。

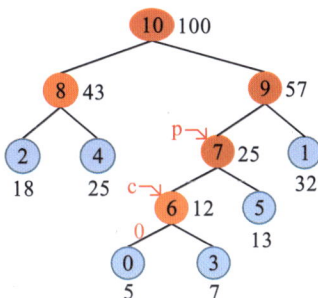

105

```
p!=-1;
HuffNode[7].lchild=6;//6 是 7 的左孩子
cd.bit[4]=0;//编码为 0
cd.start--=3;            /* start 向前移动一位 */
c=p=7;                   /* c、p 上移，准备下一循环 */
p=HuffNode[7].parent=9;
```

哈夫曼树及其哈夫曼编码数组如下图所示。

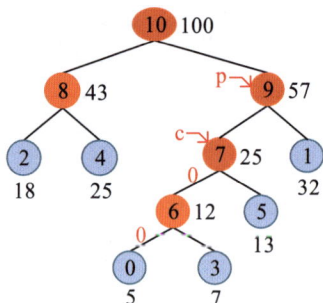

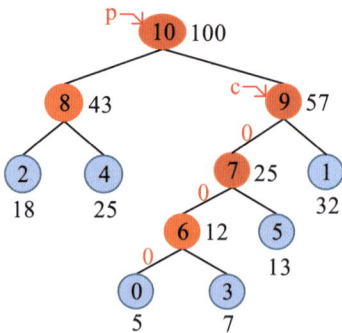

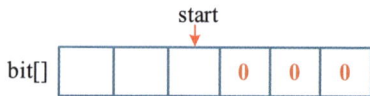

```
p!=-1;
HuffNode[9].lchild=7;//7 是 9 的左孩子
cd.bit[3]=0;//编码为 0
cd.start--=2;            /* start 向前移动一位 */
c=p=9;                   /* c、p 上移，准备下一循环 */
p=HuffNode[9].parent=10;
```

哈夫曼树及其哈夫曼编码数组如下图所示。

```
p!=-1;
HuffNode[10].lchild!=9;//9 不是 10 的左孩子
cd.bit[2]=1;//编码为 1
cd.start--=1;            /* start 向前移动一位 */
c=p=10;                  /* c、p 上移，准备下一循环 */
p=HuffNode[10].parent=-1;
```

哈夫曼树及其哈夫曼编码数组如下图所示。

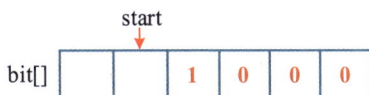

```
p=-1;//该叶子编码结束
/* 把叶子的编码信息从临变量 cd 中复制出来，放入编码结构体数组 */
for(j=cd.start+1; j<n; j++)
    HuffCode[i].bit[j]=cd.bit[j];
HuffCode[i].start=cd.start;
```

哈夫曼编码结构体数组 HuffCode[]如下图所示（图中的箭头不表示指针）。

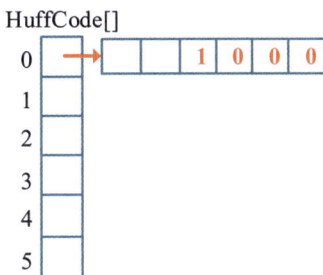

4. 算法分析

时间复杂度：由程序可以看出，在 HuffmanTree()中，"if(HuffNode[j].weight< m1&& HuffNode[j].parent==-1)"为基本语句，外层 i 与 j 构成双层循环。

- $i=0$ 时，该语句执行 n 次。
- $i=1$ 时，该语句执行 $n+1$ 次。
- $i=2$ 时，该语句执行 $n+2$ 次。
- ……
- $i=n-2$ 时，该语句执行 $n+(n-2)$ 次。

基本语句共执行 $n+(n+1)+(n+2)+\cdots+(n+(n-2))=(n-1)\times(3n-2)/2$ 次。在 HuffmanCode() 中，编码和输出编码的时间复杂度都接近 n^2，该算法的时间复杂度为 $O(n^2)$。

空间复杂度：哈夫曼树数组 HuffNode[]中的节点为 $O(n)$ 个，每个节点都包含 bit[MAXBIT]和 start 两个域，该算法的空间复杂度为 $O(n\times\text{MAXBIT})$。

5. 算法优化

可以从以下两方面优化该算法。

（1）在 HuffmanTree() 中查找两个权值最小的节点时，使用优先队列，时间复杂度为 $\log n$，执行 $n-1$ 次，总时间复杂度为 $O(n\log n)$。

（2）在 HuffmanCode() 中可以定义一个动态分配内存空间的线性表来存储编码，每个线性表的长度都为实际的编码长度，这样可以大大节省内存空间。

4.4.2 哈夫曼编码的长度计算方法

在通信电文中包含 A、B、C、D、E 共 5 种字符，其出现的频率分别是 5%、70%、8%、10%、7%。已知在电文中有 10^5 个字符，若进行等长编码，则需要多少位二进制编码？若进行哈夫曼编码，则需要多少位二进制编码？

解析：若进行等长编码，则表示 n 个不同的字符需要 $\lceil \log n \rceil$ 位二进制编码。表示 5 个字符，每个字符至少需要 $\lceil \log 5 \rceil = 3$ 位二进制编码，表示 10^5 个字符共需要 3×10^5 位二进制编码。

若进行哈夫曼编码，则需要构造哈夫曼树，计算总编码长度。为了表达方便，先将频率扩大 100 倍表示，计算时再除以 100 即可。构造的哈夫曼树如下图所示。

哈夫曼树的带权路径长度 WPL=所有叶子的权值×该节点到根的路径长度之和。
$$WPL = (5\times3+7\times3+8\times3+10\times3+70\times1)/100 = 1.6$$

若有 100 个字符，其中有 100×5%=5 个 A 字符，每个 A 字符的编码长度都为 3，A 字符共需要 5×3 位二进制编码。同理，E 字符共需要 7×3 位二进制编码，C 字符共需要 8×3 位二进制编码，D 字符共需要 10×3 位二进制编码，B 字符共需要 70×1 位二进制编码。所有字符的编码长度之和再除以 100，就是每个字符的平均编码长度。

哈夫曼编码的平均编码长度=带权路径长度。每个字符的平均编码长度都为 1.6。

总编码长度=字符总数×平均编码长度。10^5 个字符共需要 1.6×10^5 位二进制编码。

带权路径长度=所有新生成节点的权值之和。实际上，完全没必要做乘法运算，观察新生成节点的权值，12=5+7，18=8+10，30=12+18=5+7+8+10，100=30+70=5+7+

8+10+70。在新生成节点的权值中，3、7、8、10 分别被计算了 3 次，70 被计算了 1 次，所有新生成节点的权值之和正好等于带权路径长度。

总结：

- 带权路径长度=所有叶子的权值×该节点到根的路径长度之和。
- 带权路径长度=所有新生成节点的权值之和。
- 平均编码长度=带权路径长度。
- 总编码长度=字符总数×平均编码长度。

⚠️ **注意** 若题目给出的不是字符出现频率，而是字符数量，则总编码长度等于所有新生成节点的权值之和。

✏️ 训练 1 围栏修复

题目描述（POJ3253）：约翰想修牧场周围的篱笆，需要 n 块（$1 \leq n \leq 20000$）木板，第 i 块木板具有整数长度 L_i（$1 \leq L_i \leq 50000$，单位为米）。他购买了一块足够长的木板（长度为 L_i 的总和，$i=1,2,\cdots,n$），以便得到 n 块木板。切割时木屑损失的长度不计。

农夫唐向约翰收取切割费用。切割一块木板的费用与其长度相同。切割长度为 21 米的木板需要 21 美分。唐让约翰决定切割木板的顺序和位置。约翰知道以不同的顺序切割木板，将会产生不同的费用。请帮助约翰确定他得到 n 块木板所需支付的最低切割费用。

输入：第 1 行为一个整数 n，表示木板的数量。第 2～n+1 行，每行都为一个所需木板的长度 L_i。

输出：一个整数，即进行 n–1 次切割的费用。

输入样例	输出样例
3	34
8	
5	
8	

题解：本题类似哈夫曼树的构造方法，每次都选择两个最小的值进行合并，直到合并为一棵树。每次合并的结果就是切割费用。使用优先队列（最小值优先）时，每次都弹出两个最小值 t_1、t_2，$t=t_1+t_2$，sum+=t，将 t 入队，继续，直到队列中只剩一个节点。sum 为所需切割费用。

算法代码：

```
int main(){
    long long sum;
```

```
int n,t,t1,t2;
while(cin>>n){
    priority_queue<int,vector<int>,greater<int> >q;
    for(int i=0;i<n;i++){
        cin>>t;
        q.push(t);
    }
    sum=0;
    while(q.size()>1){
        t1=q.top(),q.pop();
        t2=q.top(),q.pop();
        t=t1+t2;
        sum+=t;
        q.push(t);
    }
    cout<<sum<<endl;
}
return 0;
}
```

✏️ 训练 2   信息熵

题目描述（POJ1521）：熵编码是一种数据编码方法，通过对去除冗余的信息进行编码来实现无损数据压缩。为了恢复信息，编码不允许作为任何其他编码的前缀，称之为"无前缀可变长度编码"。

第 1 个例子，对于文本"AAAAABCD"，若使用 8 位 ASCII 编码，则需要 64 位；若使用 2 位二进制编码，则只需 16 位：A:00、B:01、C:10、D:11，得到的二进制编码是"0000000000011011"。既然 A 的出现频率更高，那么能用更少的位来编码它吗？实际上可以，但为了保持无前缀编码，其他编码的长度将超过两位。最佳编码是"A:0、B:10、C:110、D:111"，这显然不是唯一的最佳编码。使用此编码，信息仅有 13 位二进制编码"0000010110111"，压缩比为 4.9∶1（64/13，即最终编码信息中每一位表示的信息与原始编码中的 4.9 位表示的信息相同）。从左向右阅读该编码，可以发现将无前缀编码解码为原始文本很简单，即使编码长度不同。

第 2 个例子，考虑文本"THE CAT IN THE HAT"。字母 T 和空格字符都以最高频率出现，因此它们在最佳编码中显然具有最短的编码。字母 C、I 和 N 只出现一次，因此它们的编码最长。有许多可能的无前缀可变长度编码可以产生最佳编码，其中一种最佳编码是"空格:00、A:100、C:1110、E:1111、H:110、I:1010、N:1011、T:01"，这种最佳编码只需 51 位，与用 8 位 ASCII 编码对信息进行编码所需的 144 位相比，压缩比为 2.8∶1。

输入：输入文件包含一个字符串列表，每行一个。字符串只包含大写字母和下画线（用于代替空格）。以字符串"END"结尾时，不应处理此行。

输出：对于每个字符串，都输出 8 位 ASCII 编码长度、最佳无前缀可变长度编码长度及保留小数点后一位的压缩比。

输入样例	输出样例
AAAAABCD	64 13 4.9
THE_CAT_IN_THE_HAT	144 51 2.8
END	

题解：本题非常简单，哈夫曼编码就是最佳无前缀可变长度编码。首先根据字符串统计每个字符的出现次数，然后按照出现次数构造哈夫曼树，计算总编码长度。总编码长度等于所有新生成节点的权值之和。

算法代码：

```cpp
int main(){
    while(1){
        cin>>s;
        if(s=="END")
            break;
        memset(a,0,sizeof(a));
        int n=s.size();
        for(int i=0;i<n;i++)
            if(s[i]=='_')
                a[26]++;
            else
                a[s[i]-'A']++;
        priority_queue<int,vector<int>,greater<int> >q;
        for(int i=0;i<=26;i++)
            if(a[i])
                q.push(a[i]);
        int ans=n; //最后一个节点的权值必为n，因此 ans 的初始值为 n
        while(q.size()>2){ //无须再计算剩余的两个节点，已计算初始值
            int t,t1,t2;
            t1=q.top(),q.pop();
            t2=q.top(),q.pop();
            t=t1+t2;
            ans+=t;
            q.push(t);
        }
        printf("%d %d %.1lf\n",n*8,ans,(double)n*8/ans);
    }
    return 0;
}
```

4.5 二叉搜索树

在线性表中进行顺序查找和二分查找，在最坏情况和平均情况下的时间复杂度分别为 $O(n)$ 和 $O(\log n)$。但进行二分查找的前提是线性表必须有序，若无序，则无法进行二分查找。顺序查找和二分查找都适用于静态查找，若在查找过程中有插入、删除等修改操作，则在最坏情况和平均情况下的时间复杂度都为 $O(n)$。是否存在一种数据结构和算法，既可以高效地查找，又可以高效地动态修改？实际上，将二分查找与二叉树结合起来，可以实现二叉搜索树结构，达到单次修改和查找的时间复杂度均为 $O(\log n)$。

4.5.1 二叉搜索树原理详解

二叉搜索树（Binary Search Tree，BST），又叫作"二叉查找树""二叉排序树"，是一种对查找和排序都有用的特殊的二叉树。

二叉搜索树或是空树，或是满足如下性质的二叉树：

（1）若其左子树不为空（即为非空树），则左子树上所有节点的值均小于根的值；

（2）若其右子树不为空，则右子树上所有节点的值均大于根的值；

（3）其左、右子树本身又是一棵二叉搜索树。

二叉搜索树的特性：左子树<根<右子树。二叉搜索树的中序遍历序列是一个递增序列。例如，一棵二叉搜索树，其中序遍历序列如下图所示。

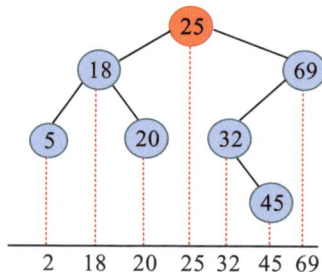

4.5.2 查找

二叉搜索树的中序遍历序列具有有序性，所以其在查找方面与二分查找类似，即每次都缩小查找范围，查找效率较高。

算法步骤：

（1）若二叉搜索树为空（即为空树），查找失败，则返回空指针。

（2）若二叉搜索树不为空，则将待查找关键字 x 与根的关键字 T->data 进行比较。

- 若 $x=T->data$，查找成功，则返回 T。
- 若 $x<T->data$，则递归查找左子树。
- 若 $x>T->data$，则递归查找右子树。

完美图解：例如，一棵二叉搜索树如下图所示，查找关键字 32。

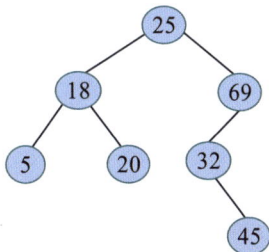

（1）将 32 与二叉搜索树的根 25 进行比较，32>25，在右子树中查找。

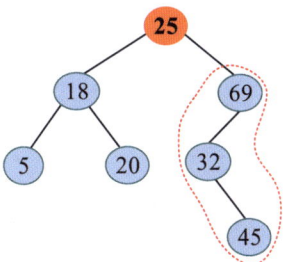

（2）将 32 与右子树的根 69 进行比较，32<69，在左子树中查找。

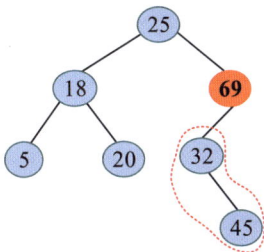

（3）将 32 与左子树的根 32 进行比较，相等，查找成功。

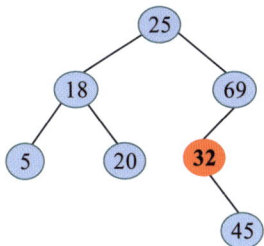

算法实现：

```
BSTree SearchBST(BSTree T,int key){//在二叉搜索树中进行查找操作
    //若查找成功，则返回指向该节点的指针，否则返回空指针
    if((!T)||key==T->data)
        return T;
    else if(key<T->data)
            return SearchBST(T->lchild,key);//在左子树中查找
        else
            return SearchBST(T->rchild,key);//在右子树中查找
}
```

算法分析：

（1）在二叉搜索树中进行查找操作的时间复杂度与树的形态有关，可分为最好情况、最坏情况和平均情况进行分析。

- 在最好情况下，二叉搜索树与二分查找的判定树形态相似，如下图所示。每次查找范围都可以缩小一半，查找路径最多从根到叶子，比较次数最多为树的高度 $\log n$，在最好情况下进行查找操作的时间复杂度为 $O(\log n)$。

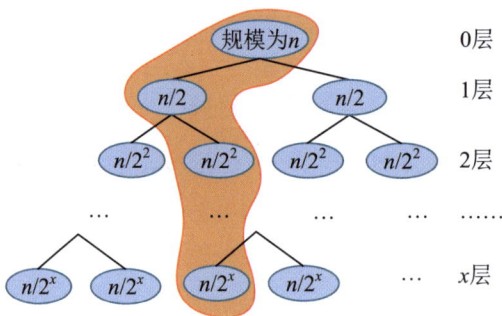

- 在最坏情况下，二叉搜索树为单支树，只有左子树或右子树，如下图所示。每次查找范围都缩小为 $n-1$ 个元素，退化为顺序查找，在最坏情况下进行查找操作的时间复杂度为 $O(n)$。

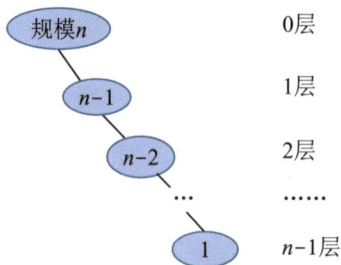

- 在平均情况下，有 n 个节点的二叉搜索树有 C_n 棵（C_n 为卡特兰数），可以证明，在平均情况下进行查找操作的时间复杂度也为 $O(\log n)$。

（2）空间复杂度为 $O(1)$。

4.5.3 插入

首先在二叉搜索树中查找待插入关键字，当查找不成功时，再将待插入关键字作为新叶子插入查找的最后一个节点的左孩子或右孩子位置。在二叉搜索树中不允许有重复的节点，若查找成功，则什么也不做，或者增加一个数量域，记录该关键字的出现次数。

算法步骤：

（1）若二叉搜索树为空，则创建一个新节点 s，将待插入关键字放入新节点的数据域，将 s 作为根，左、右子树均为空。

（2）若二叉搜索树不为空，则将待查找关键字 x 与根的关键字 T->data 进行比较。

- 若 $x<T$->data，则将 x 插入左子树。
- 若 $x>T$->data，则将 x 插入右子树。

完美图解： 一棵二叉搜索树如下图所示，向其中插入关键字 30。

（1）将 30 与根 25 进行比较，30>25，在 25 的右子树中查找。

（2）将 30 与右子树的根 69 进行比较，30<69，在 69 的左子树中查找。

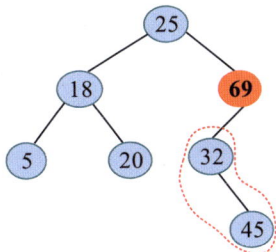

（3）将 30 与左子树的根 32 进行比较，30<32，在 32 的左子树中查找。

（4）32 的左子树为空，将 30 作为新叶子插入 32 的左子树。

算法实现：

```
void InsertBST(BSTree &T,int x){        //在二叉搜索树中进行插入操作
    if(!T){ //若为空树
        BSTree s=new BSTNode;           //生成新节点 s
        s->data=x;                      //s 的数据域为 x
        s->lchild=s->rchild=NULL;       //将 s 作为叶子
        T=s;                            //将 s 链接到已找到的插入位置
        return;
    }
    if(x==T->data) return;              //若查找成功，则什么也不做
    if(x<T->data)
        InsertBST(T->lchild,x);         //插入左子树
    else if(x>T->data)
        InsertBST(T->rchild,x);         //插入右子树
}
```

算法分析：

在二叉搜索树中进行插入操作时，需要先查找插入位置，插入本身只需常数时间，但查找插入位置的时间复杂度为 $O(\log n)$。

4.5.4 创建

下面从空树开始依次输入关键字并进行创建操作，最终得到一棵二叉搜索树。

算法实现：

```
void CreateBST(BSTree &T){ //在二叉搜索树中进行创建操作
    T=NULL;
    int x;
    cin>>x;
    while(x!=ENDFLAG){ //ENDFLAG 为自定义常量，作为输入结束标志
        InsertBST(T,x);      //插入二叉搜索树 T
        cin>>x;
    }
}
```

算法分析：每次进行插入操作，在最好情况和平均情况下的时间复杂度为 $O(\log n)$，在最坏情况下的时间复杂度为 $O(n)$。二叉搜索树的创建需要 n 次插入，在最好情况和平均情况下的时间复杂度为 $O(n\log n)$，在最坏情况下的时间复杂度为 $O(n^2)$，相当于把一个无序序列转换为一个有序序列的排序过程。实质上，创建二叉搜索树与快速排序一样，根相当于快速排序中的基准元素，左、右部分的划分情况取决于基准元素。输入序列的次序不同，创建的二叉搜索树也不同。

4.5.5 删除

首先在二叉搜索树中找到待删除节点，然后执行删除操作。假设指针 p 指向待删除节点，指针 f 指向 p 的双亲。根据待删除节点所在位置的不同，具体的删除操作也不同，可分为下面三种情况。

（1）被删除节点的左子树为空。若被删除节点的左子树为空，则令其右子树"子承父业"代替其位置即可。例如，在二叉搜索树中删除 P，如下图所示。

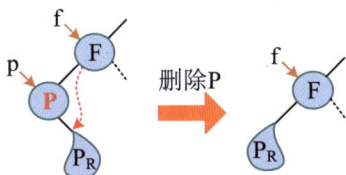

（2）被删除节点的右子树为空。若被删除节点的右子树为空，则令其左子树"子承父业"代替其位置即可，如下图所示。

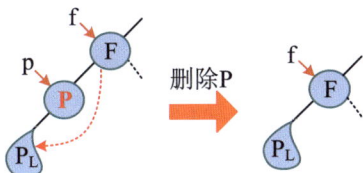

（3）被删除节点的左、右子树均不为空。若被删除节点的左子树和右子树均不为空，则无法再"子承父业"了。根据二叉搜索树的中序遍历有序性，删除该节点时，可以首先用其直接前驱（或直接后继）代替其位置，然后删除其直接前驱（或直接后继）即可。那么，在中序遍历序列中，一个节点的直接前驱（或直接后继）是哪个节点呢？

　　直接前驱：在中序遍历序列中，如下图（a）所示，P 的直接前驱为其左子树的最右节点，则沿着 P 的左子树一直访问其右子树，直到没有右子树，就找到了最右节点。

　　直接后继：在中序遍历序列中，如下图（b）所示，P 的直接后继为其右子树的最左节点。s 指向 p 的直接后继，q 指向 s 的双亲。f、p、q、s 为指向节点的指针，也可以代指该节点。

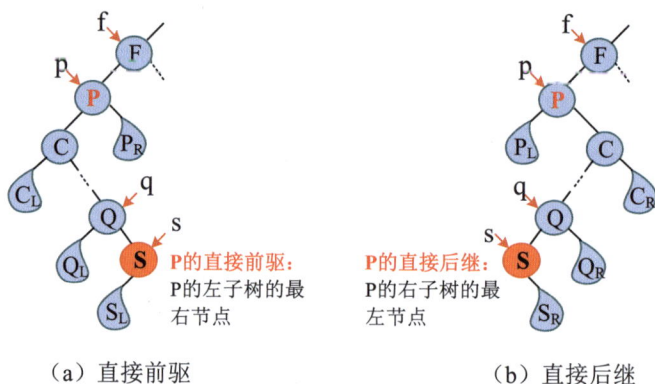

（a）直接前驱　　　　　　　　　　　（b）直接后继

　　以 P 的直接前驱 S 代替 P，之后删除 S 即可。S 为最右节点，没有右子树，删除 S 后，左子树"子承父业"代替 S，如下图所示。

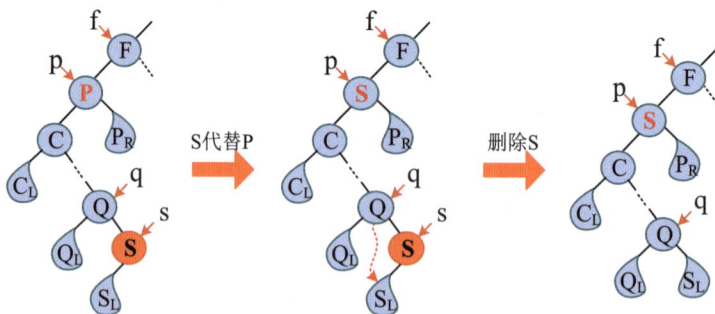

　　例如，在二叉搜索树中删除 24。首先找到 24 的位置 p，然后找到 p 的直接前驱 22，把 22 代替 24，删除 22，删除过程如下图所示。

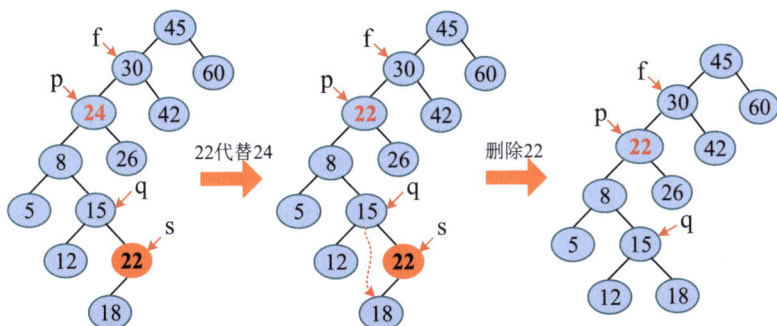

删除节点之后是不是仍然满足二叉搜索树的中序遍历有序性？

需要注意的是，有一种特殊情况：如下图所示，P 的左孩子没有右子树，S 就是其左子树的最右节点（直接前驱），则首先用 S 代替 P，然后删除 S 即可。S 为最右节点且没有右子树，删除 S 后，左子树"子承父业"代替 S。

例如，在二叉搜索树中删除 20，删除过程如下图所示。

算法步骤：

（1）在二叉搜索树中查找待删除关键字，p 指向待删除节点，f 指向 p 的双亲，若查找失败，则返回。

（2）若查找成功，则分下面三种情况进行删除操作。

- 若被删除节点的左子树为空，则令其右子树"子承父业"代替其位置。
- 若被删除节点的右子树为空，则令其左子树"子承父业"代替其位置。
- 若被删除节点的左、右子树均不为空，则首先令其直接前驱（或直接后继）代替它，再删除其直接前驱（或直接后继）。

完美图解：

（1）左子树为空。如下图所示，在二叉搜索树中删除 32，首先找到 32 所在的位置，若其左子树为空，则令其右子树"子承父业"代替其位置。

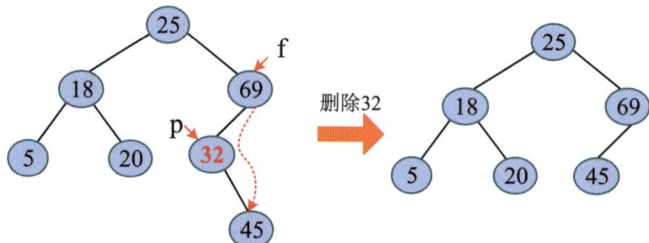

（2）右子树为空。如下图所示，在二叉搜索树中删除 69，首先找到 69 所在的位置，若其右子树为空，则令其左子树"子承父业"代替其位置。

（3）左、右子树均不为空。如下图所示，在二叉搜索树中删除 25，首先找到 25 所在的位置，判断其左、右子树均不为空，首先令其直接前驱（左子树最右节点 20）代替它，再删除其直接前驱 20 即可。删除 20 时，其左子树"子承父业"代替其位置。

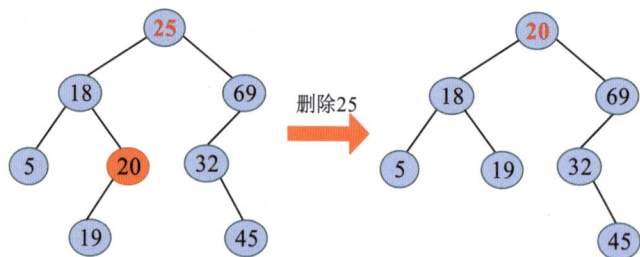

算法实现：

```
void DeleteBST(BSTree &T,int x){ //在二叉搜索树中进行删除操作
    BSTree p=T,f=NULL,q,s;
    if(!T) return; //树为空则返回
    while(p){//查找
        if(x==p->data) break;  //找到关键字等于 x 的节点 p，结束循环
        f=p;             //f 为 p 的双亲
        if(x<p->data)
```

```
            p=p->lchild; //在 p 的左子树中继续查找
        else
            p=p->rchild; //在 p 的右子树中继续查找
    }
    if(!p) return; //找不到被删除节点则返回
    //三种情况：p 的左、右子树均不为空、无右子树、无左子树
    if((p->lchild)&&(p->rchild)){ //被删除节点 p 的左、右子树均不为空
        q=p;
        s=p->lchild;
        while(s->rchild){//查找其前驱，即 p 的左子树的最右节点
            q=s;
            s=s->rchild;
        }
        p->data=s->data;   //将 s 的值赋值给被删除节点 p，然后删除 s
        if(q!=p)
            q->rchild=s->lchild; //重接 q 的右子树
        else
            q->lchild=s->lchild; //重接 q 的左子树
        delete s;
    }
    else{
        if(!p->rchild){//被删除节点 p 无右子树，只需重接其左子树
            q=p;
            p=p->lchild;
        }
        else if(!p->lchild){//被删除节点 p 无左子树，只需重接其右子树
            q=p;
            p=p->rchild;
        }
        /*———将 p 所指的子树挂接到其双亲 f 相应的位置———*/
        if(!f)
            T=p;  //被删除节点为根
        else if(q==f->lchild)
                f->lchild=p; //挂接到 f 的左子树位置
            else
                f->rchild=p;//挂接到 f 的右子树位置
        delete q;
    }
}
```

算法分析：在二叉搜索树中进行删除操作时主要进行的是查找操作，时间复杂度为 $O(\log n)$。在删除过程中，若需要查找被删除节点的直接前驱，则时间复杂度为 $O(\log n)$。所以，在二叉搜索树中进行删除操作的时间复杂度为 $O(\log n)$。

✏️ 训练 1　落叶

题目描述（POJ1577）：一棵字母二叉树如下图所示。熟悉二叉树的读者可以跳过字母二叉树、二叉树的叶子和字母二叉搜索树的定义，直接看问题描述。

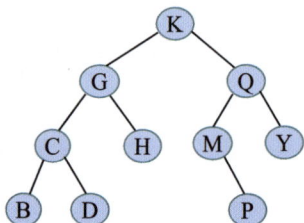

一棵字母二叉树可以是两者之一：①空树；②有一个根，每个节点都以一个字母作为数据，并且有指向左、右子树的指针，左、右子树也是字母二叉树。

二叉树的叶子是一个左、右子树都为空的节点。在上图的示例中有 5 个叶子，分别为 B、D、H、P 和 Y。

字母二叉搜索树是每个节点都满足下述条件的字母二叉树：

（1）按字典序，根的数据在左子树所有节点的数据之后；

（2）根的数据在右子树所有节点的数据之前。

在一棵字母二叉搜索树上删除叶子，并输出叶子删除序列；重复这一过程，直到树为空。例如，从左边的树开始，产生树的序列如下图所示，最后产生空树。

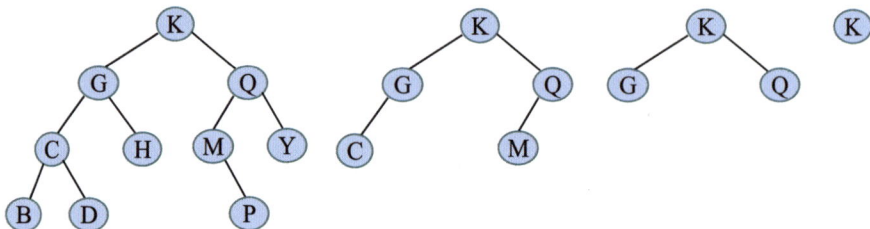

叶子删除序列如下：

```
BDHPY
CM
GQ
K
```

给定一棵字母二叉搜索树的叶子删除序列，输出树的先序遍历序列。

输入：输入多个测试用例。每个测试用例都为一行或多行大写字母序列，每行都给出按上述描述步骤从二叉搜索树中删除的叶子，并按字母表顺序排序。测试用例之间以一行隔开，该行仅包含一个星号"*"。在最后一个测试用例后输出一行，该行仅包含一个符号"$"。在输入中不包含空格或空行。

输出：对于每个测试用例，都有唯一的二叉搜索树，单行输出该树的先序遍历序列。

输入样例	输出样例
BDHPY	KGCBDHQMPY
CM	BAC
GQ	
K	
*	
AC	
B	
$	

1. 算法设计

由题目可知，最后一个字母一定为根，先输入的字母在树的深层，可以逆序创建树。读入字母序列后首先将其用字符串存储，然后逆序创建二叉搜索树，将比根小的字母插入根的左子树，将比根大的字母插入根的右子树。按照根、左子树、右子树的顺序对二叉搜索树进行先序遍历，并输出先序遍历序列。

2. 算法实现

```
void insert(int t,char ch){//在二叉搜索树中插入字符 ch
    if(!tree[t].c){
        tree[t].c=ch;
        return;
    }
    if(ch<tree[t].c){
        if(!tree[t].l){
            tree[++cnt].c=ch;
            tree[t].l=cnt;
        }
        else
            insert(tree[t].l,ch);
    }
    if(ch>tree[t].c){
        if(!tree[t].r){
            tree[++cnt].c=ch;
            tree[t].r=cnt;
        }
        else
            insert(tree[t].r,ch);
    }
}

void preorder(int t){//先序遍历
    if(!tree[t].c)
```

```
        return;
    cout<<tree[t].c;
    preorder(tree[t].l);
    preorder(tree[t].r);
}

int main(){
    string s1,s;
    while(1){
        s="";
        memset(tree,0,sizeof(tree));
        while(cin>>s1&&s1[0]!='*'&&s1[0]!='$')
            s+=s1;
        for(int i=s.length()-1;i>=0;i--)
            insert(1,s[i]);
        preorder(1);
        cout<<endl;
        if(s1[0]=='$')
            break;
    }
}
```

✎ 训练 2　完全二叉搜索树

题目描述（POJ2309）：有一棵无限的完全二叉搜索树，节点中的数字是 $1,2,3,\cdots,n$，如下图所示。在根为 X 的子树中，可以从左侧节点向下直到最后一级，找到该子树中的最小数，也可以从右侧节点向下找到该子树中的最大数。求解根为 X 的子树中的最小数和最大数分别是多少。

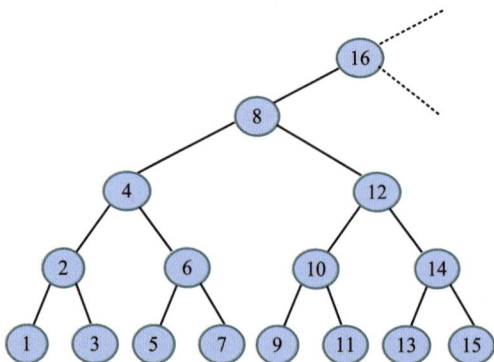

输入：第 1 行为一个整数 n，表示查询的数量。接下来的 n 行，每行都为一个数字，表示根为 X 的子树（$1 \leq X \leq 2^{31}-1$）。

输出：共 n 行，其中第 i 行为第 i 个查询的答案。

输入样例	输出样例
2	1 15
8	9 11
10	

题解：本题有规律可循，若 n 是奇数，则必然是叶子，最大数和最小数都是它自己，否则求 n 所在的层数（倒数的层数，底层为 0 层），它的层数就是 n 的二进制表示中从低位开始第 1 个 1 的位置 i（最后一个非 0 位）。例如，$6=(110)_2$，110 从低位开始第 1 个 1 的位置为 1，因此 6 在第 1 层；$12=(1100)_2$，1100 从低位开始第 1 个 1 的位置为 2，因此 12 在第 2 层，如下图所示。

i 的值即层数，可知 n 的左、右子树各有 $k=2^i-1$ 个节点，则最小数是 $n-k$，最大数是 $n+k$，怎么求 2^i 呢？

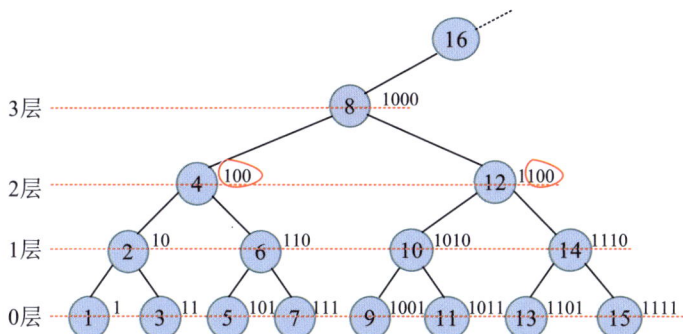

实际上，想得到最后一个非 0 位，只需先将原数取反后加 1，此时除了最后一个非 0 位，其他位均与原数相反，直接与原数进行按位与运算即可得到最后一个非 0 位。

例如，$n=44=(101100)_2$，$-n = (101100)_2$ 取反加 1，两者进行与运算：

```
  1 0 1 1 0 0      n
  0 1 0 0 1 1      取反
      + 1          加 1
  ─────────────
  0 1 0 1 0 0      −n
& 1 0 1 1 0 0      &n
  ─────────────
  0 0 0 1 0 0
```

得到 $2^i=n\&(-n)=4$，$i=2$。因此 44 在第 2 层，44 的左、右子树各有 $num=2^i-1=3$ 个节点，最小数是 $n-num=41$，最大数是 $n+num=47$。

1. 算法设计

（1）求解 $lowbit(n)=n\&(-n)$。

（2）令 $k=lowbit(n)-1$，输出最小数 $n-k$ 和最大数 $n+k$。

2. 算法实现

```
int lowbit(int n){
    return n&(-n);
}

int main(){
    int T,n,k;
    cin>>T;
    while(T--){
        cin>>n;
        k=lowbit(n)-1;
        cout<<n-k<<" "<<n+k<<endl;
    }
    return 0;
}
```

第 5 章

图论基础

图通常以一个二元组 $G=<V, E>$ 表示，V 表示节点集，E 表示边集。$|V|$ 表示节点集中元素的数量，即节点数，也被称为"图 G 的阶"，例如在 n 阶图中有 n 个节点。$|E|$ 表示边集中元素的数量，即边数。

若图 G 中的每条边都是没有方向的，则称之为"无向图"；若图 G 中的每条边都是有方向的，则称之为"有向图"。在无向图中，每条边都是由两个节点组成的无序对，例如 v_1 和 v_3 之间的边，记为 (v_1,v_3) 或 (v_3,v_1)。在有向图中，有向边也被称为"弧"，每条弧都是由两个节点组成的有序对，例如从 v_1 到 v_3 的弧被记为 $<v_1,v_3>$，v_1 被称为"弧尾"，v_3 被称为"弧头"，如下图所示。

握手定理：所有节点的度之和等于边数的两倍。节点的度指与该节点关联的边数。

若在计算所有节点的度之和时，每计算一度就画一条线，则可以看出每条边都被计算了两次，如下图所示。

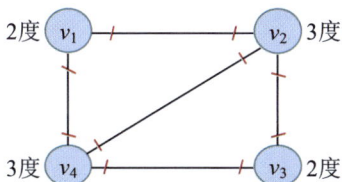

在有向图中，节点的度分为入度和出度。v 的入度是以 v 为终点的有向边的数量，即进来的边数。v 的出度是以 v 为起点的有向边的数量，即发出的边数。所有节点的入度之和=出度之和=边数。

完全图：一个 n 阶无向完全图，每个节点都关联 $n-1$ 条边，共 $n(n-1)/2$ 条边。一个 n 阶有向完全图，每个节点都发出 $n-1$ 条边，进来 $n-1$ 条边，共 $n(n-1)$ 条边。n 阶指 n 个节点。

5.1 图的存储

图的结构比较复杂，任何两个节点之间都可能存在关系。图的存储方式分为顺序存储方式和链式存储方式。顺序存储方式包括邻接矩阵和边集数组，链式存储方式包括邻接表、链式前向星、十字链表和邻接多重表。

5.1.1 邻接矩阵

邻接矩阵通常使用一个二维数组存储图中节点之间的邻接关系。

1. 邻接矩阵的表示方法

1）无向图的邻接矩阵

在无向图中，若从节点 i 到 j 有边，则邻接矩阵 $G[i][j]=G[j][i]=1$，否则 $G[i][j]=0$。

例如，一个无向图及其邻接矩阵如下图所示。在该无向图中，从 1 到 2 有边，从 2 到 1 也有边，则 $G[1][2]=G[2][1]=1$。

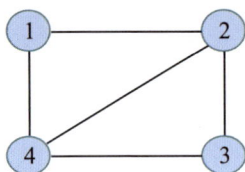

$$G[i][j] = \begin{bmatrix} 0 & 1 & 0 & 1 \\ 1 & 0 & 1 & 1 \\ 0 & 1 & 0 & 1 \\ 1 & 1 & 1 & 0 \end{bmatrix}$$

无向图的邻接矩阵的特点如下。

（1）无向图的邻接矩阵是对称矩阵，并且是唯一的。

（2）第 i 行或第 i 列非零元素的数量正好是节点 i 的度。上图中的邻接矩阵，第 3 列非零元素的数量为 2，说明第 3 个节点的度为 2。

2）有向图的邻接矩阵

在有向图中，若从节点 i 到 j 有边，则邻接矩阵 $G[i][j]=1$，否则 $G[i][j]=0$。

例如，一个有向图及其邻接矩阵如下图所示。有向图中的边是有向边，从 1 到 2 有边，从 2 到 1 不一定有边，因此有向图的邻接矩阵不一定是对称的。

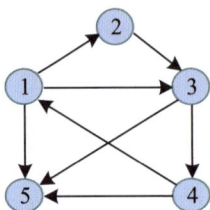

$$G[i][j] = \begin{bmatrix} 0 & 1 & 1 & 0 & 1 \\ 0 & 0 & 1 & 0 & 0 \\ 0 & 0 & 0 & 1 & 1 \\ 1 & 0 & 0 & 0 & 1 \\ 0 & 0 & 0 & 0 & 0 \end{bmatrix}$$

有向图的邻接矩阵的特点如下。

（1）有向图的邻接矩阵不一定是对称的。

（2）第 i 行非零元素的数量正好是节点 i 的出度，第 i 列非零元素的数量正好是节点 i 的入度。上图中的邻接矩阵，第 3 行非零元素的数量为 2，第 3 列非零元素的数量也为 2，说明节点 3 的出度和入度均为 2。

3）网的邻接矩阵

网是带权图，需要存储边的权值（与边相关的长度、费用等），若从节点 i 到 j 有边（边的权值为 w_{ij}），则邻接矩阵 $G[i][j]=w_{ij}$，否则 $G[i][j]=\infty$，∞ 表示无穷大。当 $i=j$ 时，w_{ii} 也可被设置为 0。

例如，一个网及其邻接矩阵如下图所示。在该网中，从 1 到 2 有边，且该边的权值为 2，因此 $G[1][2]=2$。从 2 到 1 没有边，因此 $G[2][1]=\infty$。

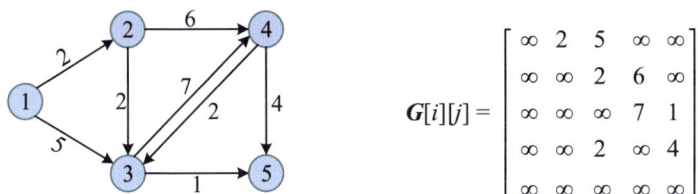

$$G[i][j] = \begin{bmatrix} \infty & 2 & 5 & \infty & \infty \\ \infty & \infty & 2 & 6 & \infty \\ \infty & \infty & \infty & 7 & 1 \\ \infty & \infty & 2 & \infty & 4 \\ \infty & \infty & \infty & \infty & \infty \end{bmatrix}$$

2. 邻接矩阵的优缺点

（1）优点如下。

- 可以快速判断在两个节点之间是否有边。在图中，若 $G[i][j]=1$，则表示有边；若 $G[i][j]=0$，则表示无边。在网中，若 $G[i][j]=\infty$，则表示无边，否则表示有边。时间复杂度为 $O(1)$。
- 方便计算各节点的度。在无向图中，邻接矩阵第 i 行非零元素的数量就是节点 i 的度；在有向图中，第 i 行非零元素的数量就是节点 i 的出度，第 i 列非零元素的数量就是节点 i 的入度。时间复杂度为 $O(n)$，n 为节点数。

（2）缺点如下。

- 不便于增删节点。在增删节点时需要改变邻接矩阵的大小，效率较低。
- 不便于访问所有邻接点。若要访问节点 i 的所有邻接点，则需要访问第 i 行的所有元素，时间复杂度为 $O(n)$。若要访问所有节点的邻接点，则时间复杂度为 $O(n^2)$。
- 空间复杂度高，为 $O(n^2)$。

5.1.2　边集数组

边集数组通过数组存储每条边的起点和终点，若是网，则增加一个权值域。网的边集数组的数据结构定义如下。

```
struct Edge {
    int u,v,w;  //边 u-v, 边的权值为 w
}e[N*N];
```

在使用边集数组计算节点的度或查找边时，需要遍历整个边集数组，时间复杂度为 $O(e)$，e 为边数。除非特殊需要，很少使用边集数组，例如通过 Kruskal 算法求解最小生成树时需要按权值对边进行排序，使用边集数组更方便。

5.1.3 邻接表

邻接表是图的一种链式存储方式，其数据结构包括两部分：节点和邻接点。

1. 邻接表的表示方法

1）无向图的邻接表

例如，一个无向图及其邻接表如下图所示。一个节点的所有邻接点构成一个单链表。

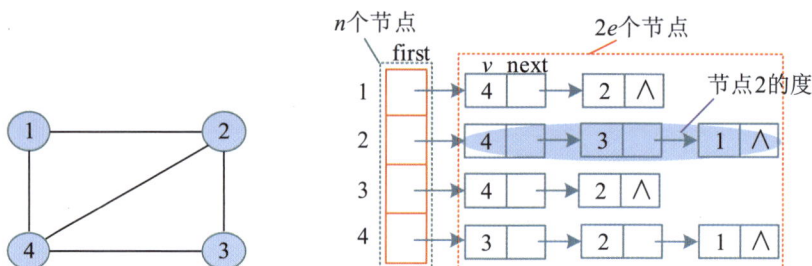

解释如下。

- 1 的邻接点是 2、4，按照头插法（逆序）将其放入 1 后面的单链表。
- 2 的邻接点是 1、3、4，将其放入 2 后面的单链表。
- 3 的邻接点是 2、4，将其放入 3 后面的单链表。
- 4 的邻接点是 1、2、3，将其放入 4 后面的单链表。

无向图的邻接表的特点如下。

- 若无向图有 n 个节点、e 条边，则节点表有 n 个节点，邻接点表有 $2e$ 个节点。
- 节点的度为该节点后面的单链表的节点数。

在上图中，节点数 $n=4$，边数 $e=5$，则在该图的邻接表中，节点表有 4 个节点，邻接点表有 10 个节点。1 的度为 2，其后面的单链表有 2 个节点；2 的度为 3，其后面的单链表有 3 个节点。

2）有向图的邻接表

例如，一个有向图及其邻接表如下图所示。

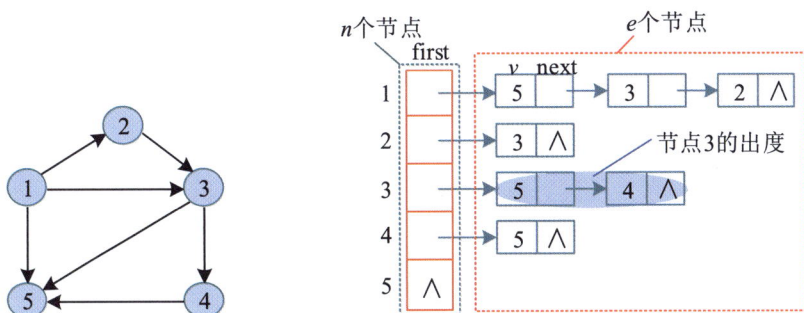

解释如下。

- 1 的邻接点（只看出边）是 2、3、5，按照头插法（逆序）将其放入 1 后面的单链表。
- 2 的邻接点是 3，将其放入 2 后面的单链表。
- 3 的邻接点是 4、5，将其放入 3 后面的单链表。
- 4 的邻接点是 5，将其放入 4 后面的单链表。
- 5 没有邻接点，其后面的单链表为空。

！注意　对于有向图中节点的邻接点，只看该节点发出的边。

有向图的邻接表的特点如下。

- 若有向图有 n 个节点、e 条边，则节点表有 n 个节点，邻接点表有 e 个节点。
- 节点的出度为该节点后面的单链表的节点数。

在上图中，节点数 $n=5$，边数 $e=7$，则在该图的邻接表中，节点表有 5 个节点，邻接点表有 7 个节点。节点 1 的出度为 3，其后面的单链表有 3 个节点；节点 3 的出度为 2，其后面的单链表有 2 个节点。

在有向图的邻接表中很容易找到节点的出度，但是不容易找到节点的入度，需要遍历邻接点表中的所有节点，统计该节点出现了多少次，入度就是多少。若需要统计入度，则通常在输入边时进行统计。

2．邻接表的优缺点

（1）优点如下。

- 便于增删节点。
- 便于访问所有邻接点。若要访问所有节点的邻接点，则时间复杂度为 $O(n+e)$。
- 空间复杂度低。节点表占用 n 个内存空间，无向图的邻接表占用 $n+2e$ 个内存空间，有向图的邻接表占用 $n+e$ 个内存空间，总空间复杂度为 $O(n+e)$。而邻接矩阵的空间复杂度为 $O(n^2)$。因此，对于稀疏图，可使用邻接表存储；对于稠密图，可使用邻接矩阵存储。

（2）缺点如下。

- 不便于判断在两个节点之间是否有边。若要判断在两个节点之间是否有边，则需要遍历该节点后面的邻接点表。
- 不便于计算各节点的度。在无向图的邻接表中，节点的度为该节点后面的单链表的节点数；在有向图的邻接表中，节点的出度为该节点后面的单链表的节点数，但不易于求入度。

在邻接表中，当前节点的所有邻接点都是一个单链表，在链式结构中插入节点比较麻烦，使用 vector 存储当前节点的所有邻接点，操作起来非常方便。vector 在算法竞赛中被广泛应用。

例如，一个无向图和使用 vector 存储该无向图的形式如下图所示。

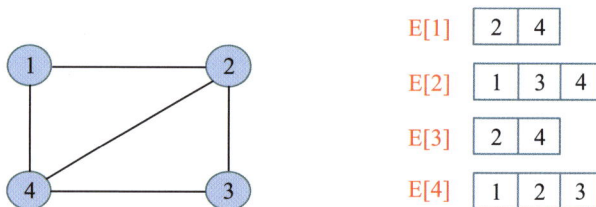

使用 vector 存储无向图的代码如下。

```
vector<int> E[maxn];//在每个节点都定义一个vector,存储其邻接点,maxn为节点数的最大值
void createVec(){ //使用vector存储无向图
    int u,v;
    cin>>n>>m; //节点数、边数
    for(int i=1;i<=m;i++){ //m为边数
        cin>>u>>v; //一条边的两个节点编号,边为u-v
        E[u].push_back(v);
        E[v].push_back(u);
    }
}
```

如何访问节点 u 的所有邻接点呢？代码如下。

```
for(int i=0;i<E[u].size();i++){ //依次检查u的所有邻接点
    int v=E[u][i]; //u的邻接点v
    ...
}
```

5.1.4　链式前向星

在邻接表中，当前节点的所有邻接点都是一个单链表，该单链表是动态链表，每次创建、插入节点都比较麻烦。链式前向星是一种静态链表存储方式，将边集数组与邻接表相结合，可以快速访问一个节点的所有邻接点，在算法竞赛中被广泛应用。

链式前向星有如下两种存储结构。

（1）边数组：e[]。e[i]表示第 i 条边。

（2）节点数组：head[]。head[i]存储以 i 为起点的第 1 条边的下标（e[]的下标）。

```
struct node{
    int to,w,next;
}e[maxn×maxn];      //边数组，对于边数，一般要设置比 maxn×maxn 大的数，题目有要求的除外
int head[maxn];     //节点数组，maxn 为最大节点数
```

每条边的结构都如下图所示。

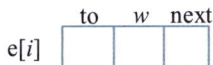

例如，一个无向图如下图所示。

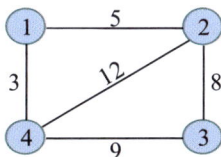

按以下顺序输入每条边的两个端点，使用链式前向星存储该无向图的过程如下。

（1）输入 1 2 5。创建一条边 1-2，权值为 5，创建第 1 条边 e[0]，将该边链接到 1 的头节点中（初始时，head[]全部被初始化为-1），即 e[0].next=head[1]; head[1]=0，表示 1 关联的第 1 条边为 0 号边，如下图所示。图中的虚线箭头仅表示它们之间的链接关系，不是指针。

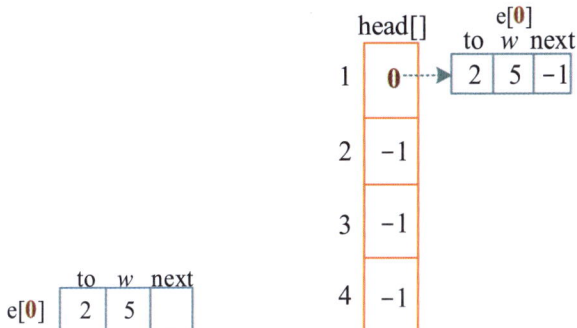

在无向图中还需要添加反向边 2-1，权值为 5。创建第 2 条边 e[1]，将该边链接到 2 的头节点中，即 e[1].next=head[2]; head[2]=1，表示 2 关联的第 1 条边为 1 号边，如下图所示。

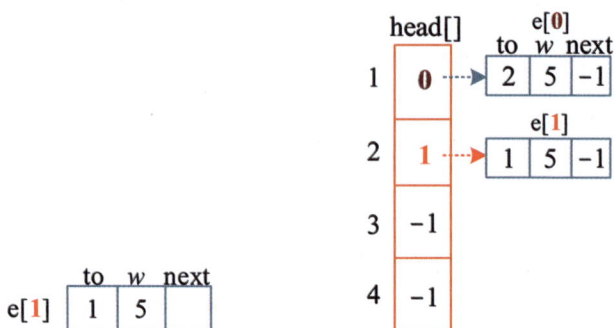

（2）输入 1 4 3。创建一条边 1-4，权值为 3。创建第 3 条边 e[2]，将该边链接到 1 的头节点中（头插法），即 e[2].next=head[1]; head[1]=2，表示 1 关联的第 1 条边为 2 号边，如下图所示。

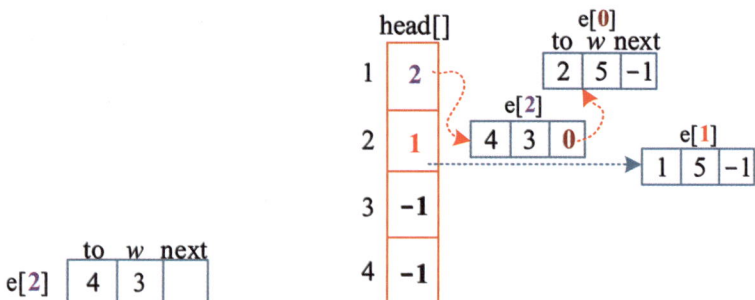

无向图还需要添加它的反向边 4-1，权值为 3。创建第 4 条边 e[3]，将该边链接到 4 的头节点中，即 e[3].next=head[4]; head[4]=3，表示 4 关联的第 1 条边为 3 号边，如下图所示。

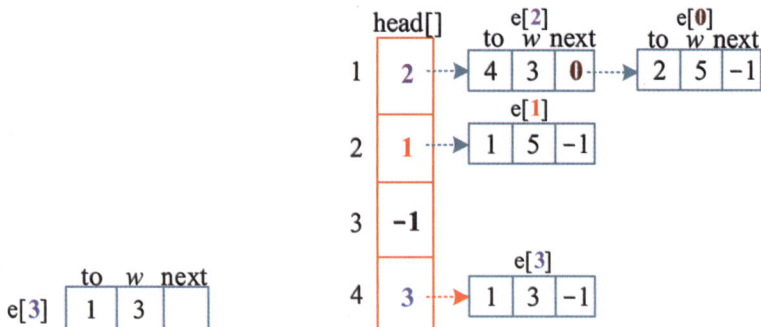

（3）依次输入 2 3 8、2 4 12、3 4 9，创建的链式前向星如下图所示。

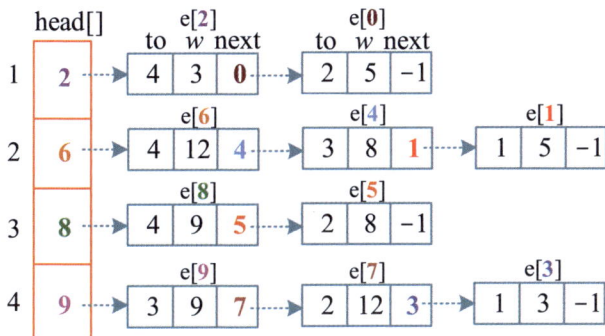

添加一条边（*u v w*）的代码如下。

```
void add(int u,int v,int w){//添加一条边u-v，边的权值为w
    e[cnt].to=v;
    e[cnt].w=w;
    e[cnt].next=head[u];      //头插法，将边插入u后面的静态链表
    head[u]=cnt++;
}
```

对于有向图，每输入一条边，都执行一次 add(*u*,*v*,*w*)；对于无向图，需要添加两条边（add(*u*,*v*,*w*); add(*v*,*u*,*w*)）。

如何访问节点 *u* 的所有邻接点呢？代码如下。

```
for(int i=head[u];i!=-1;i=e[i].next){ //i!=-1 可被写为~i
    int v=e[i].to,w=e[i].w; //u 的邻接点 v，u-v 的权值 w
    …
}
```

链式前向星的特性如下。

（1）与邻接表一样，边的输入顺序不同，创建的链式前向星也不同。

（2）对于无向图，每输入一条边，都需要添加两条边，互为反向边。例如，输入第 1 条边（1 2 5），实际上添加了两条边，如下图所示。这两条边互为反向边，可以通过与 1 的异或运算得到其反向边，0^1=1，1^1=0。也就是说，若一条边的下标为 *i*，则其反向边为 *i*^1。这个特性在网络流算法中应用起来非常方便。

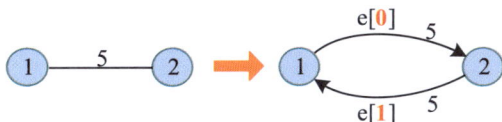

（3）链式前向星具有边集数组和邻接表的功能，属于静态链表，不需要频繁地创建节点，应用起来十分灵活，速度更快。

5.1.5 图的存储技巧

在输入图的节点和边时，若输入的不是节点编号，而是节点信息，如字符 a、b、c，则需要将节点信息转换为节点编号：ch−'a'+1，ch 表示节点字符。若节点信息是字符串，则可以使用 map，将字符串映射为一个整数编号：map<string,int>mp。

各种存储方式的使用场景如下。

- 邻接矩阵：适用于比较简单的操作或者涉及位置、棋盘操作等的场景。
- 边集数组：适用于需要对边进行处理的场景，比如按照边的权值进行排序。
- 邻接表：适用于经常需要删减边的场景。
- 链式前向星：适用于需要访问所有节点的邻接点的场景。

5.2 图的遍历

图的遍历指从图的某一节点出发，按照某种搜索方式对图中的所有节点都访问且仅访问一次。图的遍历可以解决很多搜索问题，实际应用非常广泛，根据搜索方式的不同，分为广度优先搜索（Breadth First Search，BFS）和深度优先搜索（Depth First Search，DFS）。

5.2.1 广度优先遍历

广度优先搜索又被称为"宽度优先搜索"，是最常见的图搜索方式之一。广度优先搜索指从某个节点（源点）出发，一次性访问所有未被访问的邻接点，再依次从这些已访问过的邻接点出发，一层一层地访问，如下图所示。广度优先遍历指按照广度优先搜索方式对图进行遍历。

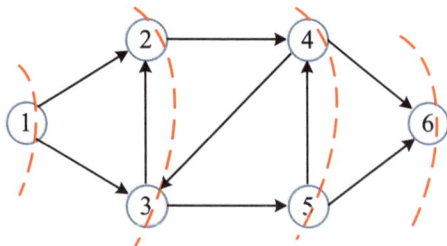

假设源点为 1，从 1 出发访问 1 的邻接点 2、3，从 2 出发访问 4，从 3 出发访问 5，从 4 出发访问 6，访问完毕。访问路径如下图所示。

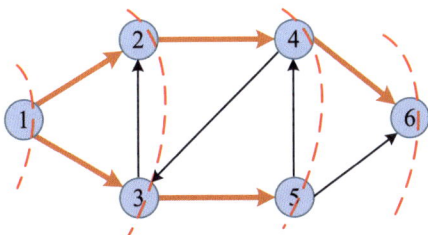

广度优先遍历秘籍：先被访问的节点，其邻接点先被访问。

根据广度优先遍历秘籍，先来先服务，可以借助队列实现。因为对每个节点都访问且仅访问一次，所以设置一个辅助数组 visited[]。visited[i]=false，表示节点 i 未被访问；visited[i]=true，表示节点 i 已被访问。

1．算法步骤

（1）初始化 visited[i]=false，i=1,2,…,n，表示所有节点均未被访问，并初始化一个空队列。

（2）从图中的某个节点 v 出发，访问 v 并将其标记为已访问，将 v 入队。

（3）若队列不为空，则继续执行，否则算法结束。

（4）将队头元素 v 出队，访问 v 所有未被访问的邻接点，将其标记为已访问并入队。转向第 3 步。

2．完美图解

例如，一个有向图如下图所示，其广度优先遍历的过程如下所述。

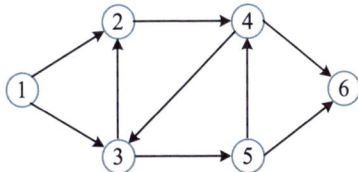

（1）初始化 visited[i]=false，i=1,2,…,6。并初始化一个空队列 Q。

（2）从 1 出发，将其标记为已访问，visited[1]=true，将 1 入队。

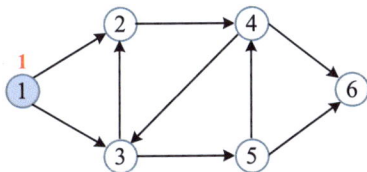

（3）将队头元素 1 出队，访问 1 未被访问的邻接点 2、3，将其标记为已访问并入队。

（4）将队头元素 2 出队，将 2 未被访问的邻接点 4 标记为已访问并入队。

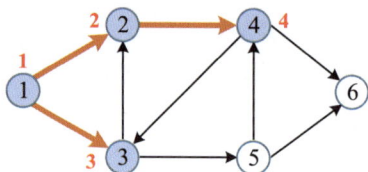

（5）将队头元素 3 出队，3 的邻接点 2 已被访问，将 3 未被访问的邻接点 5 标记为已访问并入队。

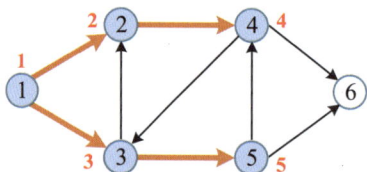

（6）将队头元素 4 出队，4 的邻接点 3 已被访问，将 4 未被访问的邻接点 6 标记为已访问并入队。

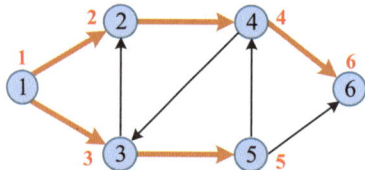

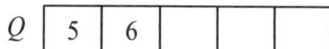

（7）将队头元素 5 出队，5 的邻接点 4、6 均已被访问，没有未被访问的邻接点。

（8）将队头元素 6 出队，6 没有邻接点。

（9）队列为空，算法结束。广度优先遍历序列为 1 2 3 4 5 6。

广度优先遍历经过的节点及边形成的树被称为"广度优先生成树"，如下图所示。若广度优先遍历非连通图，则每个连通分量都会产生一棵广度优先生成树，所有广度优先生成树构成广度优先生成森林。

3. 算法实现

（1）基于邻接矩阵的广度优先遍历。

```
void BFS_AM(int s){        //基于邻接矩阵的广度优先遍历
   queue<int>Q;            //创建一个普通队列（先进先出），存储 int 类型的数据
   cout<<s<<"\t";
   visited[s]=true;  //标记为已访问
   Q.push(s);        //将 s 入队
   while(!Q.empty()){ //若队列不为空
      int u=Q.front();  //取出队头元素
      Q.pop();        //队头元素出队
      for(int v=1;v<=n;v++){  //依次检查所有节点
         if(G[u][v]&&!visited[v]){ //u、v 邻接而且 v 未被访问
            cout<<v<<"\t";
            visited[v]=true;
            Q.push(v);
         }
      }
   }
}
```

（2）基于链式前向星的广度优先遍历。

```
void BFS_ListGraph(int s){ //基于链式前向星的广度优先遍历
   queue<int>Q;    //创建一个普通队列（先进先出），存储 int 类型的数据
   cout<<s<<"\t";
   visited[s]=true; //标记为已访问
   Q.push(s);        //将 s 入队
   while(!Q.empty()){ //若队列不为空
      int u=Q.front();  //取出队头元素
      Q.pop();        //队头元素出队
      for(int i=head[u];~i;i=e[i].next){//依次检查u 的所有邻接点，i!=-1 可以写为~i
         int v=e[i].to; //u 的邻接点 v
         if(!visited[v]){ //v 未被访问
            cout<<v<<"\t";
            visited[v]=true;
            Q.push(v);
         }
      }
   }
}
```

（3）对非连通图进行广度优先遍历时，从某一个节点 s 出发，可能无法遍历所有节点，需要查漏补缺，检查每个节点，若未被访问，则从该节点出发进行广度优先遍历。

```
void BFS() {  //非连通图的广度优先遍历
    for(int v=1;v<=n;v++)  //对非连通图需要查漏补缺，检查未被访问的节点
        if(!visited[v])    //v 未被访问，以 v 为起点再次进行广度优先遍历
            BFS_AM(v);
}
```

4. 算法分析

广度优先遍历是对每个节点都遍历其邻接点的过程，图的存储方式不同，其算法复杂度也不同。

（1）基于邻接矩阵的广度优先遍历。遍历每个节点的邻接点的时间复杂度为 $O(n)$，共 n 个节点，总时间复杂度为 $O(n^2)$。使用了一个辅助队列，每个节点都只入队一次，空间复杂度为 $O(n)$。

（2）基于邻接表的广度优先遍历。遍历节点 v_i 的邻接点的时间复杂度为 $O(d(v_i))$，$d(v_i)$ 为 v_i 的度，有向图中所有节点的出度之和等于边数 e；无向图中所有节点的度之和等于 $2e$，因此遍历所有邻接点的时间复杂度为 $O(e)$，访问所有节点的时间复杂度为 $O(n)$，总时间复杂度为 $O(n+e)$。使用了一个辅助队列，每个节点都只入队一次，空间复杂度为 $O(n)$。

5.2.2 深度优先遍历

深度优先搜索是最常见的图搜索方式之一。深度优先搜索指沿着一条路径一直搜索下去，在无法搜索时，回退到刚刚访问过的节点。深度优先遍历指按照深度优先搜索方式对图进行遍历。

深度优先遍历秘籍： 后被访问的节点，其邻接点先被访问。

根据深度优先遍历秘籍，后来先服务，可以借助栈实现。递归本身就是使用栈实现的，因此使用递归算法更方便。

1. 算法步骤

（1）初始化图中的所有节点均未被访问。

（2）从图中的某个节点 u 出发，访问 u 并将其标记为已访问。

（3）依次检查 u 的所有邻接点 v，若 v 未被访问，则从 v 出发进行深度优先遍历。

2. 完美图解

例如，一个无向图如下图所示，其深度优先遍历的过程如下所述。

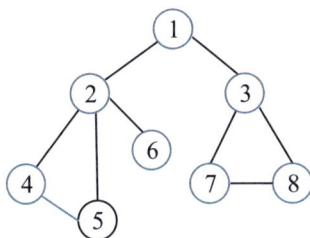

（1）初始化所有节点均未被访问，visited[i]=false，i=1,2,···,8。

（2）从 1 出发，将其标记为已访问，visited[1]=true。

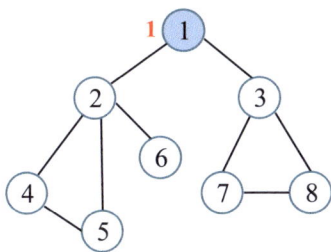

（3）从 1 出发访问其邻接点 2，从 2 出发访问其邻接点 4，从 4 出发访问其邻接点 5，5 没有未被访问的邻接点。

（4）回退到刚刚访问过的 4，4 也没有未被访问的邻接点，回退到最近访问过的 2，从 2 出发访问下一个未被访问的邻接点 6。

（5）6 没有未被访问的邻接点，回退到刚刚访问过的 2，2 没有未被访问的邻接点，回退到最近访问过的 1。

（6）从 1 出发访问下一个未被访问的邻接点 3，从 3 出发访问其邻接点 7，从 7 出发访问其邻接点 8，8 没有未被访问的邻接点。

（7）回退到刚刚访问过的 7，7 也没有未被访问的邻接点，回退到最近访问过的 3，3 也没有未被访问的邻接点，回退到最近访问过的 1，1 也没有未被访问的邻接点，遍历结束。深度优先遍历序列为 1 2 4 5 6 3 7 8，如下图所示。

深度优先遍历经过的节点及边形成的树被称为"深度优先生成树"，如下图所示。若深度优先遍历非连通图，则每个连通分量都会产生一棵深度优先生成树，所有深度优先生成树构成深度优先生成森林。

3. 算法实现

（1）基于邻接矩阵的深度优先遍历。

```
void DFS_AM(int u){//基于邻接矩阵的深度优先遍历
    cout<<u<<"\t";
    visited[u]=true;
    for(int v=1;v<=n;v++){//依次检查所有节点
        if(G[u][v]&&!visited[v])//u、v 邻接而且 v 未被访问
            DFS_AM(v);//从 v 开始进行递归深度优先遍历
    }
}
```

（2）基于链式前向星的深度优先遍历。

```
void DFS_ListGraph(int u){//基于链式前向星的深度优先遍历
    cout<<u<<"\t";
    visited[u]=true;
    for(int i=head[u];~i;i=e[i].next){ //依次检查 u 的所有邻接点，i!=-1 可以写为~i
        int v=e[i].to;  //u 的邻接点 v
        if(!visited[v]) //v 未被访问
            DFS_ListGraph(v); //从 v 开始进行递归深度优先遍历
    }
}
```

（3）对非连通图进行深度优先遍历时，从某个节点 s 出发可能无法遍历所有节点，需要查漏补缺，检查每个节点，若某个节点未被访问，则从该节点出发进行深度优先遍历。

```
void DFS() {  //非连通图的深度优先遍历
    for(int v=1;v<=n;v++) //对非连通图需要查漏补缺，检查未被访问的节点
        if(!visited[v])    //v 未被访问，以 v 为起点再次进行深度优先遍历
            DFS_AM(v);
}
```

4. 算法分析

深度优先遍历是对每个节点都遍历其邻接点的过程，图的存储方式不同，其算法复杂度也不同。

（1）基于邻接矩阵的深度优先遍历算法。遍历每个节点的邻接点的时间复杂度为 $O(n)$，共 n 个节点，总时间复杂度为 $O(n^2)$。使用了一个递归工作栈，空间复杂度为 $O(n)$。

（2）基于邻接表的深度优先遍历算法。遍历节点 v_i 的邻接点的时间复杂度为 $O(d(v_i))$，$d(v_i)$ 为 v_i 的度，有向图所有节点的出度之和等于边数 e；无向图所有节点的度之和等于 $2e$，因此遍历所有邻接点的时间复杂度为 $O(e)$，访问所有节点的时间复

杂度为 $O(n)$，总时间复杂度为 $O(n+e)$。使用了一个递归工作栈，空间复杂度为 $O(n)$。

> ⚠️ **注意** 一个图的邻接矩阵是唯一的，因此基于邻接矩阵的广度优先遍历序列或深度优先遍历序列也是唯一的，而图的邻接表不是唯一的，边的输入顺序不同，正序或逆序建表都会影响邻接表中的邻接点顺序，因此基于邻接表的广度优先遍历序列或深度优先遍历序列不是唯一的。

✏️ 训练 1　最大的节点

题目描述（P3916）：给定由 n 个节点、m 条边组成的有向图，对每个节点 v 都求 $A(v)$，表示从 v 出发能到达的编号最大的节点。

输入：第 1 行为两个整数 n、m（$1 \leqslant n,m \leqslant 10^5$）。接下来的 m 行，每行都为两个整数 U_i、V_i，表示边 (U_i,V_i)。节点的编号为 1～n。

输出：n 个整数 A(1),A(2),···,A(n)。

输入样例	输出样例
4 3	4 4 3 4
1 2	
2 4	
4 3	

题解：本题求从 v 出发能遍历到的最大节点，可以采用以下两种思路。

（1）从 v 出发，深度优先遍历所有节点，求最大值。

（2）建立原图的反向图，从最大节点 u 出发，对凡是能遍历到的节点 v，v 能到达的编号最大的节点就是 u。如下图所示，在反向图中，4 能遍历到的节点是 4、2、1，这 3 个节点能到达的编号最大的节点都是 4；3 能遍历到的节点是 3、4、2、1，但是 4、2、1 已经有解，无须求解，3 能到达的编号最大的节点是 3。

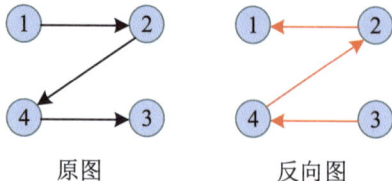

原图　　　　　　　反向图

1. 算法设计

（1）存储图的反向图。

（2）在反向图上进行逆序深度遍历。

2. 算法实现

```
struct Edge{
```

```
    int to,next;
}e[maxn];

void add(int u,int v){//添加一条边 u-v
    e[cnt].to=v;
    e[cnt].next=head[u];
    head[u]=cnt++;
}

void dfs(int u,int v){
    if(maxx[v])  //对已经有值的不再遍历
        return;
    maxx[v]=u;
    for(int i=head[v];~i;i=e[i].next){
        int v1=e[i].to;
        dfs(u,v1);
    }
}

int main(){
    cin>>n>>m;
    memset(head,-1,sizeof(head));
    memset(maxx,0,sizeof(maxx));
    for(int i=1;i<=m;i++){
        cin>>x>>y;
        add(y,x);//添加反向边
    }
    for(int i=n;i;i--)//逆序深度遍历
        dfs(i,i);
    for(int i=1;i<=n;i++){
        if(i!=1)
            cout<<" ";
        cout<<maxx[i];
    }
    return 0;
}
```

✏️ 训练 2　油田

题目描述（UVA572）：某石油勘探公司正在按计划勘探地下油田资源，在一片长方形地域中工作。他们首先将该地域划分为许多小正方形区域，然后使用探测设备分别探测在每个小正方形区域内是否有油。含有油的区域被称为"油田"。若两个油田相邻（在水平、垂直或对角线方向上相邻），则它们是相同油藏的一部分。油藏可能非常大并可能包含许多油田（油田的数量不超过 100）。你的工作是确定在这个长方形地域中包含多少不同的油藏。

输入：输入文件包含一个或多个长方形地域。每个地域的第 1 行都为两个正整数 m 和 n（$1 \leqslant m,n \leqslant 100$），表示地域的行数和列数。若 $m=0$，则表示输入结束；否则此后有 m 行，每行都有 n 个字符。每个字符都对应一个正方形区域，字符*表示没有油，字符@表示有油。

输出：对于每个长方形地域，都单行输出油藏的数量。

输入样例	输出样例
1 1	0
*	1
3 5	2
@@*	2
@	
@@*	
1 8	
@@****@*	
5 5	
****@	
@@@	
*@**@	
@@@*@	
@@**@	
0 0	

题解：对油田进行遍历，从每个"@"格子出发，寻找它周围所有的"@"格子，同时为这些格子标记一个连通分量号，最后输出连通分量的数量。针对本题，采用图的深度优先遍历方式即可求解。

例如，输入样例 4，其油藏的数量就是连通分量的数量，如下图所示。

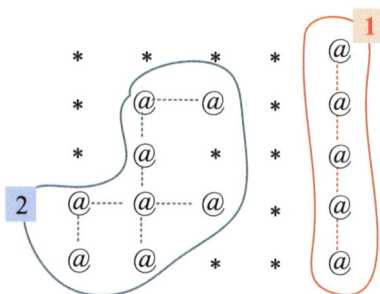

本题中，因为相邻关系可以体现在水平、垂直或对角线方向上，所以可以沿 8 个方向进行深度优先搜索，如下图所示。

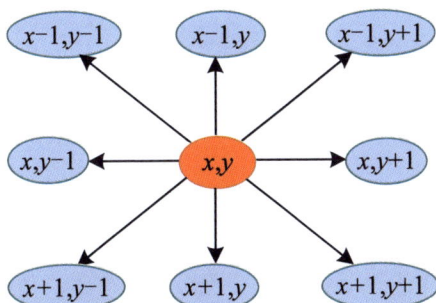

```
for(int dx=-1;dx<=1;dx++)//x 的增量
    for(int dy=-1;dy<=1;dy++)//y 的增量
        if(dx!=0||dy!=0)
            dfs(x+dx,y+dy,id);//沿 8 个方向进行深度优先搜索
```

1. 算法设计

（1）对字符矩阵中的每个位置都进行判断，若未标记连通分量号且为'@'，则从该位置出发进行深度优先搜索。

（2）搜索时需要判断是否出界，是否已有连通分量号或不是'@'；否则将该位置标记连通分量号为 id，从该位置出发，沿 8 个方向继续进行深度优先搜索。

2. 算法实现

```
#define REP(i,b,e) for(int i=(b);i<=(e);i++)
const int maxn=100+5;
string str[maxn];//存储字符矩阵
int m,n,setid[maxn][maxn];//行列，连通分量号

void dfs(int x,int y,int id){//行列和连通分量号
    if(x<0||x>=m||y<0||y>=n) return ;//出界
    if(setid[x][y]>0||str[x][y]!='@') return ;//已有连通分量号或不是'@'
    setid[x][y]=id;
    REP(dx,-1,1)
        REP(dy,-1,1)
            if(dx!=0||dy!=0)
                dfs(x+dx,y+dy,id);//沿 8 个方向继续进行深度优先搜索
}

int main(){
    while((cin>>m>>n)&&m&&n){
        REP(i,0,m-1)
            cin>>str[i];
        memset(setid,0,sizeof(setid));
        int cnt=0;
        REP(i,0,m-1)
```

```
        REP(j,0,n-1)
            if(setid[i][j]==0&&str[i][j]=='@')
                dfs(i,j,++cnt);
    cout<<cnt<<endl;
    }
    return 0;
}
```

⚠️**注意**　因为有可能包含多个连通分支，因此需要从每个未标记的'@'开始进行深度优先搜索。

第6章

算法入门

6.1 贪心算法

贪心算法总是做出当前最优选择，期望通过局部最优选择得到全局最优解。贪心算法正是"活在当下，看清楚眼前"的算法，从问题的初始解开始，一步一步地做出当前最优选择，逐步逼近目标，尽可能得到最优解；即使得不到最优解，也可以得到最优解的近似解。

贪心算法在解决问题的策略上看似"目光短浅"，即只根据当前已有的信息做出选择，而且一旦做出选择，则不管将来有什么结果，都不会改变。换言之，贪心算法并未考虑全局最优，只是考虑了某种意义上的局部最优。贪心算法在生活、生产中被广泛应用，对许多问题都可以使用贪心算法得到全局最优解或全局最优解的近似解。

6.1.1 贪心算法秘籍

对哪些问题可以使用贪心算法，对哪些问题不可以使用贪心算法呢？若问题具有两个特性，即贪心选择和最优子结构，则可以使用贪心算法。

（1）贪心选择。 贪心选择指可以通过一系列局部最优选择得到原问题的全局最优解。应用同一规则，先将原问题变为一个相似的但规模更小的子问题，之后的每一步都是当前最优选择。当前选择只依赖已做出的选择，不依赖未做出的选择。贪心算法在解决问题时无回溯过程。

（2）最优子结构。 最优子结构指原问题的最优解包含其子问题的最优解。是否具有最优子结构性质是能否使用贪心算法求解的关键。例如，原问题 $S=\{a_1,a_2,\cdots,a_i,\cdots,a_n\}$，通过贪心选择选出一个当前最优解 $\{a_i\}$ 之后，求解原问题被转换为求解子问题 $S-\{a_i\}$，若原问题的最优解包含子问题的最优解，则说明该问题具有最优子结构性质。

贪心算法的求解步骤如下。

（1）确定贪心策略。 确定贪心策略，选择当前看上去最好的一个。例如挑选苹果，若你认为最大的苹果是最好的，则每次都从苹果堆中拿一个最大的苹果作为局部最优解，贪心策略就是选择当前最大的苹果。若你认为最红的苹果是最好的，则每次都从苹果堆中拿一个最红的苹果，贪心策略就是选择当前最红的苹果。因此求解目标不同，贪心策略也会不同。

（2）求解过程。 根据贪心策略，一步步地得到局部最优解。例如第 1 次选择一个最大的苹果，记为 a_1；第 2 次再从剩下的苹果中选择一个最大的苹果，记为 a_2，以此类推。对所有的局部最优解进行合并，即可得到原问题的最优解 $\{a_1, a_2, \cdots\}$。

6.1.2　最优装载问题

有一天，海盗们截获了一艘装满各式各样古董的货船，每件古董都价值连城，但古董一旦被打碎，就失去了价值。虽然海盗船足够大，但载重为 c，每件古董的重量都为 w_i，海盗们绞尽脑汁也要把尽可能多的古董装上海盗船，这时该怎么办呢？

1．问题分析

本题为最优装载问题，可以尝试使用贪心算法求解。要求装载的古董尽可能多，而海盗船的载重是固定的，则优先装入重量小的古董，在海盗船的载重固定的情况下，装入的古董最多。可以使用重量最小者先装入的贪心策略，从局部最优达到全局最优，从而得到最优装载问题的最优解。

2．算法设计

（1）当海盗船的载重为定值 c 时，w_i 越小，可装载的古董数量 n 越大。依次选择最小重量的古董装入，直到不能继续装入时为止。

（2）首先把 n 个古董按重量从小到大排序，然后根据贪心策略尽可能多地选择前 i 个古董装入，直到不能继续装入时为止。此时装入的古董数量就是全局最优解。

3．完美图解

每个古董的重量如下表所示，海盗船的载重 c 为 30，在不打碎古董又不超过载重的情况下，怎样才能装入最多的古董？

重量 w[i]	4	10	7	11	3	5	14	2

因为贪心策略是每次都选择重量最小的古董装入海盗船，所以可以将古董按重量从小到大排序，排序后如下表所示。

重量 w[i]	2	3	4	5	7	10	11	14

根据贪心策略及排序后的结果，每次都选择重量最小的古董装入。

- $i=0$：选择第 1 个古董装入，tmp=2，不超过载重 30，ans=1。
- $i=1$：选择第 2 个古董装入，tmp=2+3=5，不超过载重 30，ans=2。
- $i=2$：选择第 3 个古董装入，tmp=5+4=9，不超过载重 30，ans=3。
- $i=3$：选择第 4 个古董装入，tmp=9+5=14，不超过载重 30，ans=4。
- $i=4$：选择第 5 个古董装入，tmp=14+7=21，不超过载重 30，ans=5。
- $i=5$：选择第 6 个古董装入，tmp=21+10=31，超过载重 30，结束。

即装入古董的数量为 5（ans=5）。

4. 算法实现

根据算法设计描述，可以用一维数组 w[]存储古董的重量。

（1）按重量排序。可以利用 C++中的排序函数 sort()对古董按重量从小到大排序。要使用此函数，只需引入头文件：#include <algorithm>。排序函数如下。

```
sort(w,w+n);   //按古董重量从小到大排序，参数分别为待排序数组的首地址和尾地址，默认为从小
               //到大排序
```

（2）根据贪心策略找最优解。首先用变量 ans 记录已装载的古董数量，tmp 代表已装载的古董重量，将两个变量都初始化为 0；然后在排序的基础上，依次检查每个古董的重量，使 tmp 加上该古董的重量，若其结果小于或等于载重 c，则令 ans++，否则退出。

```
double tmp=0.0;  //已装载的古董重量
int ans=0;  //已装载的古董数量
for(int i=0;i<n;i++){
    tmp+=w[i];
    if(tmp>c) break;
    ans++;
}
```

5. 算法分析

时间复杂度：将古董按重量排序并调用 sort()，其在平均情况下的时间复杂度为 $O(n\log n)$，求解过程中 for 语句的时间复杂度为 $O(n)$，因此总时间复杂度为 $O(n\log n)$。

空间复杂度：使用了 tmp、ans 等辅助变量，空间复杂度为 $O(1)$。

✏️ 训练 1　部分背包问题

题目描述（P2240）: 阿里巴巴走进了装满宝藏的藏宝洞。藏宝洞里面有 N（$N \leqslant 100$）堆金币，第 i 堆金币的总重量和总价值分别为 w_i、v_i（$1 \leqslant w_i, v_i \leqslant 100$）。阿里巴巴有一个承重为 c（$c \leqslant 1000$）的背包，但并不一定有办法将全部的金币都装进去。他想装走尽可能多价值的金币。所有金币都可被随意分割，分割完的金币的价值重量比（也就是单位价格）不变。请问阿里巴巴最多可以装走多少价值的金币？

输入: 第 1 行为两个整数 n、c。接下来的 n 行，每行都为两个整数 w_i、v_i。

输出: 一个实数，表示答案，保留两位小数。

输入样例	输出样例
40 50	240.00
10 60	
20 100	
30 120	
12 45	

题解: 本题为可切割的背包问题，也被称为"部分背包问题"。使用贪心算法，先装入价值重量比高的金币堆，直到装满时为止，即可得到最大价值的金币。

1. 算法设计

（1）按照价值重量比从大到小排序。

（2）依次考查第 i 堆金币，若第 i 堆金币的重量小于或等于背包剩余容量，则装入第 i 堆金币，累加金币的价值，并更新背包剩余容量；否则将第 i 堆金币分割，选择一部分装入，直到背包剩余容量为 0。

2. 算法实现

```
struct node{//定义结构体
    double w;//重量
    double v;//价值
    double p;//价值重量比v/w
}a[105];
int n;//金币数量
double c,sum=0;//背包剩余容量（承重），可以装走的金币价值

bool cmp(node a,node b){//排序优先级
    return a.p>b.p;//按价值重量比从大到小排序
}

int main(){
    cin>>n>>c;
    for(int i=1;i<=n;i++){
```

```
        cin>>a[i].w>>a[i].v;
        a[i].p=a[i].v/a[i].w;//价值重量比=价值/重量
    }
    sort(a+1,a+n+1,cmp);//将序列按价值重量比排序
    for(int i=1;i<=n;++i){
        if(a[i].w<=c){//金币的重量<=背包剩余容量
            c-=a[i].w;//更新背包剩余容量
            sum+=a[i].v;//累加金币的价值
        }
        else{
            sum+=c*a[i].p;//若装不下，就分割金币，选择一部分装入，直到背包剩余容量为0
            break;
        }
    }
    printf("%.2f",sum);//输出结果保留小数点后两位
    return 0;
}
```

✎ 训练 2　排队接水

题目描述（P1223）：有 n 个人在一个水龙头前排队等待接水，假如每个人接水的时间为 T_i，请找出这 n 个人的一种排队顺序，使得其平均等待时间最短。

输入：第 1 行为一个整数 n。第 2 行为 n 个整数，第 i 个整数 T_i 表示第 i 个人的接水时间。

输出：输出文件有两行，第 1 行为一种平均等待时间最短的排队顺序；第 2 行为这种排队顺序对应的平均等待时间（输出结果保留小数点后两位）。

输入样例	输出样例
10	3 2 7 8 1 4 9 6 10 5
56 12 1 99 1000 234 33 55 99 812	291.90

题解：很明显，让接水时间短的人先接水，大家的平均等待时间最短，可使用贪心算法解决。

1. 算法设计

（1）将 n 个人按照接水时间从小到大排序。本题要求输出排队顺序，但是按接水时间排序后原序号会改变，因此需要定义结构体，记录接水时间和序号。定义排序优先级为按接水时间从小到大（接水时间短的在前面）排序。

（2）累加等待时间和值。若第 i 个人的接水时间为 $a[i].t$，则后面的 $n-i$ 个人都要等待这么长的时间，累加等待时间 time+=$a[i].t×(n-i)$。

153

2. 算法实现

```
struct node{
    int t,id;//接水时间，序号
}a[1010];

bool cmp(node x,node y){ //定义排序优先级
    return x.t<y.t; //按接水时间从小到大排序
}

int main(){
    int n;
    double time=0;
    cin>>n;
    for(int i=1;i<=n;i++){
        cin>>a[i].t;
        a[i].id=i;//将序号存储起来
    }
    sort(a+1,a+n+1,cmp);//排序
    for(int i=1;i<=n;i++)//输入从小到大排序的序号
        cout<<a[i].id<<" ";
    cout<<endl;
    for(int i=1;i<n;i++)//累加等待时间
        time+=a[i].t*(n-i);
    printf("%.2f",time/n);//输出平均等待时间，保留两位小数
    return 0;
}
```

✏️ 训练3 线段覆盖

题目描述（P1803）：现在有 n 场比赛，已知每场比赛的开始、结束时间。yyy 认为，参加的比赛越多，NOIP 就能考得越好。yyy 想知道自己最多能参加几场比赛（不能同时参加 2 场及以上的比赛）。

输入：第 1 行为一个整数 n。接下来的 n 行，每行都为 2 个整数 s、e（$s<e$），表示比赛的开始时间、结束时间。

输出：一个整数，表示最多能参加的比赛场数。

输入样例	输出样例
3	2
0 2	
2 4	
1 3	

题解：为了选择最多的不相交时间段，可以尝试采用贪心策略。

- 从未安排的比赛中选择开始时间最早且与已安排的比赛相容（无冲突）的比赛。
- 从未安排的比赛中选择持续时间最短且与已安排的比赛相容的比赛。
- 从未安排的比赛中选择结束时间最早且与已安排的比赛相容的比赛。

思考一下：若选择开始时间最早的比赛，则若比赛持续时间很长，例如 8 点开始并且持续 12 小时，则一天只能安排一场比赛；而若比赛持续时间短，但开始时间很晚，例如 19 点开始、20 点结束，则一天也只能安排一场比赛；最好选择那些开始时间早且持续时间短的比赛，此类比赛结束时间最早（开始时间+持续时间）。

因此，应使用第 3 种贪心策略：每次都从未安排的比赛中选择结束时间最早且与已安排的比赛相容的比赛。

1. 算法设计

（1）按照比赛结束时间从小到大排序，若结束时间相等，则按开始时间从大到小排序。

（2）计算选中的比赛场数。检查所有比赛，用 last 记录最新选中比赛的结束时间，若第 i 场比赛的开始时间大于或等于 last，则选中该比赛，并更新 last 为第 i 场比赛的结束时间。

2. 算法实现

```
struct node{//结构体数组
    int s; //开始时间
    int e; //结束时间
}a[1000010];

bool cmp(node x,node y){//排序优先级
    if(x.e==y.e) return x.s>y.s;//若结束时间相等，则按开始时间从大到小排序
    return x.e<y.e;//按结束时间从小到大排序
}

int main(){
    int n,cnt=1;
    scanf("%d",&n);
    for(int i=1;i<=n;i++)
        cin>>a[i].s>>a[i].e;
    sort(a+1,a+n+1,cmp);//排序
    int last=a[1].e;//记录最新选中比赛的结束时间
    for(int i=2;i<=n;i++){//检查所有比赛
        if(a[i].s>=last){
            cnt++;       //选择该比赛，计数器+1
            last=a[i].e; //记录最新选中比赛的结束时间
```

```
        }
    }
    cout<<cnt<<endl;//输出
    return 0;
}
```

6.2 分治算法

《孙子兵法》中有句名言"凡治众如治寡，分数是也"，意思是管理人数众多的大军，如同管理人数少的部队一样容易：只需把部队分为各级组织，将帅通过管理少数几个人，就可以统领全军，这也是分而治之的策略。在算法设计过程中常常引入分而治之的策略，这样的算法叫作"分治算法"，其本质就是将大规模的原问题分解为若干规模较小的与原问题形式相同的子问题，分而治之。

6.2.1 分治算法秘籍

在现实生活中，对什么样的问题才能使用分治算法解决呢？想要使用分治算法，就需要满足以下三个条件。

（1）原问题可被分解为若干规模较小的与原问题形式相同的子问题。

（2）子问题相互独立。

（3）子问题的解可被合并为原问题的解。

分治算法秘籍如下。

（1）分解：将原问题分解为若干规模较小、相互独立且与原问题形式相同的子问题。

（2）治理：求解各个子问题。由于各个子问题与原问题形式相同，只是规模较小，所以当子问题划分得足够小时，就可以用较简单的方法解决。

（3）合并：按原问题的要求，将子问题的解逐层合并成原问题的解。

6.2.2 合并排序

合并排序就是采用分治策略，将原问题分解为很多个子问题，先解决子问题，再通过子问题解决原问题。可以先将待排序元素分解为两个规模大致相等的子序列，若不易解决，则继续分解子序列，直到子序列中的元素数量为1。因为单个元素的序列本身是有序的，所以此时便可以进行合并，从而得到一个完整的有序序列。

1. 算法步骤

（1）分解：将待排序元素分解为两个规模大致相等的子序列。

（2）治理：对两个子序列分别进行合并排序。

（3）合并：将两个有序子序列合并为一个有序序列。

2. 完美图解

给定一个数列(42,15,20,6,8,38,50,12)，执行合并排序的过程如下图所示。

从上图可以看出，首先将待排序元素分解为两个规模大致相等的子序列，然后分别把子序列分解为两个规模大致相等的子序列，如此下去，直到子序列中只剩一个元素时为止，这时含有一个元素的子序列就是有序的；然后将两个有序子序列合并为一个有序序列，如此下去，直到所有元素都被合并为一个有序序列时为止。

3. 算法设计

1）合并操作

合并操作将两个有序子序列 a[left:mid]和 a[mid+1:right]合并为一个有序序列。其中，left、right 表示待合并的两个子序列在数组中的下界和上界，mid 表示下界和上界的中间位置，如下图所示。

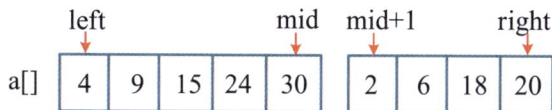

为实现合并操作，设置三个变量 i、j、k 和一个辅助数组 b[]。其中，i 和 j 分别表示两个待排序子序列中当前待比较元素的位置下标，k 表示辅助数组 b[]中待放置元素的位置下标。比较 a[i]和 a[j]，将较小的赋值给 b[k]，同时将相应的变量向后移动。如此下去，直到将所有元素都处理完毕。最后将辅助数组中已排好序的元素复制到原数组 a[]中，如下图所示。

i=left j=mid+1

a[] | 4 | 9 | 15 | 24 | 30 | | 2 | 6 | 18 | 20 |

k=0

b[]

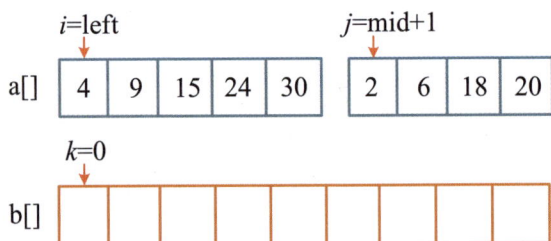

- 第 1 次比较，a[i]=4，a[j]=2，将较小的元素 2 放入辅助数组 b[]，j++，k++。

i j

a[] | 4 | 9 | 15 | 24 | 30 | | 2 | 6 | 18 | 20 |

k

b[] | 2 |

- 第 2 次比较，a[i]=4，a[j]=6，将较小的元素 4 放入辅助数组 b[]，i++，k++。

i j

a[] | 4 | 9 | 15 | 24 | 30 | | 2 | 6 | 18 | 20 |

k

b[] | 2 | 4 |

- 第 3 次比较，a[i]=9，a[j]=6，将较小的元素 6 放入辅助数组 b[]，j++，k++。

i j

a[] | 4 | 9 | 15 | 24 | 30 | | 2 | 6 | 18 | 20 |

k

b[] | 2 | 4 | 6 |

- 第 4 次比较，a[i]=9，a[j]=18，将较小的元素 9 放入辅助数组 b[]，i++，k++。

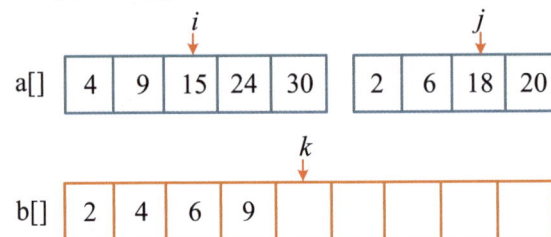

i j

a[] | 4 | 9 | 15 | 24 | 30 | | 2 | 6 | 18 | 20 |

k

b[] | 2 | 4 | 6 | 9 |

- 第 5 次比较，a[*i*]=15，a[*j*]=18，将较小的元素 15 放入辅助数组 b[]，*i*++，*k*++。

- 第 6 次比较，a[*i*]=24，a[*j*]=18，将较小的元素 18 放入辅助数组 b[]，*j*++，*k*++。

- 第 7 次比较，a[*i*]=24，a[*j*]=20，将较小的元素 20 放入辅助数组 b[]，*j*++，*k*++。

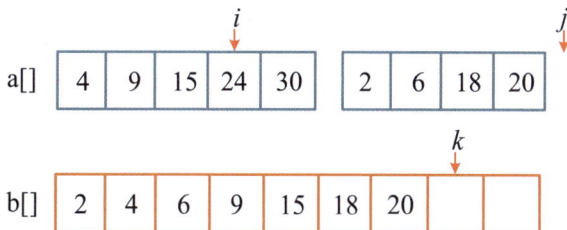

此时，*j* > right，后半部分已处理完毕，但前半部分还有剩余的元素，将剩余的元素复制到辅助数组 b[] 中。

完成合并后，把辅助数组 b[] 中已排好序的元素复制到原数组 a[] 中。

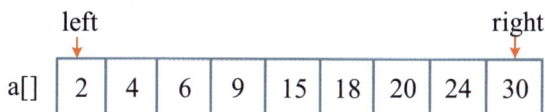

算法代码：

```
void merge(int left,int mid,int right){ //合并
    int i=left,j=mid+1,k=0;
    while(i<=mid && j<=right){ //按从小到大的顺序复制到辅助数组b[]中
        if(a[i]<=a[j])
            b[k++]=a[i++];
        else
            b[k++]=a[j++];
    }
    while(i<=mid) b[k++]=a[i++]; //将数组中剩余的元素复制到辅助数组b[]中
    while(j<=right) b[k++]=a[j++];
    for(i=left,k=0;i<=right;i++)
      a[i]=b[k++];
}
```

2）合并排序

首先将原序列分解成两个子序列，然后对两个子序列分别进行递归排序，最后把两个有序子序列合并成一个有序序列。

```
void mergesort(int left,int right){
    if(left<right){
        int mid=(left+right)/2;         //取中点
        mergesort(left,mid);            //对a[left:mid]中的元素进行合并排序
        mergesort(mid+1,right);         //对a[mid+1:right]中的元素进行合并排序
        merge(left, mid,right);         //合并
    }
}
```

4. 算法分析

时间复杂度： 分解仅仅是计算出子序列的中间位置，时间复杂度为 $O(1)$。递归求解两个规模为 $n/2$ 的子问题，时间复杂度为 $2T(n/2)$。完成合并的时间复杂度为 $O(n)$。总时间复杂度如下。

$$T(n)=\begin{cases} O(1) & ,n=1 \\ 2T(n/2)+O(n) & ,n>1 \end{cases}$$

当 $n>1$ 时，递推求解：

$$T(n) = 2T(n/2)+O(n)$$
$$= 2(2T(n/4)+O(n/2))+O(n)$$
$$= 4T(n/4)+2O(n)$$
$$= 8T(n/8)+3O(n)$$
$$\cdots$$
$$= 2^x T(n/2^x)+xO(n)$$

递推最终的规模为 1，令 $n = 2^x$ ，则 $x = \log n$ ，则：

$$T(n) = nT(1) + \log n O(n)$$
$$= n + \log n O(n)$$
$$= O(n \log n)$$

可以看出，合并排序的时间复杂度为 $O(n\log n)$。

空间复杂度：程序中的变量占用的辅助空间都是常数阶的，但进行合并时需要的辅助数组大小为 n。进行递归调用时所使用的栈空间为递归树的深度，递归树如下图所示。递归调用的底层元素数量为 1，因此 $n=2^x$，$x=\log n$，递归树的深度为 $\log n$。空间复杂度为 $O(n)$。

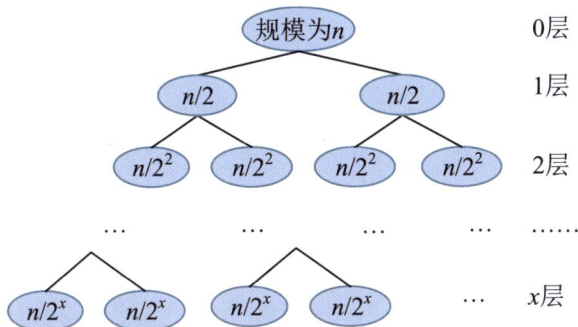

6.2.3 快速排序

在生活中到处都会用到排序算法，例如比赛、奖学金评选、推荐系统等。排序算法有很多种，能不能找到更快速、高效的排序算法呢？

有人通过实验对各种排序算法做了对比（单位：毫秒），对比结果如下表所示。

数据规模 排序算法	10	100	1 000	10 000	100 000	1000 000
冒泡排序	0.000 276	0.005 643	0.545	61	8 174	549 432
选择排序	0.000 237	0.006 438	0.488	47	4 717	478 694
插入排序	0.000 258	0.008 619	0.764	56	5 145	515 621
希尔排序（增量 3）	0.000 522	0.003 372	0.036	0.518	4.152	61
堆排序	0.000 450	0.002 991	0.041	0.531	6.506	79
合并排序	0.000 723	0.006 225	0.066	0.561	5.48	70
快速排序	0.000 291	0.003 051	0.030	0.311	3.634	39
基数排序（进制 100）	0.005 181	0.021	0.165	1.65	11.428	117
基数排序（进制 1000）	0.016 134	0.026	0.139	1.264	8.394	89

从上表可以看出，若对 10 万个数据进行排序，则采用冒泡排序需要 8 174 毫秒，采用快速排序只需 3.634 毫秒！

快速排序是比较快速的排序算法，它的基本思想：首先通过一趟排序将要排序的数据分割成独立的两部分，其中一部分的所有数据都比另一部分的所有数据小，然后按此方法对这两部分数据分别进行快速排序，最终得到有序序列。

合并排序的划分很简单，每次都从中间位置把问题一分为二，一直分解到不能再分解时执行合并操作，但合并操作需要在辅助数组中完成，是一种异地排序算法。合并排序分解容易、合并困难，属于"先易后难"。而快速排序是原地排序，不需要辅助数组，但分解困难、合并容易，属于"先难后易"。

1. 算法设计

快速排序是基于分治策略的排序算法，其算法思想如下。

（1）分解：先从原序列中取出一个元素作为基准元素。以基准元素为界，将原序列分解为两个子序列，小于或等于基准元素的子序列在基准元素左侧，大于或等于基准元素的子序列在基准元素右侧。

（2）治理：对两个子序列分别进行快速排序。

（3）合并：将两个有序子序列合并为一个有序序列，得到原问题的解。

如何分解是一个难题，因为若基准元素选取不当，原序列就有可能被分解为规模为 0 和 $n-1$ 的两个子序列，这样快速排序就退化为冒泡排序了。

例如，有序列(30,24,5,58,18,36,12,42,39)，采用快速排序的分治策略，第 1 次选取 5 作为基准元素，序列被分解后如下图所示。

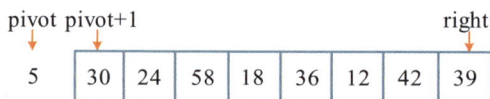

第 2 次选取 12 作为基准元素，序列被分解后如下图所示。

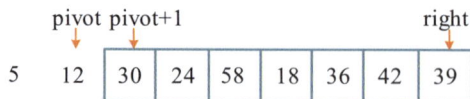

这样做的效率是最低的，最理想的状态是将原序列分解为两个规模相当的子序列，那么怎样选取基准元素呢？一般来说，可通过以下方法选取基准元素。

- 选取第一个元素。
- 选取最后一个元素。
- 选取中间位置的元素。
- 选取第一个元素、最后一个元素、中间位置的元素这三者的中位数。

- 选取区间位置随机数 k（left≤k≤right），选取 a[k]作为基准元素。

2. 完美图解

因为不确定通过哪种方法选取基准元素效果最好，在此选取第一个元素作为基准元素。假设当前待排序序列为 a[left: right]，其中 left≤right。

（1）选取数组的第一个元素作为基准元素，pivot=a[left]，i=left，j=right。

（2）从右向左扫描，找小于或等于 pivot 的数，令 a[i]=a[j]，i++。

（3）从左向右扫描，找大于或等于 pivot 的数，令 a[j]=a[i]，j--。

（4）重复第 2~3 步，直到 i 和 j 重合，将 pivot 放到中间，即 a[i]=pivot，返回 mid=i。

至此完成一趟排序。此时以 mid 为界，将原序列分解为两个子序列，左侧的子序列都小于或等于 pivot，右侧的子序列都大于或等于 pivot。接着对这两个子序列分别进行快速排序。

下面以序列(30,24,5,58,18,36,12,42,39)为例，演示快速排序的过程。

（1）初始化。i=left，j=right，pivot=r[left]=30。

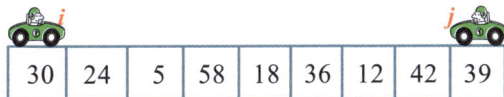

（2）从右向左扫描，找小于或等于 pivot 的数，找到 a[j]=12。

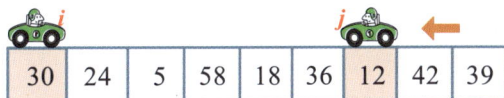

a[i]=a[j]，i++，如下图所示。

（3）从左向右扫描，找大于或等于 pivot 的数，找到 a[i]=58。

a[j]=a[i]，j--，如下图所示。

（4）从右向左扫描，找小于或等于 pivot 的数，找到 a[*j*]=18。

| 12 | 24 | 5 | 58 | 18 | 36 | 58 | 42 | 39 |

a[*i*]=a[*j*]，*i*++，如下图所示。

| 12 | 24 | 5 | 18 | 18 | 36 | 58 | 42 | 39 |

（5）此时 *i*=*j*，第一趟排序结束，将 pivot 放到中间，即 a[*i*]=pivot，返回 *i* 的位置，mid=*i*，如下图所示。

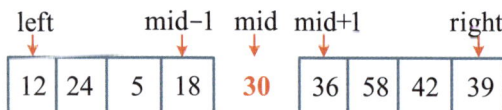

left mid−1 mid mid+1 right

| 12 | 24 | 5 | 18 | 30 | 36 | 58 | 42 | 39 |

此时以 mid 为界，将原序列分解为两个子序列，左侧的子序列都比 pivot 小，右侧的子序列都比 pivot 大。接着分别对两个子序列(12,24,5,18)、(36,58,42,39)进行快速排序。

3. 算法实现

（1）划分函数。通过划分函数，以基准元素 pivot 为界，将原序列分解为两个子序列，小于或等于 pivot 的子序列在 pivot 左侧，大于或等于 pivot 的子序列在 pivot 右侧。先从右向左扫描，找小于或等于 pivot 的数，找到后 a[*i*++]=a[*j*]；再从左向右扫描，找大于或等于 pivot 的数，找到后 a[*j*−−]=a[*i*]。扫描交替进行，直到 *i*=*j* 时停止，将 pivot 放到中间，返回划分的中间位置 *i*。

```
int partition(int left,int right) { //划分函数
int i=left,j=right,pivot=a[left]; //选取第一个元素作为基准元素
    while(i<j) {
        while(a[j]>pivot && i<j) j--;  //找右侧小于或等于pivot的数
        if(i<j)
            a[i++]=a[j]; //覆盖
        while(a[i]<pivot && i<j) i++; //找左侧大于或等于pivot的数
        if(i<j)
            a[j--]=a[i]; //覆盖
    }
    a[i]=pivot; //把pivot放到中间
    return i;
}
```

（2）快速排序。首先对原序列进行划分，得到划分的中间位置 mid；然后以中间

位置为界,分别对左半部分(left,mid−1)进行快速排序,对右半部分(mid+1,right)进行快速排序。递归结束的条件是 left≥right。

```
void quicksort(int left,int right) { //快速排序
    if(left<right){
        int mid=partition(left,right); //划分
        quicksort(left,mid-1);        //将左侧的子序列快速排序
        quicksort(mid+1,right);       //将右侧的子序列快速排序
    }
}
```

4．算法分析

下面将快速排序分为最好情况、最坏情况和平均情况进行算法分析。

1) 最好情况

分解:划分函数需要扫描每个元素,每次扫描的元素数量都不超过 n,因此时间复杂度为 $O(n)$。

解决子问题:在最好情况下,每次划分都将问题分解为两个规模为 $n/2$ 的子问题,递归求解两个规模为 $n/2$ 的子问题,所需时间为 $2T(n/2)$,如下图所示。

合并:因为是原地排序,所以合并操作不涉及时间复杂度,如下图所示。

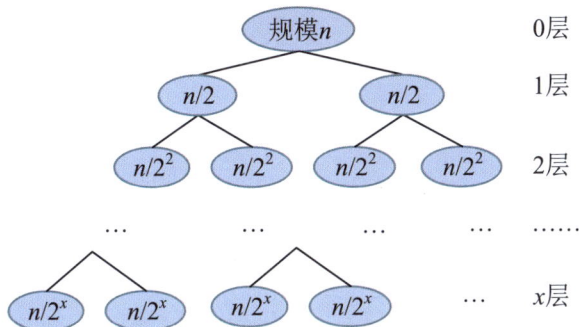

总运行时间如下:

$$T(n) = \begin{cases} O(1) & ,n=1 \\ 2T(n/2)+O(n) & ,n>1 \end{cases}$$

与合并排序的分析方法相同,快速排序在最好情况下的时间复杂度为 $O(n\log n)$。

空间复杂度:程序中变量的辅助空间是常数阶的,递归调用所使用的栈空间为递归树的高度 $O(\log n)$,快速排序在最好情况下的空间复杂度为 $O(\log n)$。

2）最坏情况

分解：划分函数需要扫描每个元素，每次扫描的元素数量都不超过 n，因此时间复杂度为 $O(n)$。

解决子问题：在最坏情况下，在每次划分并将问题分解后，基准元素左侧（或者右侧）都没有元素，基准元素另一侧都为一个规模为 $n-1$ 的子问题，递归求解这个规模为 $n-1$ 的子问题，所需时间为 $T(n-1)$，如下图所示。

合并：因为是原地排序，所以合并操作不涉及时间复杂度，如下图所示。

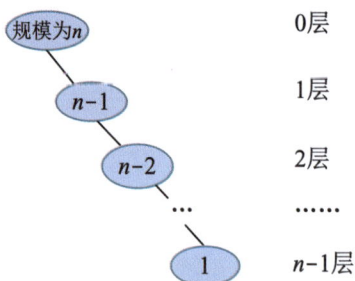

所以总运行时间如下：

$$T(n) = \begin{cases} O(1) & ,n = 1 \\ T(n-1)+O(n) & ,n > 1 \end{cases}$$

当 $n>1$ 时，可以递推求解：

$$\begin{aligned} T(n) &= T(n-1)+O(n) \\ &= T(n-2)+O(n-1)+O(n) \\ &= T(n-3)+O(n-2)+O(n-1)+O(n) \\ &\cdots \\ &= T(1)+O(2)+\cdots+O(n-1)+O(n) \\ &= O(1)+O(2)+\cdots+O(n-1)+O(n) \\ &= O(n(n+1)/2) \end{aligned}$$

快速排序在最坏情况下的时间复杂度为 $O(n^2)$。

空间复杂度：程序中变量的辅助空间是常数阶的，递归调用所使用的栈空间为递归树的高度 $O(n)$，快速排序在最坏情况下的空间复杂度为 $O(n)$。

3）平均情况

假设划分后的基准元素在第 k（$k=1,2,\cdots,n$）个位置，如下图所示。

则：

$$T(n) = \frac{1}{n} \sum_{k=1}^{n} (T(n-k) + T(k-1)) + O(n)$$

$$= \frac{1}{n} (T(n-1) + T(0) + T(n-2) + T(1) + \cdots + T(1) + T(n-2) + T(0) + T(n-1)) + O(n)$$

$$= \frac{2}{n} \sum_{k=1}^{n-1} T(k) + O(n)$$

由归纳法可以得出，$T(n)$ 的数量级也为 $O(n\log n)$。快速排序在平均情况下的时间复杂度为 $O(n\log n)$。递归调用所使用的栈空间为 $O(\log n)$，快速排序在平均情况下的空间复杂度为 $O(\log n)$。

5. 优化拓展

为避免出现最坏情况，可以在选取基准元素时引入随机化策略，首先生成一个 [left,right] 区间的随机数 k，然后将 a[k] 和 a[left] 交换，其他代码保持不变。

算法代码：

```
int partition2(int left,int right) { //划分函数，引入随机化策略
    int k=left+rand()%(right-left+1); //生成[left,right]区间的随机数
    swap(a[k],a[left]);
    int i=left,j=right,pivot=a[left];
    while(i<j) {
        while(a[j]>pivot && i<j) j--;   //找右侧小于或等于pivot的数
        if(i<j)
            a[i++]=a[j]; //覆盖
        while(a[i]<pivot && i<j) i++; //找左侧大于或等于pivot的数
        if(i<j)
            a[j--]=a[i]; //覆盖
    }
    a[i]=pivot; //放到中间
    return i;
}
```

❗注意

- 选取基准元素时应尽量引入随机化策略。选取第一个元素或最后一个元素作为基准元素时，若序列本身有序，则会退化为最坏情况，出现超时的情况。

- 在划分函数中，与 pivot 比较的语句不要带等号。若该语句带有等号，例如 while(a[j]>= pivot && i<j)，当序列元素均等时，则会退化为最坏情况，出现超时的情况。

✏️ 训练 1　排序（模板）

题目描述（P1177）： 将读入的 n 个数从小到大排序后输出。

输入： 第 1 行为一个正整数 n，第 2 行为 n 个以空格隔开的正整数 a_i。

输出： 将给定的 n 个数从小到大输出，将数与数以空格隔开，行末换行且无空格。

输入样例		输出样例
5		1 2 4 4 5
4 2 4 5 1		

题解： 本题为排序模板题，可以通过合并排序或者快速排序解决。

1. 算法实现（合并排序）

```
void merge(int left,int mid,int right){ //合并
    int i=left,j=mid+1,k=0;
    while(i<=mid && j<=right){ //按从小到大的顺序存储在辅助数组b[]中
        if(a[i]<=a[j])
            b[k++]=a[i++];
        else
            b[k++]=a[j++];
    }
    while(i<=mid) b[k++]=a[i++]; //将数组中剩下的元素复制到辅助数组b[]中
    while(j<=right) b[k++]=a[j++];
    for(i=left,k=0;i<=right;i++)
        a[i]=b[k++];
}

void mergesort(int left,int right){
    if(left<right){
        int mid=(left+right)/2;        //取中点
        mergesort(left,mid);           //对a[left:mid]中的元素进行合并排序
        mergesort(mid+1,right);        //对a[mid+1:right]中的元素进行合并排序
        merge(left, mid,right);        //合并
    }
}
```

2. 算法实现（快速排序）

快速排序在最好情况和平均情况下的时间复杂度为 $O(n\log n)$，在最坏情况下的时间复杂度为 $O(n^2)$。本题数据量大，数据量 $n \leqslant 10^5$，时间复杂度为 $O(n^2)$，会超时。随机选取一个元素作为基准元素，避免出现最坏情况。

```
int partition(int left,int right) { //划分函数
    int k=left+rand()%(right-left+1); //产生[left,right]区间的随机数
    swap(a[k],a[left]);
```

```
    int i=left,j=right,pivot=a[left];
    while(i<j) {
        while(a[j]>pivot && i<j) j--;   //找右侧小于或等于 pivot 的数
        if(i<j)
            a[i++]=a[j]; //覆盖
        while(a[i]<pivot && i<j) i++; //找左侧大于或等于 pivot 的数
        if(i<j)
            a[j--]=a[i]; //覆盖
    }
    a[i]=pivot; //放到中间
    return i;
}

void quicksort(int left,int right) { //快速排序
    if(left<right){
        int mid=partition(left,right);
        quicksort(left,mid-1);
        quicksort(mid+1,right);
    }
}
```

✎ 训练2 求第 k 小的数

题目描述（P1923）：求解 n 个数中第 k 小的数，k 从 0 开始。请尽量不要使用 nth_element()来完成本题，因为本题的重点在于练习分治算法。

输入：第 1 行为 n（$1\leq n<5000000$ 且 n 为奇数）和 k，第 2 行为 n 个数字 a_i（$1\leq a_i<10^9$）。

输出：输出这些数中第 k 小的数。

输入样例	输出样例
5 1	2
4 3 2 1 5	

题解：对于第 k 小问题，可以通过快速排序的划分思路轻松解决。

1. 算法设计

（1）利用快速排序的划分函数做一次划分，得到 mid。此时，小于或等于 a[mid] 的数在 mid 左侧，大于或等于 a[mid]的数在 mid 右侧。

（2）若 k=mid，则输出 a[k]；若 k<mid，则在 mid 左侧查找第 k 小的数；若 k>mid，则在 mid 右侧查找第 k 小的数。

2. 算法实现

```
int partition(int left,int right) { //划分函数
    int k=left+rand()%(right-left+1); //产生[left,right]区间的随机数
```

```
    swap(a[k],a[left]);
    int i=left,j=right,pivot=a[left];
    while(i<j) {
        while(a[j]>pivot && i<j) j--;  //找右侧小于或等于pivot的数
        if(i<j)
            a[i++]=a[j]; //覆盖
        while(a[i]<pivot && i<j) i++; //找左侧大于或等于pivot的数
        if(i<j)
            a[j--]=a[i]; //覆盖
    }
    a[i]=pivot; //放到中间
    return i;
}

void findk(int left,int right,int k) { //查找第k个数
    int mid=partition(left,right);
    if(k==mid)
        cout<<a[k];
    else if(k<mid)
        findk(left,mid-1,k);
    else
        findk(mid+1,right,k);
}
```

第 7 章

高精度计算

在科学计算中经常会有几十位、几百位的大数，这类数被统称为"高精度数"。高精度算法是处理高精度数的数学计算方法，它是用计算机对高精度数模拟加、减、乘、除、乘方、阶乘、开方等运算的算法。

受到存储精度的限制，在计算机中无法正常存储非常大的数。这时可以将非常大的数按照一位或者四位进行拆分，将其存储在一个数组中，用一个数组表示这个数字。

在计算机上进行高精度计算，首先要处理好以下几个问题：

（1）如何接收和存储数据；

（2）如何进位和借位；

（3）如何求商和余数。

7.1 高精度加法

高精度加法的原理：以字符串的形式接收高精度数，将其转换为数字后逆序存储在数组中，从低位到高位模拟高精度加法运算。

7.1.1 接收和存储数据

在进行加法运算时可能会有进位，若将最高位存储在数组首部，则无法存储进位，因此采用逆序存储，在数组尾部存储高精度数的高位，这样可以将进位追加存储在数组尾部。

例如，用字符串接收高精度数 s_1＝"93825456"，将其逆序存储在一维数组 a[]中。

	1	2	3	4	5	6	7	8	9	10
a[]	6	5	4	5	2	8	3	9		

7.1.2 处理进位

在进行加法运算时，从低位到高位依次处理每位数字，若两个数的当前位与进位相加大于或等于 10，则向高位进位。

例如，求解 93 825 456+8 542 639，步骤如下。

（1）将两个数分别逆序存储在数组 a[]、b[]中。

	1	2	3	4	5	6	7	8	9	10
a[]	6	5	4	5	2	8	3	9		
b[]	9	3	6	2	4	5	8			

（2）从低位到高位依次处理每位数字，将结果存储在数组 c[]中。

- 处理第 1 位：初始时，c[1]=0。c[1]累加当前位的数字，c[1]=c[1]+a[1]+b[1]= 0+6+9=15，c[1]=15%10=5，将进位存入 c[2]，c[2]=15/10=1。

	1	2	3	4	5	6	7	8	9	10
a[]	6	5	4	5	2	8	3	9		
b[]	9	3	6	2	4	5	8			
c[]	5	1								

- 处理第 2 位：c[2]累加当前位的数字，c[2]=c[2]+a[2]+b[2]=1+5+3=9，c[2]= 9%10=9，将进位存入 c[3]，c[3]=9/10=0。

	1	2	3	4	5	6	7	8	9	10
a[]	6	5	4	5	2	8	3	9		
b[]	9	3	6	2	4	5	8			
c[]	5	9	0							

- 处理第 3 位：c[3]累加当前位的数字，c[3]=c[3]+a[3]+b[3]=0+6+4=10，c[3]= 10%10=0，将进位存入 c[4]，c[4]=10/10=1。

	1	2	3	4	5	6	7	8	9	10
a[]	6	5	4	5	2	8	3	9		
b[]	9	3	6	2	4	5	8			
c[]	5	9	0	1						

- 处理第 4 位：c[4]累加当前位的数字，c[4]=c[4]+a[4]+b[4]=1+5+2=8，c[4]=8%10=8，将进位存入 c[5]，c[5]=8/10=0。

	1	2	3	4	5	6	7	8	9	10
a[]	6	5	4	5	2	8	3	9		
b[]	9	3	6	2	4	5	8			
c[]	5	9	0	8	0					

- 处理第 5 位：c[5]累加当前位的数字，c[5]=c[5]+a[5]+b[5]=0+2+4=6，c[5]=6%10=6，将进位存入 c[6]，c[6]=6/10=0。

	1	2	3	4	5	6	7	8	9	10
a[]	6	5	4	5	2	8	3	9		
b[]	9	3	6	2	4	5	8			
c[]	5	9	0	8	6	0				

- 处理第 6 位：c[6]累加当前位的数字，c[6]=c[6]+a[6]+b[6]=0+8+5=13，c[6]=13%10=3，将进位存入 c[7]，c[7]=13/10=1。

	1	2	3	4	5	6	7	8	9	10
a[]	6	5	4	5	2	8	3	9		
b[]	9	3	6	2	4	5	8			
c[]	5	9	0	8	6	3	1			

- 处理第 7 位：c[7]累加当前位的数字，c[7]=c[7]+a[7]+b[7]=1+3+8=12，c[7]=12%10=2，将进位存入 c[8]，c[8]=12/10=1。

	1	2	3	4	5	6	7	8	9	10
a[]	6	5	4	5	2	8	3	9		
b[]	9	3	6	2	4	5	8			
c[]	5	9	0	8	6	3	2	1		

- 处理第 8 位：c[8]累加当前位的数字，c[8]=c[8]+a[8]+b[8]=1+9+0=10，c[8]=10%10=0，将进位存入 c[9]，c[9]=10/10=1。

	1	2	3	4	5	6	7	8	9	10
a[]	6	5	4	5	2	8	3	9		
b[]	9	3	6	2	4	5	8			
c[]	5	9	0	8	6	3	2	0	1	

（3）处理完毕，从高位到低位依次输出答案 **102368095**，即 93 825 456+8 542 639 = **102 368 095**。

训练　A+B Problem

题目描述（P1601）：用高精度加法求解 $a+b$，$a,b \leq 10^{500}$，不用考虑负数。

题解：本题是高精度加法模板题，直接采用高精度加法求解即可。

1. 算法设计

（1）以字符串的形式接收高精度数，将其转换为数字后逆序存储在数组中。

（2）从低位到高位模拟高精度加法运算。

（3）加法运算结果的最大长度可能为两个数的长度最大值+1，从高位到低位依次输出答案。

2. 算法实现

```
int a[520],b[520],c[520];
int main(){
    string s1,s2;
    cin>>s1>>s2;
    int n=s1.length();
    int m=s2.length();
    int len=max(n,m);           //两个字符串的最大长度
    for(int i=0;i<n;i++)        //将第 1 个字符串存储在数组中，逆序存储
        a[n-i]=s1[i]-'0';
    for(int i=0;i<m;i++)        //将第 2 个字符串存储在数组中，逆序存储
        b[m-i]=s2[i]-'0';
    for(int i=1;i<=len;i++){    //高精度加法
        c[i]+=a[i]+b[i];        //累加
        c[i+1]=c[i]/10;         //进位
        c[i]%=10;               //当前位
    }
    if(c[len+1]) //判断最后的进位是否为 1
```

```
        len++;
    for(int i=len;i>=1;i--)        //从高位到低位依次输出答案
        cout<<c[i];
    return 0;
}
```

7.2　高精度减法

高精度减法的原理：以字符串的形式接收高精度数，将其转换为数字后逆序存储在数组中，从低位到高位模拟高精度减法运算。

7.2.1　比较大小

高精度减法不处理负数，因此首先要判断被减数和减数哪个大，若被减数小于减数，则交换两个数，对相减后的结果加负号。例如，求解 8–15 时，因为 8<15，所以交换两个数，计算 15–8=7，输出时加负号，8–15=–(15–8)=–7。

7.2.2　接收和存储数据

以字符串的形式接收高精度数，将其转换为数字后逆序存储在数组中。与 7.1.1 节所讲解的存储方式相同。

7.2.3　处理借位

在进行减法运算时，从低位到高位依次处理每位数字，若被减数的当前位小于减数的当前位，则需要向高位借位，借 1 当 10。

例如，求解 8 542 639–93 825 456，步骤如下。

（1）判断两个数的大小，因为减数大于被减数，所以交换两个数，结果加负号。

（2）将两个数分别逆序存储在数组 a[]、b[]中。

	1	2	3	4	5	6	7	8	9	10
a[]	6	5	4	5	2	8	3	9		
b[]	9	3	6	2	4	5	8			

（3）从低位到高位依次处理每位数字，将结果存储在数组 c[]中。

- 处理第 1 位：a[1]<b[1]，向高位借 1 当 10，a[2]=a[2]–1=4，a[1]=a[1]+10=6+10=16，c[1]=a[1]–b[1]=16–9=7。

	1	2	3	4	5	6	7	8	9	10
a[]	**16**	**4**	4	5	2	8	3	9		
b[]	9	3	6	2	4	5	8			
c[]	**7**									

- 处理第 2 位：a[2]>b[2]，无须借位，c[2]=a[2]−b[2]=4−3=1。
- 处理第 3 位：a[3]<b[3]，向高位借 1 当 10，a[4]=a[4]−1=4，a[3]=a[3]+10=4+10= 14，c[3]=a[3]−b[3]=14−6=8。

	1	2	3	4	5	6	7	8	9	10
a[]	16	4	**14**	**4**	2	8	3	9		
b[]	9	3	**6**	2	4	5	8			
c[]	**7**	**1**	**8**							

- 处理第 4 位：a[4]>b[4]，无须借位，c[4]=a[4]−b[4]=4−2=2。
- 处理第 5 位：a[5]<b[5]，向高位借 1 当 10，a[6]=a[6]−1=7，a[5]=a[5]+10=2+10= 12，c[5]=a[5]−b[5]=12−4=8。

	1	2	3	4	5	6	7	8	9	10
a[]	**16**	**4**	**14**	**4**	**12**	**7**	3	9		
b[]	9	3	6	2	**4**	5	8			
c[]	**7**	**1**	**8**	**2**	**8**					

- 处理第 6 位：a[6]>b[6]，无须借位，c[6]=a[6]−b[6]=7−5=2。
- 处理第 7 位：a[7]<b[7]，向高位借 1 当 10，a[8]=a[8]−1=8，a[7]=a[7]+10=3+10= 13，c[7]=a[7]−b[7]=13−8=5。

	1	2	3	4	5	6	7	8	9	10
a[]	**16**	**4**	**14**	**4**	**12**	**7**	**13**	**8**		
b[]	9	3	6	2	4	5	**8**			
c[]	**7**	**1**	**8**	**2**	**8**	**2**	**5**			

- 处理第 8 位：a[8]>b[8]，无须借位，c[8]=a[8]−b[8]=8−0=8。

	1	2	3	4	5	6	7	8	9	10
a[]	16	4	14	4	12	7	13	8		
b[]	9	3	6	2	4	5	8			
c[]	7	1	8	2	8	2	5	8		

（4）处理完毕，从高位到低位依次输出答案−85282817，即 8 542 639−93 825 456 =−85 282 817，注意加负号。

✎ 训练　A−B Problem

题目描述（P2142）：高精度减法。输入两个整数 a 和 b（b 可能比 a 大），输出 $a−b$ 的结果。

题解：本题是高精度减法模板题，直接采用高精度减法求解。

1. 算法设计

（1）比较两个数的大小，若被减数小于减数，则交换两个数，结果加负号。

（2）以字符串的形式接收高精度数，将其转换为数字后逆序存储在数组中。

（3）从低位到高位模拟高精度减法运算，若被减数的当前位小于减数的当前位，则向高位借位，借 1 当 10。

（4）减法运算结果的最大长度为两个数的长度最大值，有可能高位出现多个前导 0，需要先删除前导 0，然后从高位到低位依次输出答案，要特别注意结果是否有负号。例如，8 542 639−8 542 533=0 000 106，需要删除前导 0，输出答案 106。

2. 算法实现

```
const int maxn=10500;
int a[maxn],b[maxn],c[maxn];
int main(){
    string s1,s2;
    cin>>s1>>s2;
    //先比较两个数的大小
    if(s1.size()<s2.size()||(s1.size()==s2.size()&&s1<s2)){
        swap(s1,s2);    //交换，例如，8-15=-(15-8)
        cout<<"-"; //输出负号
    }
    int n=s1.length();
    int m=s2.length();
```

```
int len=max(n,m);
for(int i=0;i<n;i++) //将第1个字符串存储在数组中，逆序存储
    a[n-i]=s1[i]-'0';
for(int i=0;i<m;i++) //将第2个字符串存储在数组中，逆序存储
    b[m-i]=s2[i]-'0';
for(int i=1;i<=len;i++){
    if(a[i]<b[i]){      //向高位借1
        a[i+1]--;       //高位减1
        a[i]+=10;       //借1当10
    }
    c[i]=a[i]-b[i]; //减法
}
while(c[len]==0 && len>1) len--; //删除前导0
for(int i=len;i>0;i--) //从高位到低位依次输出答案
    cout<<c[i];
return 0;
}
```

7.3 高精度乘法

高精度乘法的原理：以字符串的形式接收高精度数，将其转换为数字后逆序存储在数组中，从低位到高位模拟高精度乘法运算。

7.3.1 接收和存储数据

以字符串的形式接收高精度数，将其转换为数字后逆序存储在数组中。

7.3.2 处理进位

在进行乘法运算时，从低位到高位依次处理每位数字，两个数的每一位分别相乘，累加乘积，既可以在累加乘积的过程中处理进位，也可以在累加乘积之后处理进位。

对于 $a[i] \times b[j]$，将其结果存储在 $c[i+j-1]$ 的位置，还需要累加上次的结果。例如，在计算 $9\,362 \times 25$ 时，$c'[4]=a[4] \times b[1]$，$c''[4]=a[3] \times b[2]$，$c[4]=c'[4]+c''[4]$。

方法 1：在累加乘积的过程中处理进位。用变量 x 记录上次的进位，累加乘积

$c[i+j-1]+=a[i]×b[j]+x$，更新进位 $x=c[i+j-1]/10$，当前位 $c[i+j-1]\%=10$。

方法 2：在累加乘积之后处理进位。两个数的每一位分别相乘，累加乘积 $c[i+j-1]+=a[i]×b[j]$，在计算完毕后，从低位到高位开始判断，若 $c[i]>9$，则处理进位，$c[i+1]+=c[i]/10$，更新当前位 $c[i]\%=10$。

在此采用方法 2，求解 9 362×25，过程如下。

（1）累加乘积：从低位到高位，两个数的每一位分别相乘，累加乘积 $c[i+j-1]+=a[i]×b[j]$。

（2）处理进位：从低位到高位开始判断，若 $c[i]>9$，则更新进位 $c[i+1]+=c[i]/10$，当前位 $c[i]\%=10$。

- $c[1]=10>9$，处理进位，$c[2]=c[2]+c[1]/10=34+1=35$，当前位 $c[1]=10\%10=0$。
- $c[2]=35>9$，处理进位，$c[3]=c[3]+c[2]/10=27+3=30$，当前位 $c[2]=35\%10=5$。
- $c[3]=30>9$，处理进位，$c[4]=c[4]+c[3]/10=51+3=54$，当前位 $c[3]=30\%10=0$。
- $c[4]=54>9$，处理进位，$c[5]=c[5]+c[4]/10=18+5=23$，当前位 $c[4]=54\%10=4$。
- $c[5]=23>9$，处理进位，$c[6]=c[6]+c[5]/10=0+2=2$，当前位 $c[5]=23\%10=3$。

（3）处理完毕，从高位到低位依次输出答案 **234050**，即 9 362×25=**234 050**。

🖊 训练 A*B Problem

题目描述（P1303）：给出两个非负整数，求它们的乘积。

题解：本题是高精度乘法模板题，可以在累加乘积之后处理进位。

1. 算法设计

（1）以字符串的形式接收高精度数，将其转换为数字后逆序存储在数组中。

（2）累加乘积。从低位到高位，两个数的每一位分别相乘，累加乘积 $c[i+j-1]+=a[i]×b[j]$。

（3）处理进位。从低位到高位开始判断，若 $c[i]>9$，则更新进位 $c[i+1]+=c[i]/10$，当前位 $c[i]\%=10$。

（4）乘法运算结果的最大长度为两个数的长度之和，有可能高位出现前导 0，需要先删除前导 0，然后从高位到低位依次输出答案。

2. 算法实现

```
const int maxn=4050; //注意，每个数都有 2000 位，乘积最多有 2000*2+1 位
int a[maxn],b[maxn],c[maxn];
int main(){
    string s1,s2;
    cin>>s1>>s2;
    int n=s1.length();
    int m=s2.length();
    int len=n+m;
    for(int i=0;i<n;i++)  //将第 1 个字符串存储在数组中，逆序存储
        a[n-i]=s1[i]-'0';
    for(int i=0;i<m;i++)  //将第 2 个字符串存储在数组中，逆序存储
        b[m-i]=s2[i]-'0';
    for(int i=1;i<=n;i++)
        for(int j=1;j<=m;j++)
            c[i+j-1]+=a[i]*b[j];  //累加乘积
    for(int i=1;i<len;i++){  //处理进位
        if(c[i]>9){
            c[i+1]+=c[i]/10;
            c[i]%=10;
        }
    }
    while(c[len]==0&&len>1) len--;  //删除前导 0
    for(int i=len;i>0;i--)  //从高位到低位依次输出答案
        cout<<c[i];
    return 0;
}
```

7.4 高精度除法

高精度除法分为高精度数除以单精度数和高精度数除以高精度数两种，入门级只要求掌握高精度数除以单精度数的方法即可。高精度除法的原理：以字符串的形式接收高精度数，将其转换为数字后正序存储在数组中，从高位到低位模拟高精度除法运算。

7.4.1 接收和存储数据

在进行除法运算时，需要从高位到低位进行处理，没有进位问题，因此采用正序存储，数组头部存储高精度数的高位。

例如，用字符串接收 s_1="129786"，将其正序存储在一维数组 a[]中。

	1	2	3	4	5	6	7	8	9	10
a[]	1	2	9	7	8	6				

7.4.2 按位相除

在进行除法运算时，从高位到低位依次处理每位数字，将上次余数×10+当前位作为被除数，继续进行除法运算。按位相除，每次的商值范围均为 0~9。

例如，求解 129 786/15，过程如下。

（1）将高精度数正序存储在数组 a[] 中，单精度数 b=15。

（2）从高位到低位依次处理每位数字，将结果存储在数组 c[] 中。

- i=1：初始时，余数 x=0，x=x×10+a[1]=1，c[1]=x/15=0，更新余数 x，x=x%15=1。
- i=2：x=x×10+a[2]=12，c[2]=x/15=0，更新余数 x，x=x%15=12。
- i=3：x=x×10+a[3]=129，c[3]=x/15=8，更新余数 x，x=x%15=9。

- i=4：x=x×10+a[4]=97，c[4]=x/15=6，更新余数 x，x=x%15=7。
- i=5：x=x×10+a[5]=78，c[5]=x/15=5，更新余数 x，x=x%15=3。
- i=6：x=x×10+a[6]=36，c[6]=x/15=2，更新余数 x，x=x%15=6。

（3）删除前导 0，从高位到低位依次输出答案 **8652**，即 129 786/15 = **8 652**。

训练　A/B Problem

题目描述（P1480）：输入两个整数 a 和 b，输出它们的商。

题解：本题是高精度除以单精度模板题，直接采用高精度除法求解。

1．算法设计

（1）以字符串的形式接收被除数（高精度数），将其转换为数字后正序存储在数组 a[]中，将除数（低精度数）存储在变量 b 中。

（2）从高位到低位依次处理每位数字，按位相除，将上次的余数×10+当前位作为被除数，进行除法运算，记录商和余数。

（3）在除法运算结果中有可能高位出现多个前导 0，删除前导 0，从高位到低位依次输出答案。

2．算法实现

```
const int maxn=10010;
int a[maxn],c[maxn];
int main(){
    string s;                //被除数
    long long b,x=0;         //除数，累加余数时要乘以10，不能定义为int类型
    cin>>s>>b;
    int n=s.length();
    for(int i=0;i<n;i++)     //将第1个字符串存储在数组中，正序存储
        a[i+1]=s[i]-'0';
    for(int i=1;i<=n;i++){   //除法运算
        x=x*10+a[i];         //累加上次的余数和当前位
        c[i]=x/b;            //记录商
        x%=b;                //更新余数
    }
    int lenc=1;
    while(c[lenc]==0&&lenc<n) lenc++;   //删除前导0
    for(int i=lenc;i<=n;i++)            //从高位到低位依次输出答案
        cout<<c[i];
    return 0;
}
```

第 8 章

搜索算法入门

8.1 二分算法

某大型娱乐节目在进行猜数游戏，主持人会在女嘉宾的手心写一个 10 以内的正整数，让男嘉宾猜该数是几，女嘉宾只能提示男嘉宾猜的数是大了还是小了，仅有 3 次猜数机会。你有没有办法以最快的速度猜出来呢？

从问题的描述来看，若有 n 个数，则在最坏情况下需要猜 n 次才能猜成功。其实完全没必要一个一个地猜，因为这些数是有序的，所以可以每次都猜中间的数，若猜的数比中间的数小，则在前半部分查找；若猜的数比中间的数大，则在后半部分查找。这种算法被称为"二分算法"。二分算法包括二分查找和二分答案。

8.1.1 二分查找

例如，一维数组 a[]存储了有序序列，请在该数组中查找元素 x 的位置。

1. 算法步骤

（1）初始化。令 $l=0$，$r=n-1$，分别指向数组中第一个元素和最后一个元素的下标。

（2）若 $l>r$，则算法结束，否则 mid$=(l+r)/2$，mid 指向查找范围内中间元素的下标。若数据较大，则为避免 $l+r$ 溢出，可写为 mid$=l+(r-l)/2$。

（3）若 $x=$a[mid]，则查找成功，算法结束；若 $x<$a[mid]，则令 $r=$mid-1，在前半部分查找；否则令 $l=$mid$+1$，在后半部分查找，转向第 2 步。

2. 完美图解

例如，在有序序列(5,8,15,17,25,30,34,39,45,52,60)中查找元素 17。

	0	1	2	3	4	5	6	7	8	9	10
a[]	5	8	15	17	25	30	34	39	45	52	60

（1）初始化。l=0，r=10，计算 mid=(l+r)/2=5。

（2）将 x 与 a[mid]做比较。x=17，a[mid]=30，x<a[mid]，令 r=mid−1，在前半部分查找，查找范围缩小到[0,4]。计算 mid=(l+r)/2=2。

（3）将 x 与 a[mid]做比较。x=17，a[mid]=15，x>a[mid]，令 l=mid+1，在后半部分查找，查找范围缩小到[3,4]。计算 mid=(l+r)/2=3。

（4）将 x 与 a[mid]做比较。x=a[mid]=17，查找成功，返回下标 mid（mid=3）。

3. 算法实现

（1）非递归算法的实现如下。

```
int BinarySearch(int x){ //二分查找
    int l=0,r=n-1;
    while(l<=r){
        int mid=(l+r)/2;   //mid 为查找范围的中间值
        if(x==a[mid])      //查找成功
            return mid;
        else if(x<a[mid])  //在前半部分查找
            r=mid-1;
        else               //在后半部分查找
            l=mid+1;
    }
    return -1;
}
```

（2）递归算法的实现如下。递归算法有自调用问题，需要增加两个参数 l 和 r 来标记查找范围的开始位置和结束位置。

```
int recursionBS(int l,int r,int x){ //二分查找，递归算法
    if(l>r)  //递归结束条件
```

```
        return -1;
    int mid=(l+r)/2;        //计算mid值
    if(x==a[mid])           //查找成功
        return mid;
    else if(x<a[mid])       //在前半部分查找
        return recursionBS(l,mid-1,x);
    else                    //在后半部分查找
        return recursionBS(mid+1,r,x);
}
```

4．算法分析

1）时间复杂度

若用 $T(n)$表示对 n 个有序元素进行二分查找的时间复杂度，则分情况讨论如下。

- 当 $n=1$ 时，需要比较一次，$T(n)=O(1)$。
- 当 $n>1$ 时，将待查找元素和中间位置的元素做比较，时间复杂度为 $O(1)$。若不相等，则需要在前半部分或后半部分查找，查找范围缩小了一半，时间复杂度变为 $T(n/2)$。

$$T(n) = \begin{cases} O(1) & , n = 1 \\ T(n/2) + O(1) & , n > 1 \end{cases}$$

- 递推求解：

$$\begin{aligned} T(n) &= T(n/2) + O(1) \\ &= T(n/2^2) + 2O(1) \\ &= T(n/2^3) + 3O(1) \\ &\cdots \\ &= T(n/2^x) + xO(1) \end{aligned}$$

- 递推最终的查找范围为1，令 $n = 2^x$，则 $x = \log n$。

$$\begin{aligned} T(n) &= T(1) + \log n O(1) \\ &= O(1) + \log n O(1) \\ &= O(\log n) \end{aligned}$$

二分查找的非递归算法和递归算法查找的方法一样，时间复杂度均为 $O(\log n)$。

2）空间复杂度

二分查找的非递归算法，变量占用了一些辅助空间，空间复杂度为 $O(1)$。二分查找的递归算法，除使用了一些变量外，还使用了栈实现递归调用。在递归算法中，每次递归调用都需要一个栈空间来存储。假设原问题的规模为 n，首先将其分解为两个规模为 $n/2$ 的子问题，对这两个子问题并不是每个都要求解，只会求解其中之一，因为与查找范围的中间值做比较后，要么在前半部分查找，要么在后半部分查找；然后把规模为 $n/2$ 的子问题继续分解为两个规模为 $n/4$ 的子问题，选择其一进行求解；继续分治下去，在最坏情况下会分治到只剩一个数值，从根到叶子所经过的节点，每层求解一个子问题，直到最后一层，如下图所示。

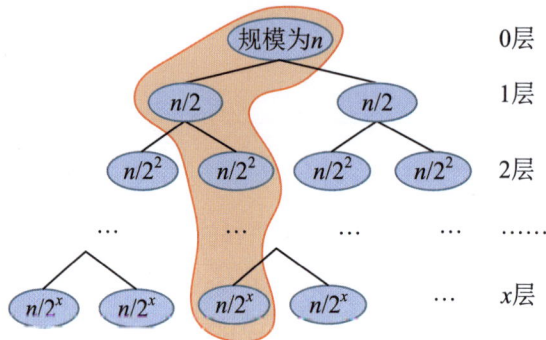

若递归调用最终的查找范围为 1，即 $n/2^x=1$，则 $x=\log n$。假设阴影部分是查找路径，一共经过了 $\log n$ 个节点，递归调用了 $\log n$ 次。递归算法使用的栈空间为递归树的深度，二分查找的递归算法的空间复杂度为 $O(\log n)$。

8.1.2 二分答案

在二分算法的应用中，除二分查找元素外，还有搜索满足条件的答案，即二分答案。在进行二分答案时需要注意以下几方面。

（1）必须满足单调性。

（2）搜索范围。在初始时需要指定搜索范围，若不知道具体范围，则可以对正数采用范围[0,inf]，对整数采用范围[–inf,inf]，inf 为无穷大，通常设定为 0x3f3f3f3f。

（3）二分答案。在一般情况下，mid=$(l+r)/2$ 或 mid=$(l+r)$>>1。若 l 和 r 特别大，则为了避免 $l+r$ 溢出，可以采用 mid=$l+(r-l)/2$。对于二分答案结束的条件，以及在 mid 可行时是在前半部分搜索，还是在后半部分搜索，都需要根据具体问题进行具体分析。

（4）答案是什么。在缩小搜索范围时，要特别注意是否漏掉了 mid 上的答案。

二分答案分为整数上的二分答案和实数上的二分答案，算法模板如下。

1. 整数上的二分答案

整数上的二分答案，因为缩小搜索范围时，有可能 r=mid–1 或 l=mid+1，因此可以用 ans 记录可行解。至于是否需要减 1 或加 1，要根据具体问题进行分析。

```
l=a; r=b; //初始搜索范围
while(l<=r){
    int mid=(l+r)/2;
```

```
    if(judge(mid)){ //满足解的条件
        ans=mid; //记录可行解
        r=mid-1;
    }
    else
        l=mid+1;
}
return ans;
```

2. 实数上的二分答案

实数上的二分答案不可以直接比较大小，可以将 $r-l>$eps 作为循环条件，eps 为一个较小的数，例如 1e-7 等。为避免丢失可能的解，在缩小范围时 $r=$mid 或 $l=$mid，在循环结束时返回最后一个可行解。

```
l=a; r=b; //初始搜索范围
while(r-l>eps){//判断差值
    double mid=(l+r)/2;
    if(judge(mid)) //满足解的条件
        l=mid;  //l记录了可行解，在循环结束时返回答案l
    else
        r=mid;
}
return l;
```

还可以运行固定的次数，例如运行 100 次，可达 10^{-30} 精度，在一般情况下都可以解决问题。

```
l=a; r=b;
for(int i=0;i<100;i++){//运行100次
    double mid=(l+r)/2;
    if(judge(mid)) //满足解的条件
        l=mid;
    else
        r=mid;
}
return l;
```

✏️ 训练1 查找

题目描述（P2249）：首先输入 n 个不超过 10^9 的单调不递减的（后面的数字大于或等于前面的数字）非负整数 $a_1,a_2,\cdots,a_n$，然后进行 m 次询问。对每次询问都给出一个整数 q，要求输出这个数字在序列中第一次出现时的编号，若没有找到，则输出-1。

输入：第 1 行为 2 个整数 n 和 m，表示数字数量和询问次数。第 2 行为 n 个整数，表示待查询的数字。第 3 行为 m 个整数，表示询问这些数字的编号，编号从 1 开始。

输出： 输出一行，有 m 个整数，以空格隔开，表示答案。

输入样例	输出样例
11 3	1 2 -1
1 3 3 3 5 7 9 11 13 15 15	
1 3 6	

题解： 本题属于二分查找问题，但是待查询序列为单调不递减序列，可能有多个数字相等，要求输出该数字在序列中第一次出现时的编号，也就是说，找到相等的元素时，不能立即返回下标，因为左侧可能还有相等的元素，要求返回元素的左边界。

1. 算法设计

（1）令 l=1，r=n，若 l<r，则 mid=(l+r)/2。将 x 与 a[mid] 做比较：

- 若 x≤a[mid]，则在 [l, mid] 中查找（注意包含 mid，有可能只有 a[mid] 相等）；
- 若 x>a[mid]，则在 [mid+1, r] 中查找。

（2）当 l=r 时，查找结束。若 a[l]=x，则返回下标 l，否则返回 -1。

2. 完美图解

例如，在输入样例序列中查找 3，返回其第一次出现时的下标。

（1）令 l=1，r=11，r>l，mid=(l+r)/2=6。

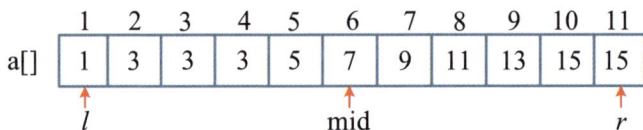

（2）将 x 与 a[mid] 做比较。x=3，a[mid]=7，x≤a[mid]，令 r=mid，在前半部分查找，查找范围缩小到 [1,6]。计算 mid=(l+r)/2=3。

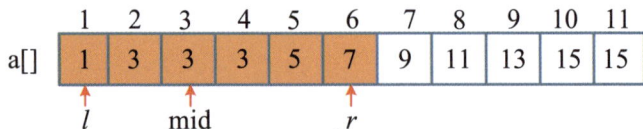

（3）将 x 与 a[mid] 做比较。x=3，a[mid]=3，x≤a[mid]，令 r=mid，在前半部分查找，查找范围缩小到 [1,3]。计算 mid=(l+r)/2=2。

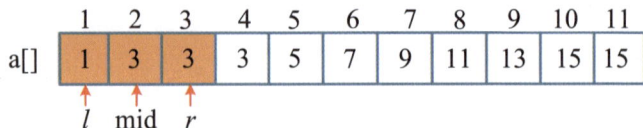

（4）将 x 与 a[mid] 做比较。x=3，a[mid]=3，x≤a[mid]，令 r=mid，在前半部分查

找，查找范围缩小到[1,2]。计算 mid=(l+r)/2=1。

	1	2	3	4	5	6	7	8	9	10	11
a[]	1	3	3	3	5	7	9	11	13	15	15

mid l　r

（5）将 x 与 a[mid]做比较。x=3，a[mid]=1，x>a[mid]，令 l=mid+1=2，在后半部分查找，此时 l=r，查找结束，a[l]=x，返回下标 l（l=2）。

	1	2	3	4	5	6	7	8	9	10	11
a[]	1	3	3	3	5	7	9	11	13	15	15

l　r

3. 算法实现

```
int BinarySearch(int x){ //二分查找
    int l=1,r=n;
    while(l<r){
        int mid=(l+r)/2;
        if(x<=a[mid]) //找左边界
            r=mid;
        else
            l=mid+1;
    }
    if(a[l]==x) return l;
    return -1;
}
```

✎ 训练 2　跳石头游戏

题目描述（P2678）：选手们正在一条笔直的河道中进行跳石头游戏，河道长度为 L（$1 \leq L \leq 10^9$）。他们从起点出发，每步都跳向相邻的石头，直至到达终点。从起点到终点之间的石头数量为 n（$0 \leq n \leq 50\,000$，不包括起点和终点）。在比赛过程中，为提高比赛难度，组委会计划在起点和终点之间移除 m 块石头（不能移除起点和终点的石头），使选手们在比赛中的最短跳跃距离尽可能长。请确定在移除 m 块石头后，选手必须跳跃的最短距离的最大值。

输入：第 1 行为 3 个整数 L、n 和 m，分别表示从起点到终点的距离、起点和终点之间的石头数，以及组委会移除的石头数。接下来的 n 行，每行都为一个整数 d_i，表示从该石头到起点的距离。没有两块石头有相同的位置。

输出：输出移除 m 块石头后，选手必须跳跃的最短距离的最大值。

输入样例	输出样例
25 5 2	4
2	
14	
11	
21	
17	

题解： 根据输入样例，石头的位置如下图所示。

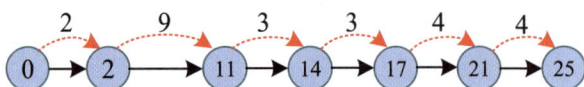

若没有移除任何石头，则跳跃的最短距离是 2。在移除 2 和 14 后，跳跃的最短距离是 4（从 17 到 21 或从 21 到 25）。

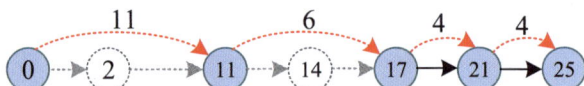

无法立即求解移除 m 块石头后，选手必须跳跃的最短距离的最大值，可以采用二分答案，尝试必须跳跃的最短距离的最大值为 mid=$(l+r)/2$，若满足移除 m 块石头后任意石头的间距都不小于 mid，则增加距离继续尝试，否则缩短距离继续尝试。

1. 算法设计

（1）若移除的石头数等于总石头数（$m=n$），则直接输出 L。

（2）增加起点（0）和终点（$n+1$）的两块石头，到起点的距离分别为 0 和 L。

（3）对所有石头都按照到起点的距离从小到大排序。

（4）令 $l=0$，$r=L$，若 $r-l>1$，则 mid=$(l+r)/2$，判断是否满足移除 m 块石头后任意石头的间距都不小于 mid。若满足，则说明距离还可以更大，令 $l=$mid；否则令 $r=$mid，继续二分答案。

（5）搜索结束后，l 就是必须跳跃的最短距离的最大值。

2. 完美图解

（1）根据输入样例，增加起点和终点的两块石头，按照到起点的距离从小到大排序。

（2）令 $l=0$，$r=L=25$，$r-l>1$，mid=$(l+r)/2=12$，判断是否满足移除两块石头后任意石头的间距都不小于 12。相当于将 $3(n-m)$ 块石头放置在起点和终点之间，且满足任

意石头的间距都不小于 12。

用 last 记录前一块已放置石头的下标，初始时 last=0，搜索第 1 个与 last 距离大于或等于 12 的位置，搜索到 14，放置第 1 块石头，更新 last=3。

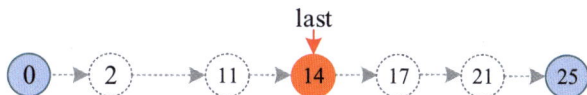

last

0 → 2 → 11 → 14 → 17 → 21 → 25

继续搜索第 1 个与 last 距离大于或等于 12 的位置，未搜索到，说明无法满足条件。缩小距离，令 r=mid=12，继续搜索。

（3）l=0，r=12，mid=(l+r)/2=6，判断是否满足移除两块石头后任意石头的间距都不小于 6。初始时 last=0，搜索第 1 个与 last 距离大于或等于 6 的位置，搜索到 11，放置第 1 块石头，更新 last=2。

last

0 → 2 → 11 → 14 → 17 → 21 → 25

继续搜索第 1 个与 last 距离大于或等于 6 的位置，搜索到 17，放置第 2 块石头，更新 last=4。

last

0 → 2 → 11 → 14 → 17 → 21 → 25

继续搜索第 1 个与 last 距离大于或等于 6 的位置，未搜索到，说明无法满足条件。缩小距离，令 r=mid=6，继续搜索。

（4）l=0，r=6，mid=(l+r)/2=3，判断是否满足移除两块石头后任意石头的间距都不小于 3。初始时 last=0，搜索第 1 个与 last 距离大于或等于 3 的位置，搜索到 11，放置第 1 块石头，更新 last=2。

last

0 → 2 → 11 → 14 → 17 → 21 → 25

继续搜索第 1 个与 last 距离大于或等于 3 的位置，搜索到 14，放置第 2 块石头，更新 last=3。

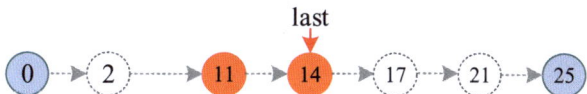

last

0 → 2 → 11 → 14 → 17 → 21 → 25

继续搜索第 1 个与 last 距离大于或等于 3 的位置，搜索到 17，放置第 3 块石头，且任意石头的间距都不小于 3，满足条件。增加距离，令 l=mid=3，继续搜索。

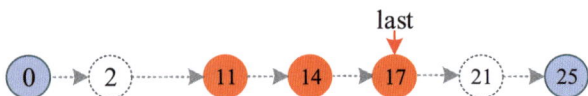

（5）$l=3$，$r=6$，mid=$(l+r)/2=4$，判断是否满足移除两块石头后任意石头的间距都不小于 4。初始时 last=0，搜索第 1 个与 last 距离大于或等于 4 的位置，搜索到 11，放置第 1 块石头，更新 last=2。

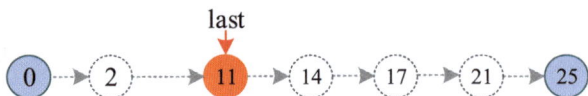

继续搜索第 1 个与 last 距离大于或等于 4 的位置，搜索到 17，放置第 2 块石头，更新 last=4。

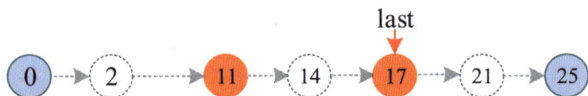

继续搜索第 1 个与 last 距离大于或等于 4 的位置，搜索到 21，放置第 3 块石头，任意石头的间距都不小于 4，满足条件。增加距离，令 $l=$mid=4，继续搜索。

（6）$l=4$，$r=6$，mid=$(l+r)/2=5$，判断是否满足移除两块石头后任意石头的间距都不小于 5。初始时 last=0，搜索第 1 个与 last 距离大于或等于 5 的位置，搜索到 11，放置第 1 块石头，更新 last=2。

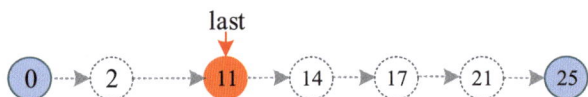

继续搜索第 1 个与 last 距离大于或等于 5 的位置，搜索到 17，放置第 2 块石头，更新 last=4。

继续搜索第 1 个与 last 距离大于或等于 5 的位置，未搜索到，说明无法满足条件。缩小距离，令 $r=$mid=5，继续搜索。

（7）$l=4$，$r=5$，此时 $r-l=1$，算法结束，输出答案 $l=4$。移除两块石头后，必须跳跃的最短距离的最大值为 4。

3. 算法实现

移除 m 块石头，相当于将 $n-m$ 块石头放置在起点和终点之间，只需判断任意石头的间距是否都不小于 x。

```
bool judge(int x){ //使移除 m 块石头后任意石头的间距都不小于 x
    int num=n-m; //移除 m 块石头，相当于放置 n-m 块石头
    int last=0; //记录前一块已放置石头的下标
    for(int i=0;i<num;i++){ //任意石头的间距都不小于 x
        int cur=last+1;
        while(cur<=n&&dis[cur]-dis[last]<x) //放置在第 1 个与 last 距离大于或等于 x 的位置
            cur++; //由 cur 累计位置
        if(cur>n||dis[n+1]-dis[cur]<x) //若当前位置大于 n 或当前位置到右边界的距离小于 x,
            return 0;                  //则说明放不下
        last=cur; //更新 last 位置
    }
    return 1;
}

int solve(){ //二分答案
    int l=0,r=L;
    while(r-l>1){
        int mid=(l+r)/2;
        if(judge(mid))
            l=mid; //若放得下,则说明 x 还可以更大
        else
            r=mid;
    }
    return l;
}
```

✎ 训练 3　花环

题目描述（**POJ1759**）：新年花环由 n 个灯组成，每个灯都悬挂在比两个相邻灯的平均高度低 1 毫米的高度处。最左边灯悬挂在地面以上 A 毫米的高度处。必须确定最右边灯的最低高度 B，以便花环中的灯不会落在地面上，尽管其中一些灯可能会接触地面。灯的编号为 $1\sim n$，并以毫米为单位表示第 i 个灯的高度为 H_i，推导出以下等式：

$$H_1=A；H_i=(H_{i-1}+H_{i+1})/2-1，1<i<n；H_n=B；H_i\geqslant0，1\leqslant i\leqslant n。$$

如下图所示为由 8 个灯组成的花环，A=15 和 B=9.75。

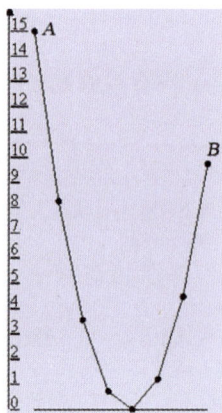

输入：输入两个数字 n（$3 \leqslant n \leqslant 1000$）和 A（$10 \leqslant A \leqslant 1000$）。$n$ 表示花环中灯的数量，A 表示地面上最左边灯的高度（实数，以毫米为单位）。

输出：单行输出 B，输出结果保留小数点后两位，表示最右边灯的最低可能高度。

输入样例	输出样例
692 532.81	446113.34

1. 算法设计

当前灯的高度与左、右两个灯的高度有关，不太容易计算。可以将高度公式转换一下，整理原公式 $H_i=(H_{i-1}+H_{i+1})/2-1$，得到 $H_{i+1}=2 \times H_i-H_{i-1}+2$，也可以将其写成当前项与前面两项的关系表达式：$H_i=2 \times H_{i-1}-H_{i-2}+2$。也就是说，若前面两项的高度是已知的，就可以根据关系表达式推导出后面所有项的高度。

虽然无法立即确定最右边灯的最低可能高度，但是最左边灯的高度是已知的，若知道第 2 个灯的高度，就可以根据关系表达式推导出第 3 个灯的高度，接着推导出第 4 个灯的高度，直到求出最右边灯的高度。在推导过程中，若所有灯都不会落在地面上，就说明满足条件。关键问题是我们并不知道第 2 个灯的高度，所以可以采用二分答案，尝试先令第 2 个灯的高度为 mid=$(l+r)/2$，然后根据关系表达式推算后面所有灯的高度，判断是否可以保证花环中的所有灯都不会落在地面上。若满足条件，则缩小高度继续尝试，否则增加高度继续尝试。

（1）二分答案。初始时，num[1]=A，因为不知道具体搜索范围，且距离都是正数，所以设置 l=0.0，r=inf（无穷大，通常设为 0x3f3f3f3f），mid=$(l+r)/2$。判断第 2 个灯的高度为 mid 时是否可以保证花环中的所有灯都不会落在地面上。若满足条件，则令 r=mid，缩小高度继续搜索；否则 l=mid，增加高度继续搜索。

（2）判断 mid 是否可行。令 num[2]=mid，根据公式从左向右推导，num[i]=$2 \times$num[$i-1$]$-$num[$i-2$]$+2$，$i=3,\cdots,n$。若在推导过程中 num[i]<eps，则说明不可行，返回

false。注意：不要写 num[*i*]<0，否则会由于精度问题出错（浮点数 0 在系统中可能有很小的尾数，不是真正的 0）。可以设定一个很小的数，小于该数就等同于小于 0。eps 是一个较小的数，例如 1e–7。

（3）可以将 *r*–*l*>eps 作为循环条件，也可以在搜索到较多的次数时停止，例如 100 次，运行 100 次二分答案可以达到 10^{-30} 的精度。对于输入样例，实际上运行 43 次已经有了答案，为保险起见，尽量运行较多的次数，时间相差不大。

2. 算法实现

```
bool check(double mid){//判断第 2 个灯的高度为 mid 时是否可行
    num[2]=mid;
    for(int i=3;i<=n;i++){
        num[i]=2*num[i-1]-num[i-2]+2;
        if(num[i]<eps) return false; //不要写 num[i]<0,会由于精度问题出错
    }
    ans=num[n];
    return true;
}

void solve(){
    num[1]=A;
    double l=0.0;
    double r=A;//inf
    while(r-l>eps){ //for(int i=0;i<100;i++)
        double mid=(l+r)/2;
        if(check(mid))
            r=mid;
        else
            l=mid;
    }
}
```

8.2 深度优先搜索

回溯法是一种选优搜索法，按照选优条件进行深度优先搜索，以达到目标。当搜索到某一步时，发现原先的选择并不是最优选择或达不到目标，就退回上一步重新选择，这种走不通就退回再走的方法被称为"回溯法"，而满足回溯条件的某个状态被称为"回溯点"。

8.2.1 回溯法的原理

回溯法指从初始状态出发，按照深度优先搜索方式，根据约束条件搜索问题的解，

当发现当前节点不满足求解条件时，就回溯到上一层，尝试其他路径。回溯法是一种"能进则进，进不了则换，换不了则退"的搜索方法。在使用回溯法求解问题时，需要考虑以下三个问题。

1. 解空间

解空间的大小对搜索效率有很大的影响，使用回溯法时，首先要定义合适的解空间。

- 解的组织形式：一个 n 元组$\{x_1,x_2,\cdots,x_n\}$，问题不同，表达的含义也不同。
- 显约束：显约束是对解分量的取值范围的限定，可以限定解空间的大小。

例如，对于 3 种物品的 01 背包问题，解的组织形式为$\{x_1,x_2,x_3\}$。它的解分量为 $x_i=0$ 或者 $x_i=1$。$x_i=0$ 表示不将第 i 种物品装入背包，$x_i=1$ 表示将第 i 种物品装入背包。问题的所有可能解是$\{0,0,0\}$、$\{0,0,1\}$、$\{0,1,0\}$、$\{0,1,1\}$、$\{1,0,0\}$、$\{1,0,1\}$、$\{1,1,0\}$、$\{1,1,1\}$。

2. 解空间的组织结构

通常用解空间树形象地表达解空间的组织结构，根据解空间树的不同，解空间分为子集树、排列树、m 叉树等。

3. 搜索解空间

判断能否得到可行解的函数被称为"约束函数"，判断能否得到最优解的函数被称为"限界函数"。约束函数和限界函数被统称为"剪枝函数"。回溯法按照深度优先搜索策略，通过剪枝函数在解空间中搜索问题的可行解或最优解。

若只需针对问题求可行解，则设定约束函数即可；若针对问题求最优解，则需要设定约束函数和限界函数。剪枝函数可以剪掉得不到可行解或最优解的分支，避免无效搜索，提高搜索效率。剪枝函数设计得好，搜索效率就高。回溯法的解题关键是设计有效的剪枝函数。

例如，对于 3 种物品的 01 背包问题，若将前两种物品装入后（$x_1=1$，$x_2=1$），背包超重，就不必再考虑是否将第 3 种物品装入背包，对该分支不再进行搜索，相当于剪枝了。

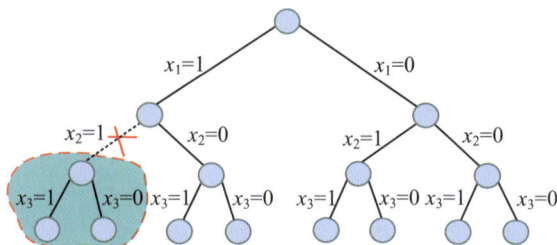

8.2.2 回溯法模板

根据解空间的组织结构，常见的回溯法模板有 3 种：子集树模板、m 叉树模板和排列树模板。

```
//子集树模板
void backtrack(int t){          //t 为层次
    if(t>n){                    //到达叶子，找到当前最优解
        ...                     //记录最优解和最优值
        return ;
    }
    if(约束条件){
        x[t]=1;
        ...
        backtrack(t+1);
        ...                     //还原现场
    }
    if(限界条件){
        x[t]=0;
        backtrack(t+1);
    }
}
//m 叉树模板
void backtrack(int t){      //t 为层次
    if(t>n){                //到达叶子，找到当前最优解
        ...                 //记录最优解和最优值
        return ;
    }
    for(int i=1;i<=m;i++){  //尝试 m 个分支
        x[t]=i;             //每个分支上的值
        if(约束条件和限界条件){
            ...
            backtrack(t+1);
            ...                 //还原现场
        }
    }
}
//排列树模板
void backtrack(int t){          //t 为层次
    if(t>n){                    //到达叶子，找到当前最优解
        ...                     //记录最优解和最优值
        return ;
    }
    for(int i=t;i<=n;i++){  //排列树

        if(约束条件和限界条件){
```

```
        swap(x[t],x[i]);      //交换
        backtrack(t+1);       //继续向下一层搜索
        swap(x[t],x[i]);      //反向操作，复位
    }
    ...;                       //还原现场
    }
}
```

✎ 训练 1 01 背包问题

题目描述（POJ3624）：贝西在商场的珠宝店发现一个魅力手镯。她想从 n（$1 \leq n \leq 3402$）个可用的装饰物中选择尽可能好的装饰物去装饰它。每个装饰物都有一个重量 w_i（$1 \leq w_i \leq 400$），以及一个期望值 d_i（$1 \leq d_i \leq 100$），最多可被使用一次。贝西希望装饰物的总重量不超过 W（$1 \leq W \leq 12880$）。给定 n 和 W，并列出装饰物的重量和期望值列表，计算可能的最大期望值之和。

输入：第 1 行为两个整数 n 和 W。接下来的 n 行，每行都为两个整数，分别表示装饰物的重量和期望值。

输出：单行输出一个整数，它是在给定权重约束的情况下可以达到的最大期望值之和。

输入样例	输出样例
4 6	23
1 4	
2 6	
3 12	
2 7	

1. 算法设计

本题为 01 背包问题，可以采用回溯法解决，但是不做优化会超时，需要做剪枝优化。

01 背包问题：假设有 n 种物品和一个背包，每种物品 i 对应的价值都为 v_i，重量都为 w_i，背包容量为 W。每种物品只有一件，要么装入，要么不装入，不可拆分。如何选择物品装入背包，使背包所装入物品的价值之和最大？要求输出最优值（所装入物品的最大价值）和最优解（装入了哪些物品）。

2. 问题分析

从 n 种物品中选择一些物品，相当于从 n 种物品组成的集合 S 中找到一个子集，这个子集内所有物品的总重量不超过背包容量，并且这些物品的价值之和最大。S 的所有子集都是问题的可能解，这些可能解组成解空间。在解空间中搜索总重量不超过

背包容量且价值最大的物品集作为最优解。由问题的子集组成的解空间被称为"子集树"。

3. 算法设计

（1）定义问题的解空间。每种物品都有且只有两种状态：要么装入背包，要么不装入背包。用变量 x_i 表示是否将第 i 种物品装入背包，"0"表示不装入背包，"1"表示装入背包。问题的解空间为 $\{x_1,x_2,\cdots,x_i,\cdots,x_n\}$，其中 x_i =0 或 1。

（2）确定解空间的组织结构。问题的解空间描述了 2^n 种可能解，即由 n 个元素组成的集合的所有子集的数量。问题的解空间树为子集树，解空间树的深度为问题的规模 n。

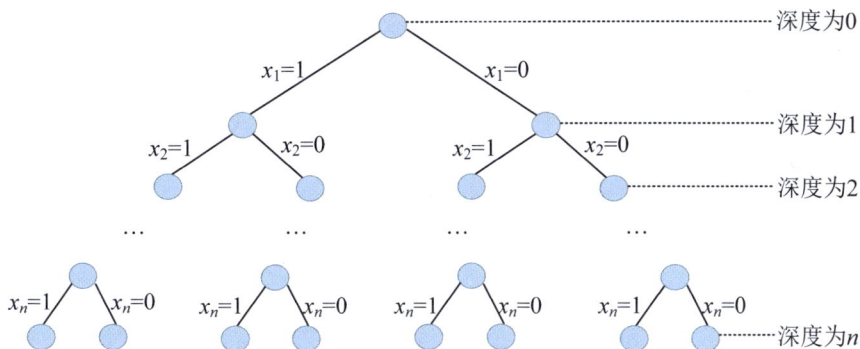

（3）搜索解空间。根据解空间的组织结构，对于任何一个中间节点 z（中间状态），从根到 z 的分支状态（是否装入背包）已确定，从 z 到其子孙的分支状态待确定。若 z 的层次是 t，则第 1 种物品到第 $t-1$ 种物品的状态已确定，只需沿着 z 的分支扩展来确定第 t 种物品的状态。

- 约束条件。将第 i 种物品装入背包后总重量不能超过背包容量，约束条件为 cw+w[i]≤W。其中，cw 表示当前已装入背包的物品的重量，w[i]表示第 i 种物品的重量，W 表示背包容量。

- 限界条件。已装入物品的价值高不一定就是最优的，因为还有剩余物品未确定实际状态。因为当前还不确定第 t+1 种物品到第 n 种物品的实际状态，所以只能使用估计值。假设第 t+1 种物品到第 n 种物品都被装入背包，rp 表示第 t+1 种物品到第 n 种物品的总价值，cp 表示当前已装入背包的物品的价值，cp+rp 表示从根出发经过中间节点 z 的可行解上界。

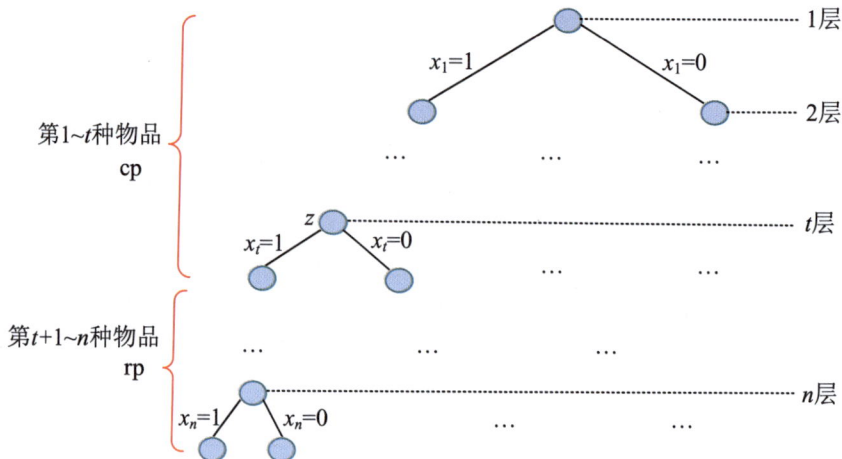

- 若可行解上界小于或等于当前搜索到的最优值 bestp，则说明从 z 继续向其子孙搜索不可能得到一个比当前更优的可行解，没有必要继续搜索；反之，继续向 z 的子孙搜索。限界条件：cp+rp>bestp。
- 搜索过程。从根开始进行深度优先搜索。在子集树中约定左分支上的值为 1，表示装入物品。若满足约束条件，则装入该物品，生成左孩子，继续向纵深节点扩展；否则剪掉左分支，沿着其右分支扩展，右分支上的值为 0，表示不装入物品。若满足限界条件，则生成右孩子，继续向纵深节点扩展；否则剪掉右分支，向最近的祖先回溯，继续沿着其他分支搜索。

4. 完美图解

现有 4 种物品和 1 个背包，背包容量为 10（W=10），物品的重量和价值如下图所示。求在不超过背包容量的前提下把哪些物品装入背包，才能获得最大价值。

（1）初始化。sumw 和 sumv 分别表示所有物品的总重量和总价值。sumw=13，sumv=18，若 sumw≤W，则说明可以全部装入，最优值为 sumv。若 sumw>W，则不能全部装入，需要通过搜索求解。初始化当前已装入背包的物品的重量 cw=0；当前已装入背包的物品的价值 cp=0；当前最优值 bestp=0。

（2）搜索第 1 层（t=1）。扩展节点 1，cw+w[1]=2<W，满足约束条件，扩展左分支，令 x_1=1，cw=cw+w[1]=2，cp=cp+v[1]=6，生成节点 2。

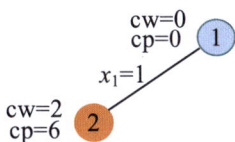

（3）扩展节点 2（*t*=2）。cw+w[2]=7<*W*，满足约束条件，扩展左分支，令 x_2=1，cw=cw+w[2]=7，cp=cp+v[2]=9，生成节点 3。

（4）扩展节点 3（*t*=3）。cw+w[3]=11>*W*，超过了背包容量，第 3 种物品不能被装入。判断 Bound(*t*+1)是否大于 bestp。Bound(4)中剩余的物品只有第 4 个，rp=4，cp+rp=13，bestp=0，满足限界条件，扩展右分支。令 x_3=0，生成节点 4。

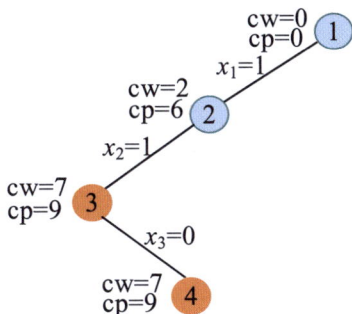

（5）扩展节点 4（*t*=4）。cw+w[4]=9<*W*，满足约束条件，扩展左分支，令 x_4=1，cw=cw+w[4]=9，cp=cp+v[4]=13，生成节点 5。

（6）扩展节点 5（*t*=5）。*t*>*n*，找到当前最优解，用 bestx[]保存当前最优解{1,1,0,1}，保存当前最优值 bestp=cp=13，如下图所示。

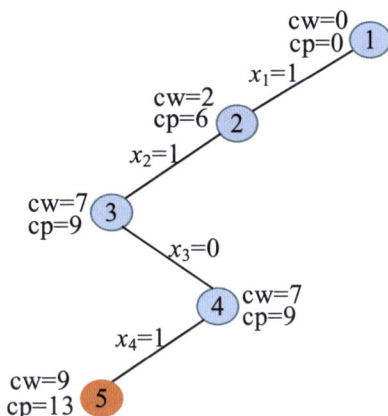

（7）回溯到节点 4（*t*=4），回溯时，cw=cw−w[4]=7，cp=cp−v[4]=9。怎么加上去的，就怎么减回去。节点 4 的右子树还未生成，考查 Bound(*t*+1)是否大于 bestp，在 Bound(5)

中没有剩余物品，rp=0，cp+rp=9，bestp=13，因此不满足限界条件，不再扩展节点 4 的右分支。向上回溯到节点 3，节点 3 的左、右孩子均已被考查过，继续向上回溯到节点 2。回溯时，cw=cw−w[2]=2，cp=cp−v[2]=6。

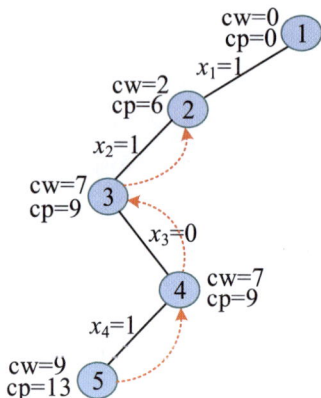

（8）扩展节点 2（$t=2$）。节点 2 的右子树还未生成，考查 Bound($t+1$)是否大于 bestp，Bound(3)中剩余的物品为第 3、4 个，rp=9，cp+rp=15，bestp=13，因此满足限界条件，扩展右分支。令 $x_2=0$，生成节点 6。

（9）扩展节点 6（$t=3$）。cw+w[3]=6<W，满足约束条件，扩展左分支，令 $x_3=1$，cw=cw+w[3]=6，cp=cp+v[3]=11，生成节点 7。

（10）扩展节点 7（$t=4$）。cw+w[4]=8<W，满足约束条件，扩展左分支，令 $x_4=1$，cw=cw+w[4]=8，cp=cp+v[4]=15，生成节点 8。

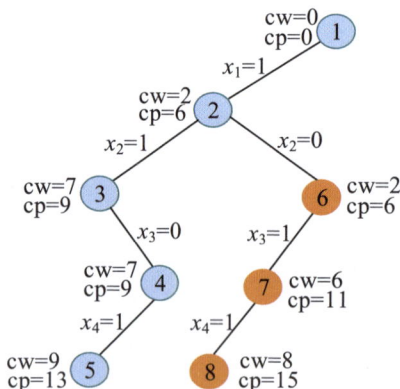

（11）扩展节点 8（$t=5$）。$t>n$，找到当前最优解，用 bestx[]保存当前最优解{1,0,1,1}，保存当前最优值 bestp=cp=15。向上回溯到节点 7，回溯时，cw=cw−w[4]=6，cp=cp−v[4]=11。

（12）扩展节点 7（$t=4$）。节点 7 的右子树还未生成，考查 Bound($t+1$)是否大于 bestp，在 Bound(5)中没有剩余物品，rp=0，cp+rp=11，bestp=15，因此不满足限界条件，不再扩展节点 7 的右分支。向上回溯到节点 6，回溯时，cw=cw−w[3]=2，cp=cp−v[3]=6。

（13）扩展节点 6（t=3）。节点 6 的右子树还未生成，考查 Bound(t+1)是否大于 bestp，Bound(4)中剩余的物品为第 4 个，rp=4，cp+rp=10，bestp=15，因此不满足限界条件，不再扩展节点 6 的右分支。向上回溯到节点 2，节点 2 的左、右孩子均已被考查过，继续向上回溯到节点 1。回溯时，cw=cw−w[1]=0，cp=cp−v[1]=0。

（14）扩展节点 1（t=1）。节点 1 的右子树还未生成，考查 Bound(t+1)是否大于 bestp，Bound(2)中剩余的物品为第 2、3、4 个，rp=12，cp+rp=12，bestp=15，因此不满足限界条件，不再扩展节点 1 的右分支。所有节点搜索完毕，算法结束。

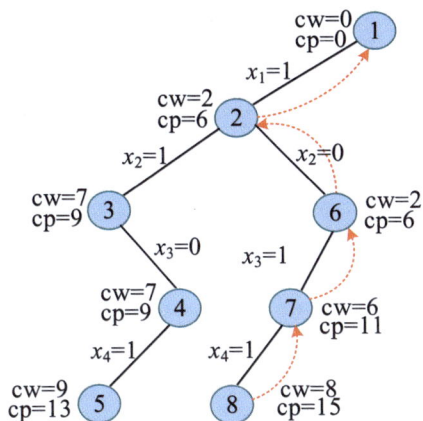

5．算法实现

（1）计算上界。计算上界指计算已装入物品的价值 cp 和剩余物品的总价值 rp。因为不确定要装入哪些剩余物品，所以假设都被装入，即按最大值来计算（剩余物品的总价值），得到的值是可装入物品的价值的上界。

```
double Bound(int i) {//计算上界（即已装入物品的价值+剩余物品的总价值）
    int rp=0; //剩余第 i~n 种物品
    while(i<=n) {//依次计算剩余物品的价值
        rp+=v[i];
        i++;
    }
    return cp+rp;//返回上界
}
```

（2）按约束条件和限界条件搜索求解。t 表示当前扩展节点的层次，cw 表示当前已装入背包的物品的重量，cp 表示当前已装入背包的物品的价值。若 t>n，则表示已经到达叶子，记录最优值的最优解，返回；若满足约束条件，则搜索左子树，令 x_i=1，

表示装入第 t 种物品。cw+=w[t]，表示当前已装入背包的物品的重量增加 w[t]。cp+=v[t]，表示当前已装入背包的物品的价值增加 v[t]。深度优先搜索第 t+1 层。回归时向上回溯，把增加的值减去，cw-=w[t]，cp-=v[t]。若满足限界条件，则搜索右子树，令 x_t=0，当前已装入背包的物品的重量、价值均不改变，深度优先搜索第 t+1 层。

```
void Backtrack(int t){//t 表示当前扩展节点在第 t 层
    if(t>n)//已经到达叶子{
        for(j=1;j<=n;j++){
            bestx[j]=x[j];
        }
        bestp=cp;//保存当前最优解
        return ;
    }
    if(cw+w[t]<=W) {//若满足约束条件，则搜索左子树
        x[t]=1;
        cw+=w[t];
        cp+=v[t];
        Backtrack(t+1);
        cw-=w[t];
        cp-=v[t];
    }
    if(Bound(t+1)>bestp) {//若满足限界条件，则搜索右子树
        x[t]=0;
        Backtrack(t+1);
    }
}
```

6. 算法分析

时间复杂度：回溯法的运行时间取决于在搜索过程中生成的节点数。限界函数可以大大减少所生成的节点数，避免无效搜索，加快搜索速度。

对左孩子需要判断约束函数，对右孩子需要判断限界函数，在最坏情况下有多少个左孩子和右孩子呢？规模为 n 的子集树在最坏情况下的状态如下图所示。

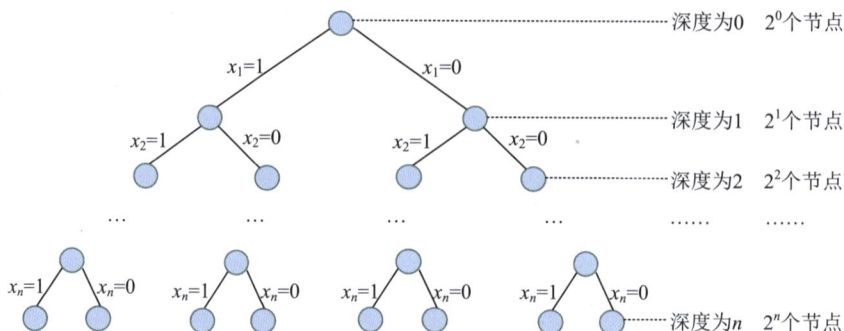

总节点数为 $2^0+2^1+\cdots+2^n=2^{n+1}-1$，减去根再除以 2，就得到了左、右孩子数，左、右孩子数都为 $(2^{n+1}-1-1)/2=2^n-1$。

约束函数的时间复杂度为 $O(1)$，限界函数的时间复杂度为 $O(n)$。因为在最坏情况下有 $O(2^n)$ 个左孩子调用约束函数，有 $O(2^n)$ 个右孩子调用限界函数，所以采用回溯法解决背包问题的时间复杂度为 $O(1\times2^n+n\times2^n)=O(n\times2^n)$。

空间复杂度：使用数组 bestx[] 保存最优解，空间复杂度为 $O(n)$。

7. 算法优化拓展

在上面的程序中，上界函数是当前已装入背包的物品的价值 cp 加剩余物品的总价值 rp，这个估值过高，因为剩余物品很可能是无法被全部装入的。可以缩小上界，加快剪枝速度，提高搜索效率。

上界函数 Bound()：当前价值 cp+背包剩余容量可容纳的剩余物品的最大价值 brp。

为了更好地计算上界函数，首先将物品按照其单位重量价值（价值/重量）从大到小排序，然后按照排序后的顺序考查各种物品。

```
double Bound(int i) {//计算上界（将剩余物品装满背包剩余容量获得的最大价值）
    //剩余的为第 i~n 种物品
    double cleft=W-cw;//背包剩余容量
    double brp=0.0;
    while(i<=n&&w[i]<cleft){
        cleft-=w[i];
        brp+=v[i];
        i++;
    }
    if(i<=n) //采用切割方式装满背包，这里是在求上界，求解时不允许切割
        brp+=1.0*v[i]/w[i]*cleft;
    return cp+brp;
}
```

时间复杂度：约束函数的时间复杂度为 $O(1)$，限界函数的时间复杂度为 $O(n)$。在最坏情况下有 $O(2^n)$ 个左孩子需要调用约束函数，有 $O(2^n)$ 个右孩子需要调用限界函数，回溯算法的时间复杂度为 $O(n2^n)$。排序函数的时间复杂度为 $O(n\log n)$。这里考虑了最坏情况，实际上经过上界函数优化后，剪枝速度很快，根本不需要生成所有节点。

空间复杂度：这里除了使用了最优解数组，还使用了一个结构体数组用于排序，空间复杂度为 $O(n)$。

✏️ 训练 2　图的 m 着色问题

题目描述（P2819）：给定无向连通图 G 和 m 种不同颜色。用这些颜色为图中的各个节点着色，对每个节点都着一种颜色。若有一种着色方案可以使图 G 中每条边的

两个节点都着不同的颜色，则称这个图是 m 可着色的。计算该图不同的着色方案数。

输入：第 1 行为 3 个正整数 n、k 和 m，表示有 n 个节点、k 条边和 m 种颜色。节点编号为 1～n。接下来的 k 行，每行都有两个正整数 u、v，表示在 u、v 之间有一条边。$n \leq 100$，$k \leq 2\,500$，保证答案不超过 20\,000。

输出：单行输出不同的着色方案数。

输入样例	输出样例
5 8 4	48
1 2	
1 3	
1 4	
2 3	
2 4	
2 5	
3 4	
4 5	

题解：给定无向连通图 G 和 m 种颜色，找出所有不同的着色方案，使相邻的区域有不同的颜色。这相当于给该无向连通图的每个点都着色，要求有连线的点不能有相同的颜色，这就是图的 m 着色问题。

以下图为例：

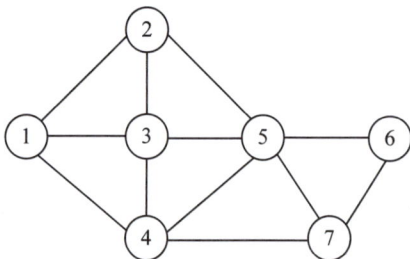

若用 3 种颜色给该图着色，则该问题中每个节点的色号均有 3 种选择，7 个节点的色号组合是一个可能解，例如 {1,2,3,2,1,2,3}。

每个节点都有 m 种选择，即在解空间树中每个节点都有 m 个分支，解空间树为 m 叉树。

1. 算法设计

1）定义问题的解空间

问题的解空间为 $\{x_1, x_2, \cdots, x_i, \cdots, x_n\}$，其中 $x_i = 1, 2, \cdots, m$。$x_i = 2$ 表示节点 i 着 2 号色。

2）确定解空间的组织结构

问题的解空间树是一棵满 m 叉树，树的深度为 n，如下图所示。

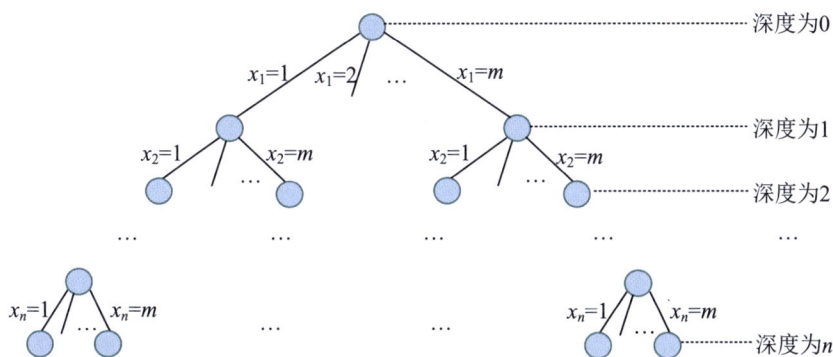

3）搜索解空间

（1）约束条件。假设当前扩展节点在第 t 层，则从节点 1 到节点 $t-1$ 的色号已确定。接下来沿着扩展节点的第 1 个分支扩展，节点 t 要与前 $t-1$ 个节点中与其有边相连的节点色号不同，若有色号相同的，则节点 t 不能用这个色号，换下一个色号尝试，如下图所示。

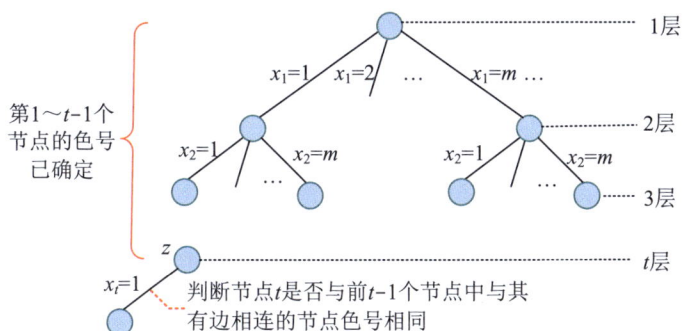

例如，假设当前扩展节点 z 在第 4 层，则说明前 3 个节点的色号已确定，如下图所示。

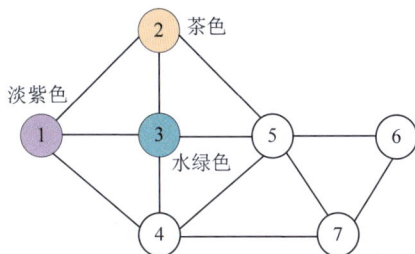

在前 3 个已着色的节点中，4 与 1、3 有边相连，则 4 的色号不可以与 1、3 的色号相同，但可以与 2 的色号相同。

（2）限界条件。因为只找可行解就可以了，不是求最优解，所以不需要限界条件。

（3）搜索过程。沿着节点的第 1 个分支扩展，若满足约束条件，则进入下一层继续搜索；若不满足约束条件，则换下一个色号尝试。若对所有色号都已尝试完毕，则回溯到最近的上层节点，继续搜索。搜索到叶子时，找到一种着色方案。直到将所有节点全部搜索完毕时为止。

2. 完美图解

以上面的无向连通图为例，用 3 种颜色（淡紫色、茶色、水绿色）给该图着色，则该问题中每个节点的色号均有 3 种选择（$m=3$），7 个节点的色号组合是一个可能解。

（1）搜索第 1 层（$t=1$）。扩展节点 A 的第 1 个分支，首先判断是否满足约束条件，因为之前还未着色任何节点，所以满足约束条件。然后扩展该分支，令节点 1 着 1 号色（淡紫色），即 $x_1=1$，生成节点 B。搜索过程和着色方案如下图所示。

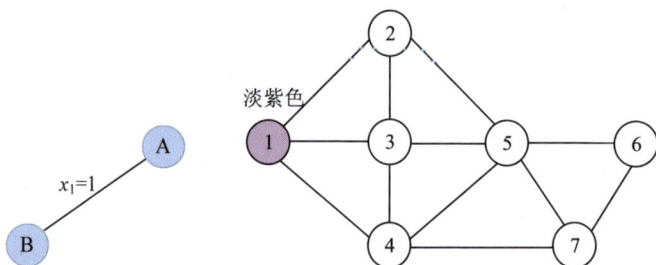

（2）扩展节点 B（$t=2$）。首先扩展第 1 个分支 $x_2=1$，节点 2 与节点 1 有边相连且节点 1 已着 1 号色，不满足约束条件，剪掉该分支。然后沿着 $x_2=2$ 扩展，节点 2 与前面已确定色号的节点 1 有边相连但色号不同，满足约束条件，扩展该分支，令节点 2 着 2 号色（茶色），即 $x_2=2$，生成节点 C。搜索过程和着色方案如下图所示。

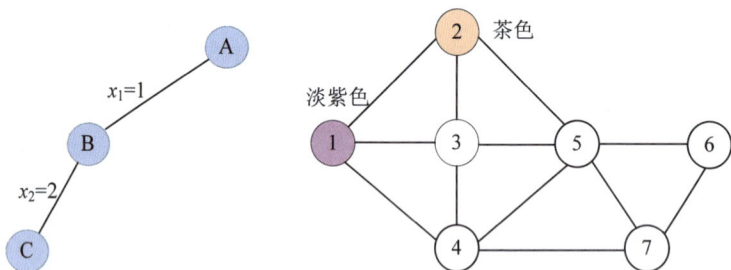

（3）扩展节点 C（$t=3$）。首先扩展第 1 个分支 $x_3=1$，节点 3 与节点 1 有边相连且色号相同，不满足约束条件，剪掉该分支。然后沿着 $x_3=2$ 扩展，节点 3 与前面已确定色号的节点（节点 2）有边相连且色号相同，不满足约束条件，剪掉该分支。接着沿着 $x_3=3$ 扩展，节点 3 与前面已确定色号的节点（节点 1、2）有边相连但色号均不同，满足约束条件，扩展该分支，令节点 3 着 3 号色（水绿色），即令 $x_3=3$，生成节点 D。搜索过程和着色方案如下图所示。

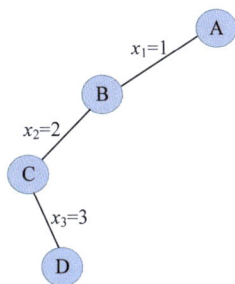

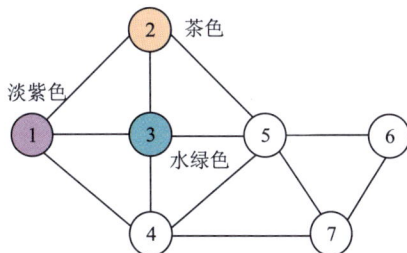

（4）扩展节点 D（$t=4$）。首先扩展第 1 个分支 $x_4=1$，节点 4 和节点 1 有边相连且色号相同，不满足约束条件，剪掉该分支。然后沿着 $x_4=2$ 扩展，节点 4 与前面已确定色号的节点（节点 1、3）有边相连但色号均不同，满足约束条件，扩展该分支，令节点 4 着 2 号色（茶色），令 $x_4=2$，生成节点 E。搜索过程和着色方案如下图所示。

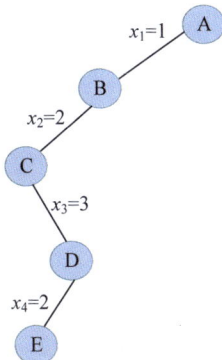

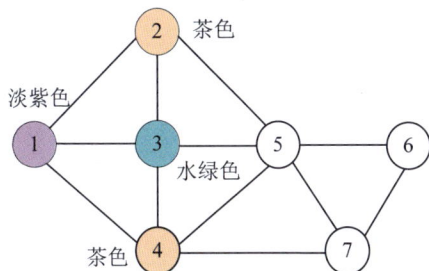

（5）扩展节点 E（$t=5$）。扩展第 1 个分支 $x_5=1$，节点 5 与前面已确定色号的节点（节点 2、3、4）有边相连但色号均不同，满足约束条件，扩展该分支，令节点 5 着 1 号色（淡紫色），令 $x_5=1$，生成节点 F。搜索过程和着色方案如下图所示。

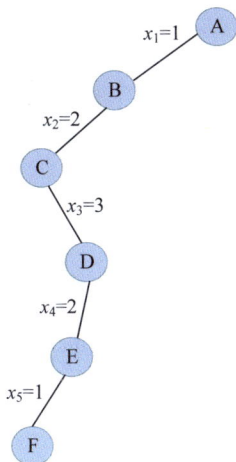

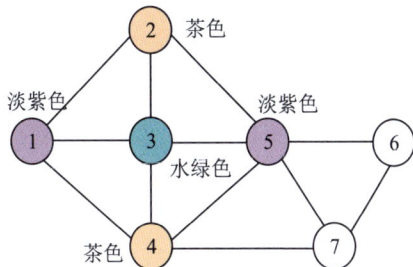

（6）扩展节点 F（t=6）。首先扩展第 1 个分支 x_6=1，节点 6 与前面已确定色号的节点（节点 5）有边相连且色号相同，不满足约束条件，剪掉该分支。然后沿着 x_6=2 扩展，节点 6 和前面已确定色号的节点（节点 5）有边相连但色号不同，满足约束条件，扩展该分支，令节点 6 着 2 号色（茶色），令 x_6=2，生成节点 G。搜索过程和着色方案如下图所示。

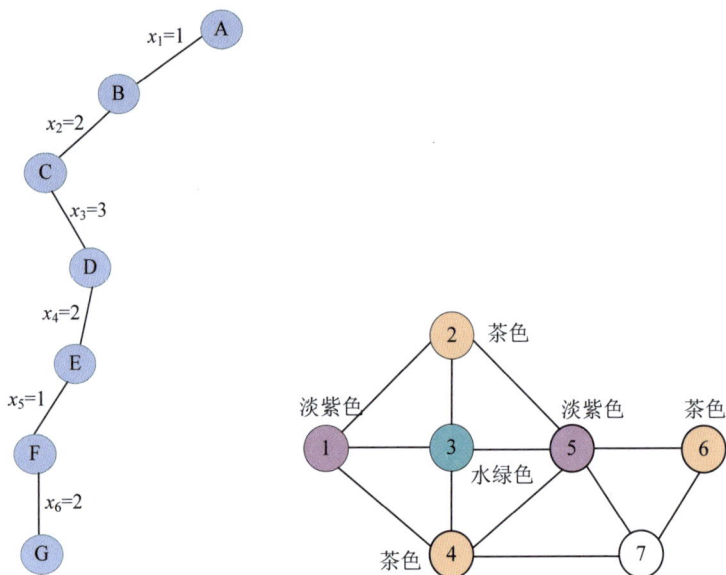

（7）扩展节点 G（t=7）。首先扩展第 1 个分支 x_7=1，节点 7 与前面已确定色号的节点（节点 5）有边相连且色号相同，不满足约束条件，剪掉该分支。然后沿着 x_7=2 扩展，节点 7 与前面已确定色号的节点（节点 4、6）有边相连且色号相同，不满足约束条件，剪掉该分支。沿着 x_7=3 扩展，节点 7 与前面已确定色号的节点（节点 4、5、6）有边相连但色号均不同，满足约束条件，扩展该分支，令节点 7 着 3 号色（水绿色），令 x_7=3，生成节点 H。搜索过程和着色方案如下图所示。

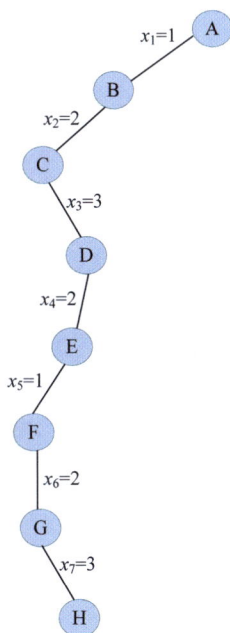

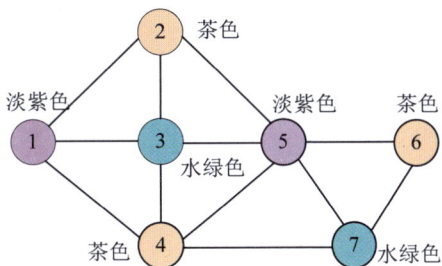

（8）扩展节点 H（t=8）。$t>n$，找到 1 个可行解，输出该可行解{1,2,3,2,1,2,3}。回溯到最近的节点 G。

（9）重新扩展节点 G（t=7）。节点 G 的 m（m=3）个孩子全部搜索完毕，回溯到最近的节点 F。

（10）继续搜索，又找到第 2 种着色方案，输出可行解{1,3,2,3,1,3,2}。搜索过程和着色方案如下图所示。

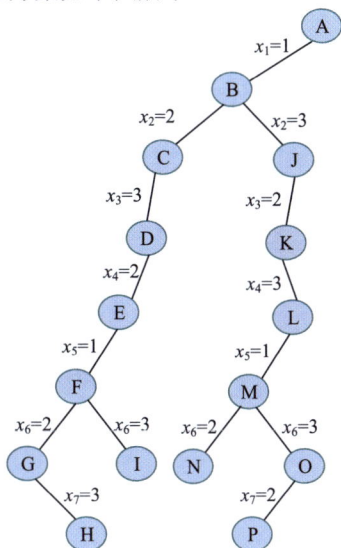

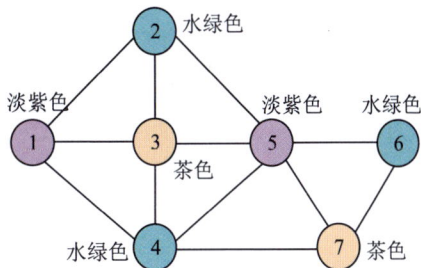

（11）继续搜索，又找到 4 个可行解，分别是 {2,1,3,1,2,1,3}、{2,3,1,3,2,3,1}、{3,1,2,1,3,1,2}、{3,2,1,2,3,2,1}。

1. 算法实现

（1）约束函数。假设当前扩展节点在第 t 层，则从节点 1 到节点 $t-1$ 的色号已确定。接下来沿着扩展节点的第 1 个分支扩展，节点 t 要与节点 $t-1$ 中与其有边相连的节点色号不同，若有色号相同的，则节点 t 不能用这个色号，换下一个色号尝试，如下图所示。

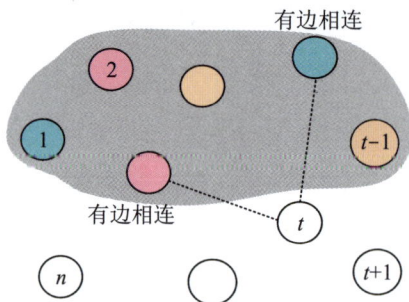

```
bool OK(int t){ //约束条件
    for(int j=1;j<t;j++){ //依次判断前 t-1 个节点（已确定色号）
        if(map[t][j]) { //若节点 t 与节点 j 邻接（有边相连）
            if(x[j]==x[t]) //判断节点 t 与节点 j 的色号是否相同
                return false; //有相同的色号，返回 false
        }
    }
    return true; //与前 t-1 个节点中与其有边相连的节点色号均不同，返回 true
}
```

（2）按约束条件搜索求解。t 表示当前扩展节点在第 t 层。若 $t>n$，则表示已经到达叶子，sum 累计着色方案数，输出可行解；否则扩展节点沿着第 1 个分支搜索，若满足约束条件，则进入下一层继续搜索；若不满足约束条件，则剪掉该分支，换下一个色号尝试。若所有色号都尝试完毕，则向上回溯到离其最近的上层节点，继续搜索。搜索到叶子时，找到一种着色方案。直到将所有节点全部搜索完毕时为止。

```
void Backtrack(int t){ //搜索函数
    if(t>n) {//到达叶子，找到一种着色方案
        sum++;
        //cout<<"第"<<sum<<"种方案: ";
        //for(int i=1;i<=n;i++) //输出该着色方案
        //    cout<<x[i]<<" ";
        //cout<<endl;
    }
    else{
```

```
    for(int i=1;i<=m;i++){ //对每个节点都尝试m种色号
        x[t]=i;
        if(OK(t))
            Backtrack(t+1);
    }
  }
}
```

2. 算法分析

时间复杂度：在最坏情况下，除了最后一层，有 $1+m+m^2+\cdots+m^{n-1}=(m^n-1)/(m-1)$ $\approx m^{n-1}$ 个节点需要扩展，每个节点都有 m 个分支，总分支数为 m^n，对每个分支都判断约束函数，判断约束条件的时间复杂度为 $O(n)$，总时间复杂度为 $O(nm^n)$。在叶子处输出可行解的时间复杂度为 $O(n)$，在最坏情况下会搜索到所有叶子，叶子数为 m^n，总时间复杂度为 $O(nm^n)$。所以，总时间复杂度为 $O(nm^n)$，如下图所示。

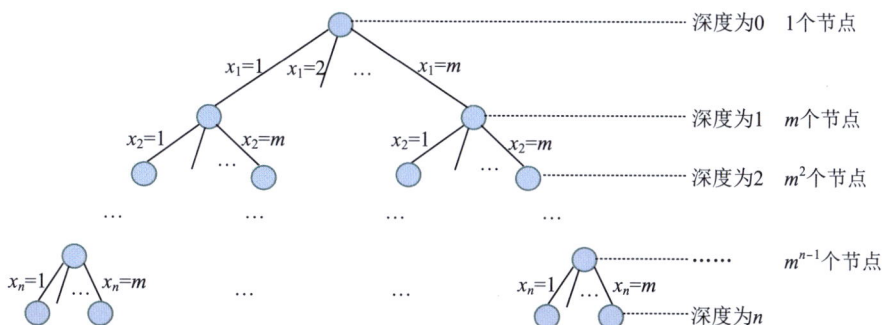

空间复杂度：使用数组 x[] 保存可行解，算法的空间复杂度为 $O(n)$。

🖊 训练3 n 皇后问题

题目描述（HDU2553）：在 $n \times n$ 的方格棋盘上放置 n 个皇后，使得它们不相互攻击（即任意两个皇后都不允许同行、同列、同斜线）。求有多少种放置方案。

输入：输入包含多个测试用例，每个测试用例都为一个正整数 n（$n \leqslant 10$），表示在 $n \times n$ 的方格棋盘上放置 n 个皇后，若 $n=0$，则表示结束。

输出：对于每个测试用例，都单行输出一个正整数，表示有多少种放置方案。

输入样例	输出样例
1	1
8	92
5	10
0	

题解：如下图所示，n 皇后问题是在 $n \times n$ 的棋盘上放置彼此不受攻击的 n 个皇后，

任意两个皇后都不允许同行、同列、同斜线。若在第 i 行第 j 列放置一个皇后，则在第 i 行的其他位置（同行）、第 j 列的其他位置（同列）、同一斜线上的其他位置，都不能再放置皇后。

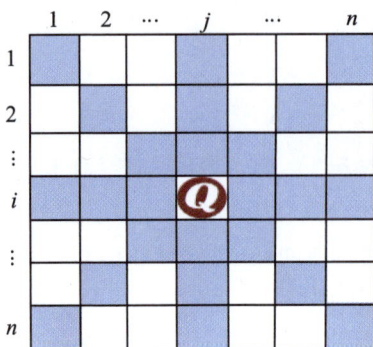

不能杂乱无章地尝试每个位置，需要有策略地求解，在此以行序为主进行放置。

（1）在第 1 行第 1 列放置第 1 个皇后。

（2）在第 2 行放置第 2 个皇后。第 2 个皇后的位置不能与第 1 个皇后同列、同斜线，不用再判断是否同行，因为每行只放置一个皇后，所以肯定不同行。

（3）……

（4）在第 n 行放置第 n 个皇后，第 n 个皇后的位置不能与前 $n-1$ 个皇后同列、同斜线。

1. 算法设计

（1）定义问题的解空间。解的组织形式为 n 元组：$\{x_1,x_2,\cdots,x_i,\cdots,x_n\}$，$x_i$ 表示第 i 个皇后被放置在第 i 行第 x_i 列，x_i 的取值为 $1,2,\cdots,n$。例如 $x_2=5$，表示第 2 个皇后被放置在第 2 行第 5 列。

（2）解空间的组织结构。n 皇后问题的解空间是一棵 m（$m=n$）叉树，如下图所示。

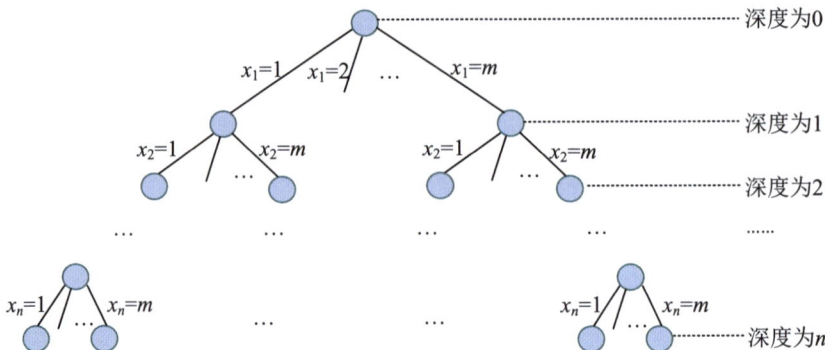

（3）搜索解空间。

- 约束条件。在第 t 行放置第 t 个皇后时，第 t 个皇后不能与前 $t-1$ 个皇后同列、同斜线。第 i 个皇后与第 j 个皇后不同列（$x_i! = x_j$），而且不同斜线（$|i-j|! = |x_i-x_j|$）。

- 限界条件。该问题不存在放置方案好坏的情况，不需要设置限界条件。

- 搜索过程。从根开始，沿着节点的第 1 个分支搜索，若满足约束条件，则进入下一层继续搜索；若不满足约束条件，则换下一个分支继续搜索；若已将当前节点的分支节点全部搜索完毕，则回溯到最近的上层节点，继续搜索。直到将所有节点全部搜索完毕时为止。

2. 完美图解

例如，在 4×4 的棋盘上放置 4 个皇后，使其彼此不受攻击。

（1）开始搜索第 1 层（$t=1$）。扩展节点 1，判断 $x_1=1$ 是否满足约束条件，因为之前还未放置任何皇后，所以满足约束条件。令 $x_1=1$，生成节点 2。

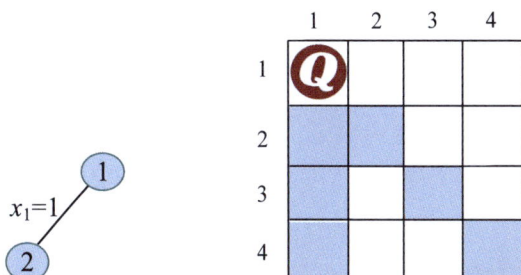

（2）扩展节点 2（$t=2$）。$x_2=1$ 不满足约束条件（与已放置的第 1 个皇后同列）；$x_2=2$ 不满足约束条件（与已放置的第 1 个皇后同斜线）；$x_2=3$ 满足约束条件（与已放置的皇后不同列、不同斜线），令 $x_2=3$，生成节点 3。

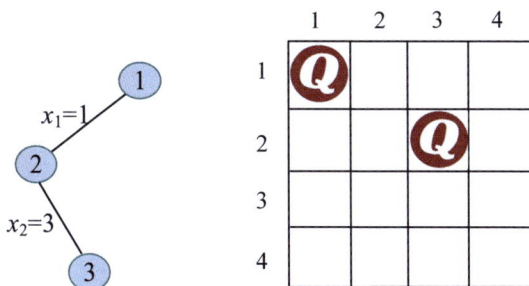

（3）扩展节点 3（$t=3$）。$x_3=1$ 不满足约束条件（与已放置的第 1 个皇后同列）；$x_3=2$ 不满足约束条件（与已放置的第 2 个皇后同斜线）；$x_2=3$ 不满足约束条件（与已放置的第 2 个皇后同列）；$x_3=4$ 不满足约束条件（与已放置的第 2 个皇后同斜线）。已将节点

3 的所有孩子全部搜索完毕，回溯到节点 2。

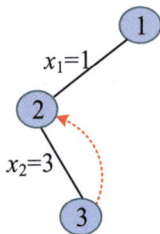

（4）重新扩展节点 2（$t=2$）。$x_2=4$ 满足约束条件（与已放置的第 1 个皇后不同列、不同斜线），令 $x_2=4$，生成节点 4。

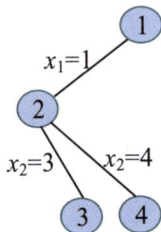

（5）扩展节点 4（$t=3$）。$x_3=1$ 不满足约束条件（与已放置的第 1 个皇后同列）；$x_3=2$ 满足约束条件（与已放置的第 1、2 个皇后不同列、不同斜线），令 $x_3=2$，生成节点 5。

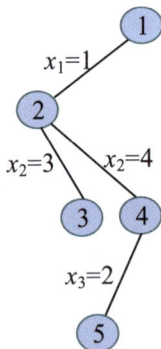

（6）扩展节点 5（$t=4$）。$x_4=1$ 不满足约束条件（与已放置的第 1 个皇后同列）；$x_4=2$ 不满足约束条件（与已放置的第 3 个皇后同列）；$x_4=3$ 不满足约束条件（与已放置的第 3 个皇后同斜线）；$x_4=4$ 不满足约束条件（与已放置的第 2 个皇后同列）。已将节点 5 的所有孩子全部搜索完毕，回溯到节点 4。

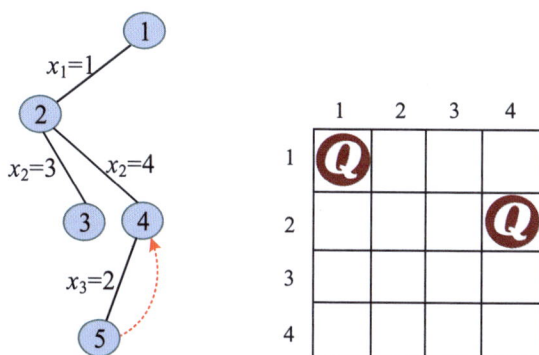

（7）继续扩展节点 4（$t=3$）。$x_3=3$ 不满足约束条件（与已放置的第 2 个皇后同斜线）；$x_3=4$ 不满足约束条件（与已放置的第 2 个皇后同列）。已将节点 4 的所有孩子全部搜索完毕，回溯到节点 2。已将节点 2 的所有孩子全部搜索完毕，回溯到节点 1。

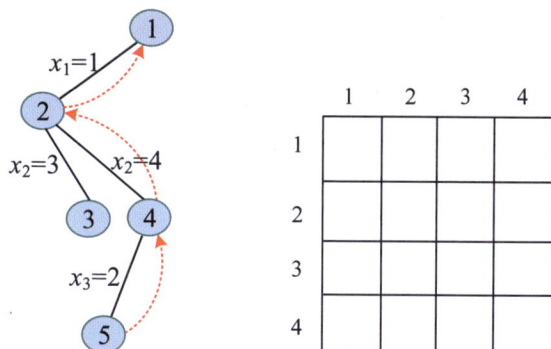

（8）继续扩展节点 1（$t=1$）。$x_1=2$ 满足约束条件（之前未放置皇后），令 $x_1=2$，生成节点 6。

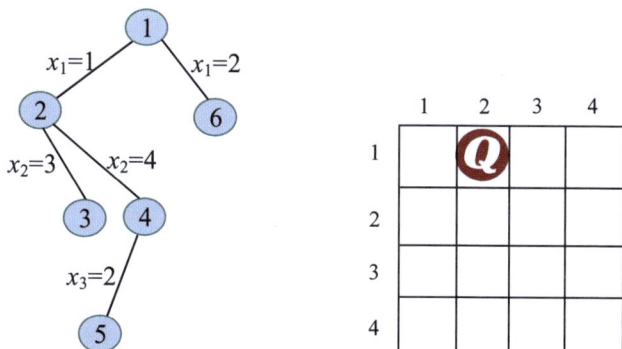

（9）扩展节点 6（$t=2$）。$x_2=1$ 不满足约束条件（与已放置的第 1 个皇后同斜线）；$x_2=2$ 不满足约束条件（与已放置的第 1 个皇后同列）；$x_2=3$ 不满足约束条件（与已放置的第 1 个皇后同斜线）；$x_2=4$ 满足约束条件（与已放置的第 1 个皇后不同列、不同

斜线），令 $x_2=4$，生成节点 7。

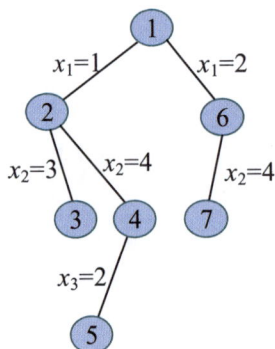

（10）扩展节点 7（$t=3$）。$x_3=1$ 满足约束条件（与已放置的第 1、2 个皇后不同列、不同斜线），令 $x_3=1$，生成节点 8。

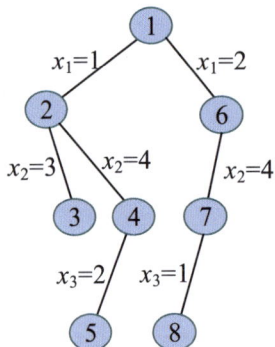

（11）扩展节点 8（$t=4$）。$x_4=1$ 不满足约束条件（与已放置的第 3 个皇后同列）；$x_4=2$ 不满足约束条件（与已放置的第 1 个皇后同列）；$x_4=3$ 满足约束条件（与已放置的第 1、2、3 个皇后不同列、不同斜线），令 $x_4=3$，生成节点 9。

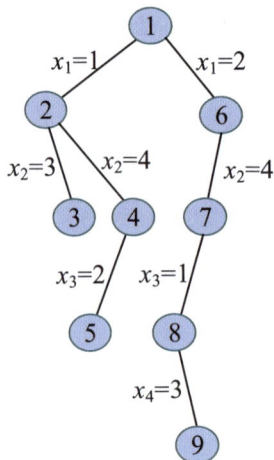

（12）扩展节点 9（t=5）。此时 $t>n$，找到一个可行解，用数组 bestx[]保存当前可行解{2,4,1,3}。回溯到节点 8。

（13）继续扩展节点 8（t=4）。x_4=4 不满足约束条件（与已放置的第 2 个皇后同列）。已将节点 8 的所有孩子全部搜索完毕，回溯到节点 7。

（14）继续扩展节点 7（t=3）。x_3=2 不满足约束条件（与已放置的第 1 个皇后同列）；x_3=3 不满足约束条件（与已放置的第 2 个皇后同斜线）；x_3=4 不满足约束条件（与已放置的第 2 个皇后同列）；已将节点 7 的所有孩子全部搜索完毕，回溯到节点 6。已将节点 6 的所有孩子全部搜索完毕，回溯到节点 1。

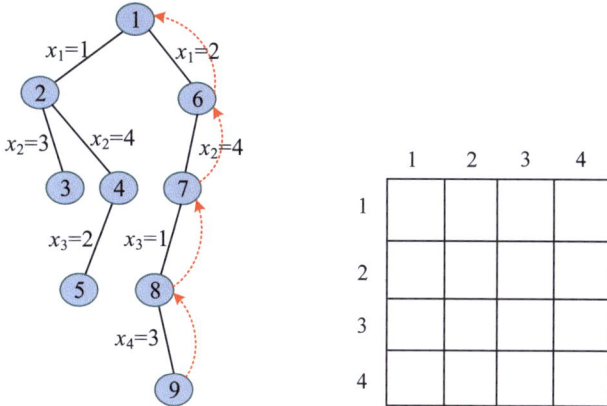

（15）继续扩展节点 1（t=1）。x_1=3 满足约束条件（之前未放置皇后），令 x_1=3，生成节点 10。

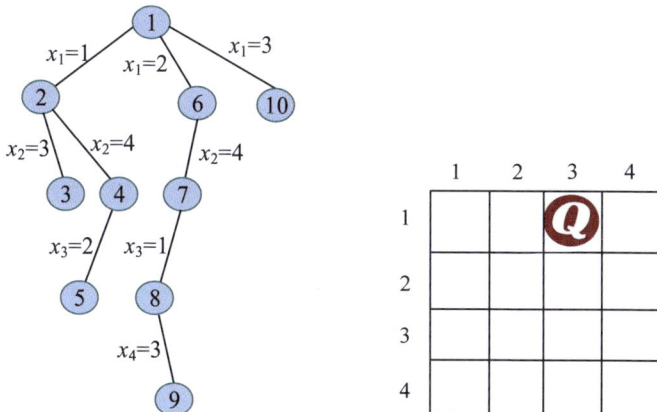

（16）扩展节点 10（$t=2$）。$x_2=1$ 满足约束条件（与已放置的第 1 个皇后不同列、不同斜线），令 $x_2=1$，生成节点 11。

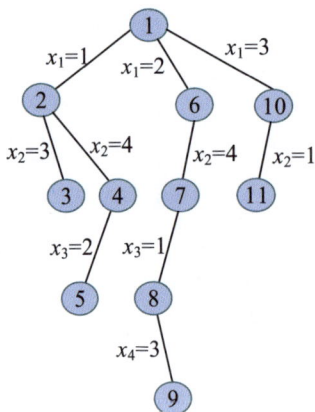

（17）扩展节点 11（$t=3$）。$x_3=1$ 不满足约束条件（与已放置的第 2 个皇后同列）；$x_3=2$ 不满足约束条件（与已放置的第 2 个皇后同斜线）；$x_3=3$ 不满足约束条件（与已放置的第 1 个皇后同列）；$x_3=4$ 满足约束条件（与已放置的第 1、2 个皇后不同列、不同斜线），令 $x_3=4$，生成节点 12。

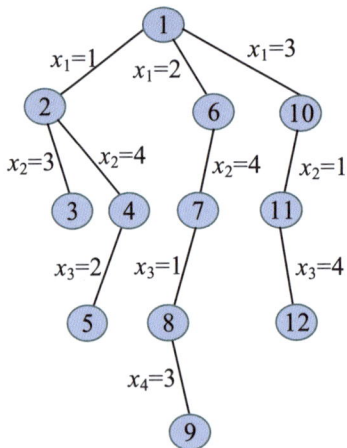

（18）扩展节点 12（$t=4$）。$x_4=1$ 不满足约束条件（与已放置的第 2 个皇后同列）；$x_4=2$ 满足约束条件（与已放置的第 1、2、3 个皇后不同列、不同斜线），令 $x_4=2$，生成节点 13。

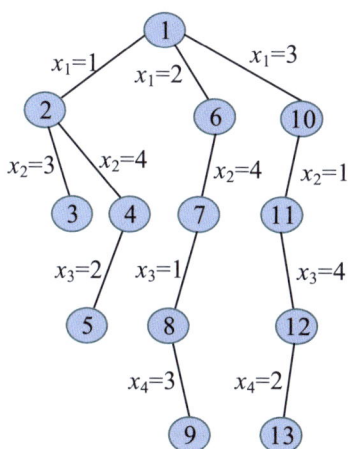

（19）扩展节点 13（$t=5$）。此时 $t>n$，找到一个可行解，用数组 bestx[]保存当前可行解{3,1,4,2}。回溯到节点 12。

（20）继续扩展节点 12（$t=4$）。$x_4=3$ 不满足约束条件（与已放置的第 1 个皇后同列）；$x_4=4$ 不满足约束条件（与已放置的第 3 个皇后同列）；已将节点 12 的所有孩子全部搜索完毕，回溯到节点 11。已将节点 11 的所有孩子全部搜索完毕，回溯到节点 10。

（21）继续扩展节点 10（$t=2$）。$x_2=2$ 不满足约束条件（与已放置的第 1 个皇后同斜线）；$x_2=3$ 不满足约束条件（与已放置的第 1 个皇后同列）；$x_2=4$ 不满足约束条件（与已放置的第 1 个皇后同斜线）。已将节点 10 的所有孩子全部搜索完毕，回溯到节点 1。

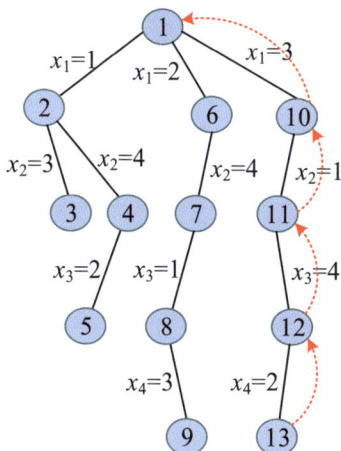

（22）继续扩展节点 1（$t=1$）。$x_1=4$ 满足约束条件（之前未放置皇后），令 $x_1=4$，生成节点 14。

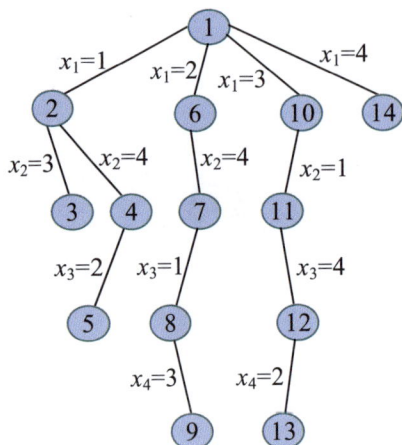

（23）扩展节点 14（$t=2$）。$x_2=1$ 满足约束条件（与已放置的第 1 个皇后不同列、不同斜线），令 $x_2=1$，生成节点 15。

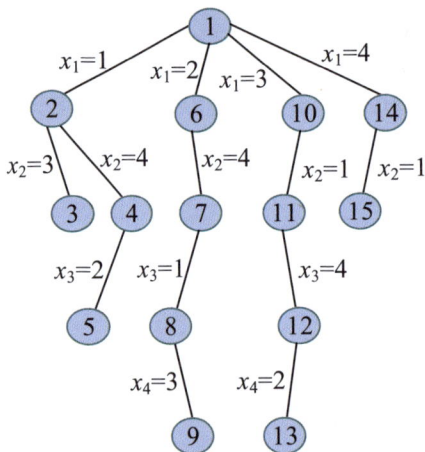

（24）扩展节点 15（$t=3$）。$x_3=1$ 不满足约束条件（与已放置的第 2 个皇后同列）；$x_3=2$ 不满足约束条件（与已放置的第 2 个皇后同斜线）；$x_3=3$ 满足约束条件（与已放置的第 1、2 个皇后不同列、不同斜线），令 $x_3=3$，生成节点 16。

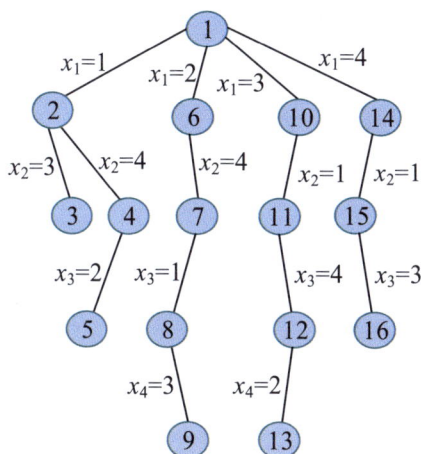

（25）扩展节点 16（$t=4$）。$x_4=1$ 不满足约束条件（与已放置的第 2 个皇后同列）；$x_4=2$ 不满足约束条件（与已放置的第 3 个皇后同斜线）；$x_4=3$ 不满足约束条件（与已放置的第 3 个皇后同列）；$x_4=4$ 不满足约束条件（与已放置的第 1 个皇后同列）；已将节点 16 的所有孩子全部搜索完毕，回溯到节点 15。

（26）继续扩展节点 15（$t=3$）。$x_3=4$ 不满足约束条件（与已放置的第 1 个皇后同列）；已将节点 15 的所有孩子全部搜索完毕，回溯到节点 14。

（27）继续扩展节点 14（$t=2$）。$x_2=2$ 满足约束条件（与已放置的第 1 个皇后不同列、不同斜线），令 $x_2=2$，生成节点 17。

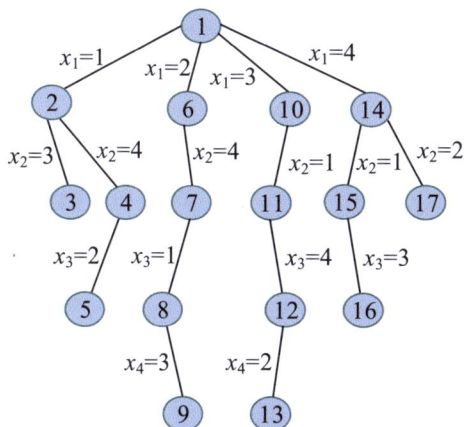

（28）扩展节点 17（$t=3$）。$x_3=1$ 不满足约束条件（与已放置的第 2 个皇后同斜线）；$x_3=2$ 不满足约束条件（与已放置的第 2 个皇后同列）；$x_3=3$ 不满足约束条件（与已放置的第 2 个皇后同斜线）；$x_3=4$ 不满足约束条件（与已放置的第 1 个皇后同列）。已将节点 17 的所有孩子全部搜索完毕，回溯到节点 14。

（29）继续扩展节点 14（$t=2$）。$x_3=3$ 不满足约束条件（与已放置的第 2 个皇后同斜线）；$x_3=4$ 不满足约束条件（与已放置的第 1 个皇后同列）。已将节点 14 的所有孩子全部搜索完毕，回溯到节点 1。

（30）已将节点 1 的所有孩子全部搜索完毕，算法结束。

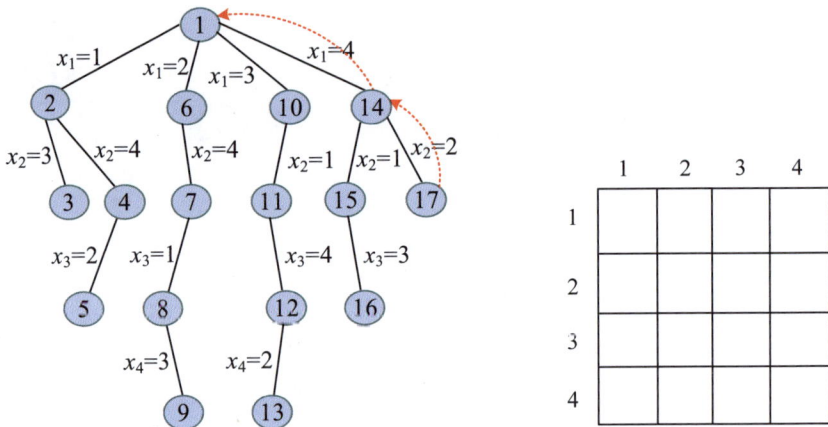

3. 算法实现

（1）约束函数。在第 t 行放置第 t 个皇后时，第 t 个皇后不能与前 $t-1$ 个已放置的皇后同列、同斜线。x[t]=x[j]表示第 t 个皇后与第 j 个皇后同列，$t-j=$abs(x[t]−x[j])表示第 t 个皇后与第 j 个皇后同斜线。abs()是求绝对值的函数，在使用该函数时要引入头文件#include<cmath>。

```
bool check(int t){ //判断是否可以将第 t 个皇后放置在第 i 个位置，即 x[t]=i
    for(int j=1;j<t;j++){ //判断是否与前面 t-1 个已放置的皇后冲突
        if((x[t]==x[j])||(t-j==abs(x[t]-x[j]))) //判断是否同列、同斜线
            return false;
    }
    return true;
}
```

（2）按约束条件搜索求解。若 $t>n$，则表示找到一个可行解，记录最优值和最优解并返回。否则分别判断 $i=1\cdots n$ 个分支，x[t]=i：判断每个分支是否满足约束条件，若满足，则进入下一层 Backtrack(t+1)，否则考查下一个分支。

```
void Backtrack(int t){
    if(t>n) {//若到达叶子，则表示已经找到了问题的一个解
        ans++;
        //for(int i=1;i<=n;i++) //输出可行解
        //   cout<<x[i]<<" ";
        //cout<<endl;
    }
```

```
    else
        for(int i=1;i<=n;i++) {//枚举 n 个分支
            x[t]=i;
            if(check(t))
                Backtrack(t+1); //若不冲突，则进行下一行的搜索
        }
}
```

（3）打表法预处理。本题最多有 10 个皇后，但是有大量测试用例要查询，需要采用打表法做预处理，先解出所有答案并将其存储起来，在每次查询时直接输出答案。

```
int main(){
    for(int i=1;i<=10;i++){//先做预处理，否则超时
        ans=0;
        n=i;
        Backtrack(1);
        s[i]=ans;
    }
    while(~scanf("%d",&n),n){
        printf("%d\n",s[n]);
    }
    return 0;
}
```

4. 算法分析

时间复杂度：在最坏情况下，解空间树如下图所示。除了最后一层，有 $1+n+n^2+\cdots+n^{n-1}=(n^n-1)/(n-1)\approx n^{n-1}$ 个节点需要扩展，每个节点都要扩展 n 个分支，总分支数为 n^n，在每个分支都要判断约束函数，判断约束条件的时间复杂度为 $O(n)$，总时间复杂度为 $O(n^{n+1})$。在叶子处输出当前最优解的时间复杂度为 $O(n)$，在最坏情况下会搜索到所有叶子，叶子数为 n^n，总时间复杂度为 $O(n^{n+1})$。所以，总时间复杂度为 $O(n^{n+1})$。

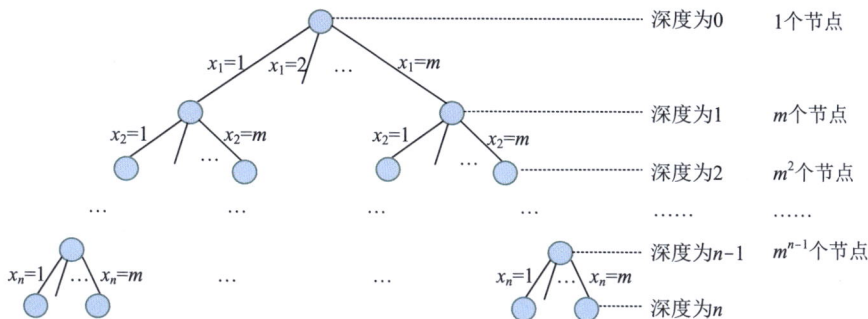

空间复杂度：使用数组 x[] 保存该最长路径并将其作为可行解，空间复杂度为 $O(n)$。

5. 算法优化

在上面的求解过程中，由于解空间过于庞大，所以时间复杂度很高，算法效率低。解空间越小，算法效率越高。能不能把解空间缩小呢？

n 皇后问题要求每个皇后都不同行、不同列、不同斜线。上图所示的解空间显约束为不同行，隐约束为不同列、不同斜线。4 皇后问题，显约束为不同行的解空间树如下图所示。

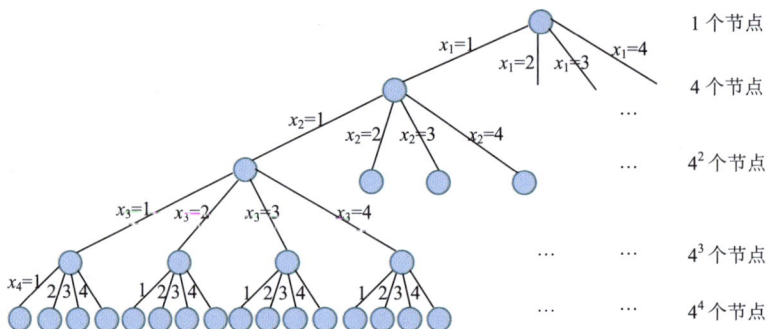

显约束可以控制解空间的大小，隐约束可以在搜索过程中判定可行解或最优解。若把显约束定为不同行、不同列，把隐约束定为不同斜线，则解空间是怎样的呢？

例如，当 $x_1=1$ 时，x_2 就不能再等于 1，因为这样就同列了。若 $x_1=1$，$x_2=2$，x_3 就不能再等于 1、2。也就是说，x_t 的值不能与前 $t-1$ 个解的值相同。每层节点产生的孩子数都比上一层少 1。4 皇后问题，显约束为不同行、不同列的解空间树如下图所示。

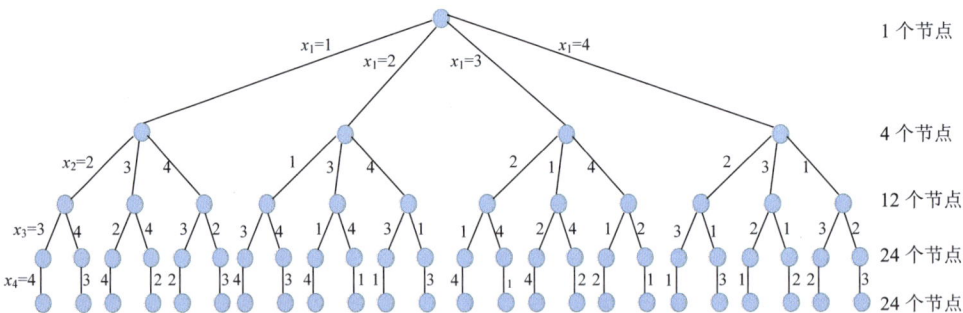

可以清楚地看到解空间变小许多，通过仔细观察就会发现，上图中从根到叶子的每个可能解都是一个排列，该解空间树是一棵排列树。使用排列树求解 n 皇后问题的代码如下。

```
void Backtrack(int t){
    if(t>n){
        ans++;
        return;
```

```
    }
    for(int i=t;i<=n;i++){
        swap(x[t],x[i]); //通过交换得到全排列
        if(check(t))
            Backtrack(t+1);
        swap(x[t],x[i]); //还原
    }
}
```

8.3　广度优先搜索

在树的应用中讲过层次遍历，树的层次遍历也是树的广度优先遍历：首先遍历第1 层，然后遍历第 2 层……在同一层按照从左向右的顺序访问，直到最后一层。一棵树如下图所示，首先遍历第 1 层的 A；然后遍历第 2 层，从左向右遍历 B、C；接着遍历第 3 层，从左向右遍历 D、E、F；最后遍历第 4 层的 G。

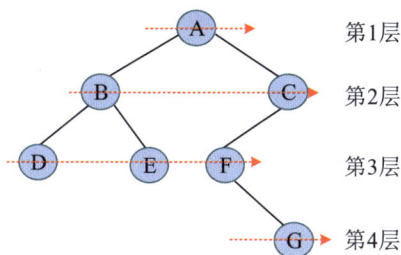

8.3.1　分支限界法的原理

分支限界法是以广度优先或最小耗费（最大效益）优先的方式进行搜索的算法。首先从根开始扩展，一次性生成其所有孩子，判断是舍弃还是保留该孩子，舍弃那些得不到可行解或最优解的节点，将保留的节点放入队列。再从队列中取出一个节点作为当前扩展节点。重复上述过程，直到找到问题的解或队列为空时为止。每个节点最多只有一次机会成为扩展节点。

队列的实现通常有两种形式：一种是普通队列，即先进先出队列；另一种是优先队列，即按某种优先级决定哪个节点为当前扩展节点。根据队列的实现形式，分支限界法分为两种：普通队列式分支限界法和优先队列式分支限界法。

8.3.2　分支限界法秘籍

分支限界法秘籍如下。

（1）定义解空间。解空间的大小对搜索效率有很大的影响，解的组织形式为一个

n 元组 $\{x_1,x_2,\cdots,x_n\}$，具体问题表达的含义不同。

（2）确定解空间的组织结构。 通常用解空间树形象地表达解空间的组织结构，根据解空间树的不同，解空间分为子集树、排列树、m 叉树等。

（3）搜索解空间。 从根开始，一次性生成所有孩子，根据约束函数和限界函数判定是舍弃还是保留该孩子，将保留的节点依次放入普通队列或优先队列。之后从队列中取出一个节点，继续扩展，直到找到问题的解或队列为空时为止。若求问题的可行解，则只需设定约束函数；若求问题的最优解，则需要设定约束函数和限界函数。在优先队列式分支限界法中，还有一个关键问题是如何设定优先级：选择什么值作为优先级？如何定义优先级？优先级的设计直接决定算法的运行效率。

训练 1 迷宫问题

题目描述（POJ3984）： 用一个二维数组表示一个迷宫，其中 1 表示墙壁，0 表示可以走的路，只能横着走或竖着走，不能斜着走。编写程序，找出从左上角到右下角的最短路径。

输入： 一个 5×5 的二维数组，表示一个迷宫。数据保证有唯一解。

输出： 输出从左上角到右下角的最短路径。

输入样例	输出样例
0 1 0 0 0	(0, 0)
0 1 0 1 0	(1, 0)
0 0 0 0 0	(2, 0)
0 1 1 1 0	(2, 1)
0 0 0 1 0	(2, 2)
	(2, 3)
	(2, 4)
	(3, 4)
	(4, 4)

题解： 本题为典型的迷宫问题，可以通过广度优先搜索解决。定义方向数组 dir[4][2]= {{1,0},{-1,0},{0,1},{0,-1}}，定义前驱数组 pre[][]来记录经过的节点。

1. 算法设计

（1）定义一个队列，将起点(0,0)入队，标记为已走过。

（2）若队列不为空，则队头出队。若队头正好是目标(4,4)，则退出。

（3）沿 4 个方向搜索，若该节点未出边界、未走过且不是墙壁，则标记为已走过且入队，用前驱数组记录该节点。转向第 2 步。

（4）根据前驱数组输出从起点到终点的最短路径。

2. 算法实现

```
void bfs(){
    queue<node> que;
    node st;
    st.x=st.y=0;
    que.push(st);
    vis[0][0]=1;
    while(!que.empty()){
        node now=que.front();
        que.pop();
        if(now.x==4&&now.y==4)
            return;
        for(int i=0;i<4;i++){
            node next;
            next.x=now.x+dir[i][0];
            next.y=now.y+dir[i][1];
            if(next.x>=0&&next.x<5&&next.y>=0&&next.y<5&&!mp[next.x][next.y]&&
!vis[next.x][next.y]){
                vis[next.x][next.y]=1;
                que.push(next);
                pre[next.x][next.y]=now;
            }
        }
    }
}

void print(node cur){//输出路径
    if(cur.x==0&&cur.y==0){
        printf("(0, 0)\n");
        return;
    }
    print(pre[cur.x][cur.y]);//递归
    printf("(%d, %d)\n",cur.x,cur.y);
}
```

🖊 训练 2 01 背包问题

采用优先队列式分支限界法求解题目 POJ3624（经典 01 背包问题，问题描述见 8.2 节训练 1）。

1. 算法设计

- 约束条件：rw ≥ w[i]。其中，rw 表示背包剩余容量，w[i]表示第 i 种物品的重量。

- 限界条件：up=cp+brp>bestp。其中，cp 表示当前已装入背包的物品的价值，brp 表示将剩余物品装满背包剩余容量获得的最大价值。

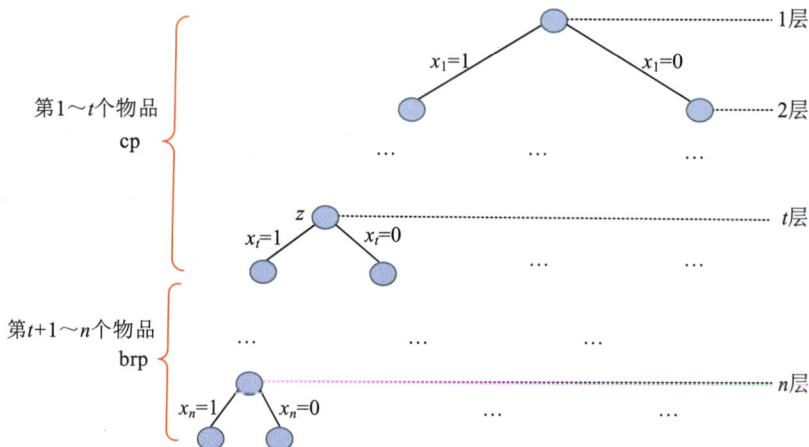

- 队列优先级：将优先级定义为当前节点的价值上界 up=cp+brp，上界越大，优先级越高。
- 搜索过程：从根开始进行广度优先搜索。首先扩展根，一次性生成其所有孩子，扩展左分支（约定左分支上的值为 1），表示装入物品。若左分支满足约束条件，则将其加入队列；反之，舍弃。扩展右分支（约定右分支上的值为 0），表示不装入物品。若右分支满足限界条件，则将其加入队列；反之，舍弃。然后从队列中取出一个节点扩展……直到队列为空时为止。

2. 完美图解

现有 4 种物品和 1 个背包，背包容量为 10（$W=10$），物品的重量和价值如下图所示。求在不超过背包容量的前提下把哪些物品装入背包，才能获得最大价值。

	1	2	3	4
w[]	2	5	4	2

	1	2	3	4
v[]	6	3	5	4

（1）对所有物品按价值重量比从大到小排序。排序后的结果如下图所示，为了程序处理方便，把排序后的数据仍存储在数组 w[] 和 v[] 中，如下图所示。

	1	2	3	4
w[]	2	2	4	5

	1	2	3	4
v[]	6	4	5	3

（2）创建根 A。初始化当前已装入背包的物品重量 cp=0，当前价值上界 up=18，当前背包剩余容量 rw=10，当前处理的物品序号为 1，当前最优值 bestp=0。创建根 A 并将其加入优先队列，如下图所示。

(cp,up,rw,id)
node(0, 18, 10, 1) A

（3）扩展节点 A。队头元素 A 出队，该节点满足限界条件 up>bestp，可以扩展。背包剩余容量大于 1 号物品的重量，rw=10>w[1]=2，满足约束条件，可以装入背包，更新 cp=0+6=6，rw=10−2=8。上界怎么算呢？关键在于计算剩余物品装满背包剩余容量的最大价值 brp。此时剩余容量为 8，可以装入 2、3 号物品，装入后还有剩余容量 2，只能装入 4 号物品的一部分，装入的价值为剩余容量×单位重量价值，即 2×3/5=1.2，brp=4+5+1.2=10.2，up=cp+brp=16.2。

⚠注意 在 01 背包问题中，物品要么装入，要么不装入，是不可分割的，在此不是真的部分装入，只是计算价值上界。生成左孩子 B 并将其加入优先队列，更新 bestp=6，如下图所示。

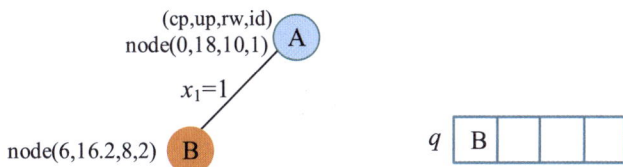

(cp,up,rw,id)
node(0,18,10,1) A
$x_1=1$
node(6,16.2,8,2) B

再扩展右分支，cp=0，rw=10，背包还剩余容量，可以装入 2、3 号物品，装入后还有剩余容量 4，只能装入 4 号物品的一部分，装入的价值为剩余容量×单位重量价值，即 4×3/5=2.4，brp=4+5+2.4=11.4，up=cp+brp=11.4，满足限界条件 up>bestp，生成右孩子 C 并将其加入优先队列，如下图所示。

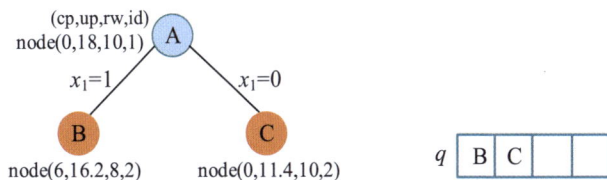

(cp,up,rw,id)
node(0,18,10,1) A
$x_1=1$ $x_1=0$
B   C
node(6,16.2,8,2)   node(0,11.4,10,2)

（4）扩展节点 B。队头元素 B 出队，该节点满足限界条件 up>bestp，可以扩展。背包剩余容量大于 2 号物品的重量，rw=8>w[2]=2，满足约束条件，更新 cp=6+4=10，rw=8−2=6，计算 up=cp+rp′=10+5+2×3/5=16.2，生成左孩子 D 并将其加入优先队列，更新 bestp=10。再扩展右分支，cp=6，rw=8，背包还有剩余容量，可以装入 3 号物品，并装入 4 号物品的一部分，up=cp+brp=6+5+3×4/5=13.4，up>bestp，满足限界条件，生成右孩子 E 并将其加入优先队列。

⚠注意 q 为优先队列，内部是用堆实现的，若不清楚，则只需每次都将 up 最大的节点出队即可，如下图所示。

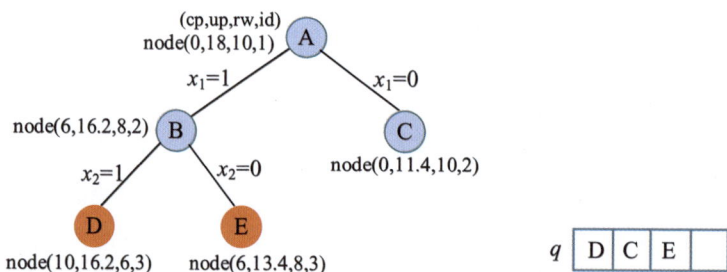

（cp,up,rw,id）
node(0,18,10,1) A
$x_1=1$ $x_1=0$
node(6,16.2,8,2) B   C node(0,11.4,10,2)
$x_2=1$ $x_2=0$
D   E
node(10,16.2,6,3)   node(6,13.4,8,3)

q | D | C | E |

（5）扩展节点 D。队头元素 D 出队，该节点满足限界条件 up>bestp，可以扩展。背包剩余容量 rw=6>w[3]=4，大于 3 号物品的重量，满足约束条件，可以将 3 号物品装入背包，更新 cp=10+5=15，rw=6−4=2，up=cp+brp=10+5+2×3/5=16.2，生成左孩子 F 并将其加入优先队列，更新 bestp=15。再扩展右分支，cp=10，rw=8，背包还有剩余容量，可以装入 4 号物品，up=cp+brp=10+3=13，up<bestp，不满足限界条件，舍弃右孩子，如下图所示。

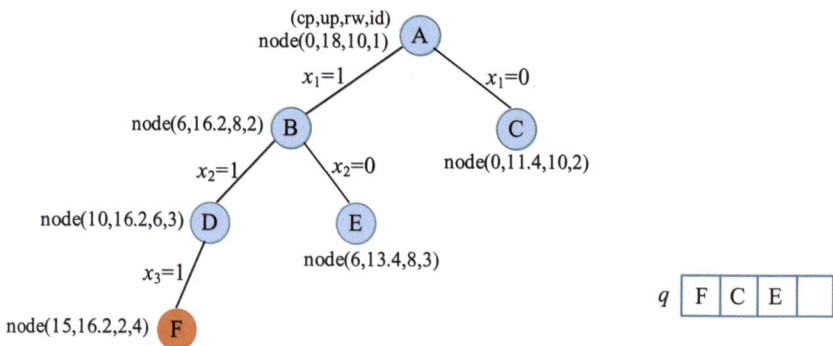

（cp,up,rw,id）
node(0,18,10,1) A
$x_1=1$ $x_1=0$
node(6,16.2,8,2) B   C node(0,11.4,10,2)
$x_2=1$ $x_2=0$
node(10,16.2,6,3) D   E
node(6,13.4,8,3)
$x_3=1$
node(15,16.2,2,4) F

q | F | C | E |

（6）扩展节点 F。队头元素 F 出队，该节点满足限界条件 up>bestp，可以扩展。背包剩余容量 rw=2<w[4]=5，不满足约束条件，舍弃左孩子。再扩展右分支，cp=15，rw=2，虽然背包有剩余容量，但物品已经处理完毕，已没有物品可以装入，up=cp+brp=15+0=15，up=bestp，不满足限界条件，舍弃右孩子。

（7）队头元素 E 出队，该节点的 up<bestp，不满足限界条件，不再扩展。

（8）队头元素 C 出队，该节点的 up<bestp，不满足限界条件，不再扩展。

（9）队列为空，算法结束。

3．算法实现

（1）定义节点结构体。

```
struct node{//定义节点，记录当前节点的解信息
    int cp; //已装入背包的物品价值
    double up; //价值上界
    int rw; //背包剩余容量
```

```
    int id; //物品序号
    node() {}
    node(int _cp,double _up,int _rw,int _id){
        cp=_cp;
        up=_up;
        rw=_rw;
        id=_id;
    }
};
```

（2）定义物品结构体。按照单位重量价值排序后，将物品的重量和价值存储在数组 w[]、v[]中。

```
struct goods{
    int id; //物品序号
    double d;//单位重量价值
}a[maxn];
```

（3）定义优先级。定义排序优先级和队列优先级。

```
bool cmp(goods a,goods b){//按照物品单位重量价值从大到小排序
    return a.d>b.d;
}

bool operator <(const node &a, const node &b){//队列优先级。上界 up 越大越优先
    return a.up<b.up;
}
```

（4）计算当前节点的上界。

```
double Bound(node z){//计算节点 z 的价值上界
    int t=z.id;          //物品序号
    int cleft=z.rw;      //背包剩余容量
    double brp=0.0;      //背包剩余容量可以装入物品的最大价值
    while(t<=n&&w[t]<=cleft){
        cleft-=w[t];
        brp+=v[t++];
    }
    if(t<=n)
        brp+=1.0*v[t]/w[t]*cleft;
    return z.cp+brp;
}
```

（5）搜索解空间。创建根并将其加入队列，若队列不为空，则取出队头元素 cur，若当前处理的物品序号大于 n 或者当前背包没有剩余容量，则不再扩展。若当前节点不满足限界条件，则也不再扩展。扩展左分支，若满足约束条件，则生成左孩子并将其入队，更新最优值，否则舍弃左孩子；扩展右分支，若满足限界条件，则生成右孩

子并将其入队，否则舍弃右孩子。

```
int priorbfs(){//优先队列式分支限界法
    priority_queue<node> q;  //创建一个优先队列
    double tup;  //上界
    q.push(node(0,sumv,m,1));//初始化，将根加入优先队列
    while(!q.empty()){
        node cur,lc,rc;  //当前节点、左孩子、右孩子
        cur=q.top();     //取队头元素
        q.pop();         //出队
        int t=cur.id;  //当前处理的物品序号
        if(t>n||cur.rw==0)
            continue;
        if(cur.up<=bestp)  //不再扩展
            continue;
        if(cur.rw>=w[t]){  //扩展左分支,满足约束条件,可以装入背包
            lc.cp=cur.cp+v[t];
            lc.rw=cur.rw-w[t];
            lc.id=t+1;
            tup=Bound(lc);  //计算左孩子上界
            lc=node(lc.cp,tup,lc.rw,lc.id);
            if(lc.cp>bestp)     //比最优值大才更新
                bestp=lc.cp;
            q.push(lc);         //左孩子入队
        }
        rc.cp=cur.cp;
        rc.rw=cur.rw;
        rc.id=t+1;
        tup=Bound(rc);        //计算右孩子的上界
        if(tup>bestp){        //扩展右分支,满足限界条件,不装入
            rc=node(rc.cp,tup,rc.rw,rc.id);
            q.push(rc);       //右孩子入队
        }
    }
    return bestp;//返回最优值
}
```

4. 算法分析

时间复杂度：子集树的总节点数为 $2^0+2^1+\cdots+2^n=2^{n+1}-1$，先减去根再除以 2，得到左、右孩子数，左、右孩子数都为 $(2^{n+1}-1-1)/2=2^n-1$。约束函数的时间复杂度为 $O(1)$，限界函数的时间复杂度为 $O(1)$。在最坏情况下有 $O(2^n)$ 个左孩子需要调用约束函数，有 $O(2^n)$ 个右孩子需要调用限界函数，总时间复杂度为 $O(2^{n+1})$。

空间复杂度：每个节点结构体都包含几个变量，最多有 $O(2^{n+1})$ 个节点，空间复杂度为 $O(2^{n+1})$。

第 9 章

动态规划入门

动态规划是一种表格处理方法，它把原问题分解为若干子问题，自底向上先求解最小的子问题，把结果存储在表格中，在求解大的子问题时直接从表格中查询小的子问题的解，以避免重复计算，从而提高效率。

9.1 动态规划秘籍

对什么样的问题可以使用动态规划求解呢？首先要分析问题是否具有以下 3 种性质。

（1）**最优子结构**。最优子结构指问题的最优解包含其子问题的最优解，这是使用动态规划的基本条件。

（2）**子问题重叠**。子问题重叠指求解过程中每次产生的子问题并不总是新问题，有大量子问题是重复的。例如，在递归求解斐波那契数列时，有大量子问题被重复求解，如下图所示。动态规划利用了子问题重叠的性质，自底向上对每个子问题都只求解一次，将其结果存储在一个表格中，当再次需要求解该子问题时，直接在表格中查询，无须再次求解，从而提高效率。子问题重叠不是使用动态规划解决问题的必要条件，但更能突出动态规划的优势。

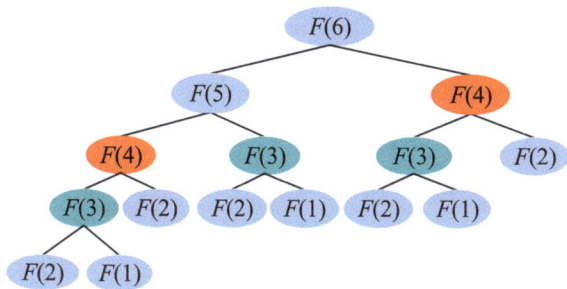

$F(6)$
$F(5)$ $F(4)$
$F(4)$ $F(3)$ $F(3)$ $F(2)$
$F(3)$ $F(2)$ $F(2)$ $F(1)$ $F(2)$ $F(1)$
$F(2)$ $F(1)$

（3）**无后效性**。在动态规划中会将原问题分解为若干子问题，将每个子问题的求解过程都作为一个阶段，在完成前一阶段后，根据前一阶段的结果求解后一阶段。并且，对当前阶段的求解只与之前阶段有关，与之后阶段无关，这叫作"无后效性"。若一个问题有后效性，则需要将其转换或逆向求解来消除后效性，之后才可以使用动态规划。

9.1.1 动态规划的三个要素

在现实生活中有一类活动，可以将活动过程按顺序分解为若干个相互联系的阶段，在每个阶段都要做出决策，对全部过程的决策是一个决策序列。对每个阶段决策的选择都不是随意确定的，它依赖于当前状态，又影响以后的发展。这种把问题看作一个前、后关联的具有链状结构的多阶段的过程叫作"多阶段决策过程"，这种问题就叫作"多阶段决策问题"。

根据无后效性，动态规划的求解过程构成一个有向无环图，求解遍历的顺序就是该有向无环图的一个拓扑序。在有向无环图中，节点对应问题的状态，有向边对应状态之间的转移，如何进行状态转移对应动态规划中的决策。所以，状态、阶段、决策就是动态规划的三个要素。

9.1.2 动态规划的设计方法

动态规划处理的是多阶段决策问题，一般从初始状态开始，通过对中间阶段决策的选择到达结束状态；或者倒过来，从结束状态开始，通过对中间阶段决策的选择到达初始状态。这些决策形成一个决策序列，同时确定了完成整个过程的一条活动路线，通常是求最优活动路线。动态规划有一定的设计模式，一般分为以下步骤。

（1）状态表示。将问题发展到各个阶段时所处的各种客观情况用不同的状态表示出来，确定状态和状态变量。当然，对状态的选择要满足无后效性。

（2）阶段划分。按照问题的时间特征或内存空间特征，将问题划分为若干阶段。划分后的阶段一定是有序或可排序的，否则对问题无法求解。

（3）状态转移。状态转移指根据上一阶段的状态和决策推导出本阶段的状态。根据相邻两阶段各个状态之间的关系确定决策，一旦确定决策，就可以写出状态转移方程。

（4）**边界条件**。状态转移方程是一个递归式，需要确定初始条件或边界条件。

（5）**求解目标**。确定问题的求解目标，根据状态转移方程的递推结果得到求解目标。

例如，使用动态规划求解单源最短路径问题，过程如下。

（1）状态表示：dp[i]表示从源点到节点 i 的最短距离。

（2）阶段划分：根据拓扑序列划分阶段。

（3）状态转移：从源点到当前节点的最短距离一定来源于当前节点的入边，考查当前节点的逆邻接点，将所有逆邻接点的最短距离与边的权值之和取最小值即可得到 dp[i]。写出状态转移方程：dp[i]=min(dp[j]+w[j][i])，$<j,i> \in E$。例如，dp[7]=min(dp[3]+10,dp[4]+8)=11。

（4）边界条件：若源点为 1，则令 dp[1]=0。

（5）求解目标：dp[i]，i=2,3,$\cdots$,n，如下图所示。

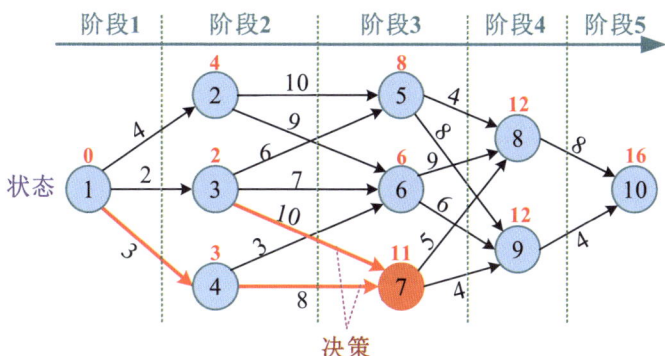

在求解动态规划问题时，如何确定状态和状态转移方程是关键，也是难点。不同的状态和状态转移方程可能产生不同的算法复杂度。动态规划问题灵活多变，在各类算法竞赛中层出不穷，需要多练习、多总结，积累丰富的经验且发挥创造力。

9.2 背包问题

背包问题是动态规划的经典问题之一，本节讲解 01 背包问题、完全背包问题及其优化。背包问题指在一个有容积或重量限制的背包内装入物品，物品有体积或重量、价值等属性，要求在满足背包容量或重量限制的情况下装入物品，使背包内的物品价值之和最大。根据物品限制条件的不同，背包问题可分为 01 背包问题、完全背包问题、多重背包问题、分组背包问题和混合背包问题等。

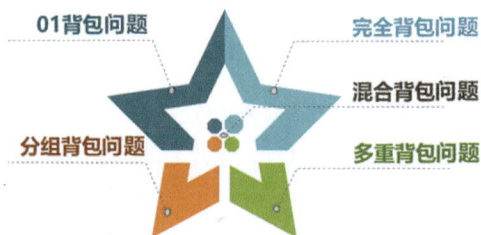

9.2.1 01 背包问题

给定 n 种物品，每种物品都有重量 w_i 和价值 v_i，每种物品都只有一个。另外，背包容量为 W。求解在不超过背包容量的前提下将哪些物品装入背包，才可以使背包内的物品价值之和最大。每种物品只有一个，要么不装入（0），要么装入（1）。

假设第 i 阶段处理第 i 种物品，第 $i-1$ 阶段处理第 $i-1$ 种物品，则当处理第 i 种物品时，前 $i-1$ 种物品已处理完毕，只需考虑第 $i-1$ 阶段向第 i 阶段的转移。

状态表示：$c[i][j]$ 表示将前 i 种物品装入容量为 j 的背包可以获得的最大价值。

第 i 种物品的处理状态包括以下两种。

- 不装入：装入背包的物品的价值不增加，问题转换为"将前 $i-1$ 种物品装入容量为 j 的背包获得的最大价值"，最大价值为 $c[i-1][j]$。
- 装入：在将第 i 种物品装入之前为第 $i-1$ 阶段，相当于从第 $i-1$ 阶段向第 i 阶段转换。问题转换为"将前 $i-1$ 种物品装入容量为 $j-w[i]$ 的背包获得的最大价值"，此时获得的最大价值就是 $c[i-1][j-w[i]]$，再加上装入第 i 种物品获得的价值 $v[i]$，总价值为 $c[i-1][j-w[i]]+v[i]$。

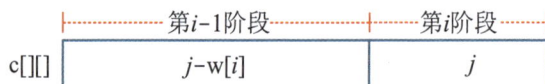

	第 $i-1$ 阶段	第 i 阶段
c[][]	$j-w[i]$	j

若背包容量不足，则肯定不可以装入，价值仍为前 $i-1$ 种物品处理后的结果；若背包容量充足，则考查装入不装入此物品哪种使得背包内的物品价值之和最大。

状态转移方程：

$$c[i][j] = \begin{cases} c[i-1][j] & ,j < w[i] \\ \max\{c[i-1][j], c[i-1][j-w[i]] + v[i]\} & ,j \geqslant w[i] \end{cases}$$

1. 算法步骤

1）初始化

初始化数组 $c[][]$ 第 0 行第 0 列为 0：$c[0][j]=0$，$c[i][0]=0$，其中 $i=0,1,2,\cdots,n$，$j=0,1,2,\cdots,W$，表示装入第 0 种物品或背包容量为 0 时获得的价值均为 0。

2）循环阶段

（1）按照状态转移方程处理第 1 种物品，得到 c[1][j]，j=1,2,…,W。

（2）按照状态转移方程处理第 2 种物品，得到 c[2][j]，j=1,2,…,W。

（3）以此类推，得到 c[n][j]，j=1,2,…,W。

3）构造最优解

c[n][W]就是在不超过背包容量时可以装入物品的最大价值（最优值）。若还想知道具体装入了哪些物品，则需要根据数组 c[][]逆向构造最优解。可以用一维数组 x[]存储解向量，x[i]=1 表示第 i 种物品被装入背包，x[i]=0 表示第 i 种物品未被装入背包。

（1）初始时 i=n，j=W。

（2）若 c[i][j]>c[i−1][j]，则说明第 i 种物品被装入背包，令 x[i]=1，j−=w[i]；若 c[i][j]≤c[i−1][j]，则说明第 i 种物品没被装入背包，令 x[i]=0。

（3）i−−，转向第 2 步，直到 i=1 时处理完毕。

此时已经得到解向量(x[1],x[2],…,x[n])，直接输出该解向量，也可以仅输出 x[i]=1 的物品序号 i。

2. 完美图解

有 5 种物品，重量分别为 2、5、4、2、3，价值分别为 6、3、5、4、6。背包容量为 10。求解在不超过背包容量的前提下将哪些物品装入背包，才可以使背包内的物品价值之和最大。

	1	2	3	4	5			1	2	3	4	5
w[]	2	5	4	2	3		v[]	6	3	5	4	6

（1）初始化。c[i][j]表示将前 i 种物品装入容量为 j 的背包可以获得的最大价值。初始化数组 c[][]第 0 行第 0 列为 0。

c[][]	0	1	2	3	4	5	6	7	8	9	10
0	0	0	0	0	0	0	0	0	0	0	0
1	0										
2	0										
3	0										
4	0										
5	0										

（2）按照状态转移方程处理第 1 种物品（i=1），w[1]=2，v[1]=6，如下图所示。

$$c[i][j] = \begin{cases} c[i-1][j] & ,j < w[i] \\ \max\{c[i-1][j], c[i-1][j-w[i]]+v[i]\} & ,j \geqslant w[i] \end{cases}$$

c[][]	0	1	2	3	4	5	6	7	8	9	10
0	0	0	0	0	0	0	0	0	0	0	0
1	0	0	6	6	6	6	6	6	6	6	6
2	0										
3	0										
4	0										
5	0										

其中：

- 当 $j=1$ 时，$c[1][1]=c[0][1]=0$；
- 当 $j=2$ 时，$c[1][2]=\max\{c[0][2],c[0][0]+6\}=6$；
- 当 $j=3$ 时，$c[1][3]=\max\{c[0][3],c[0][1]+6\}=6$；
- 当 $j=4$ 时，$c[1][4]=\max\{c[0][4],c[0][2]+6\}=6$；
- 当 $j=5$ 时，$c[1][5]=\max\{c[0][5],c[0][3]+6\}=6$；
- 当 $j=6$ 时，$c[1][6]=\max\{c[0][6],c[0][4]+6\}=6$；
- 当 $j=7$ 时，$c[1][7]=\max\{c[0][7],c[0][5]+6\}=6$；
- 当 $j=8$ 时，$c[1][8]=\max\{c[0][8],c[0][6]+6\}=6$；
- 当 $j=9$ 时，$c[1][9]=\max\{c[0][9],c[0][7]+6\}=6$；
- 当 $j=10$ 时，$c[1][10]=\max\{c[0][10],c[0][8]+6\}=6$。

（3）按照状态转移方程处理第 2 种物品（$i=2$），$w[2]=5$，$v[2]=3$，如下图所示。

c[][]	0	1	2	3	4	5	6	7	8	9	10
0	0	0	0	0	0	0	0	0	0	0	0
1	0	0	6	6	6	6	6	6	6	6	6
2	0	0	6	6	6	6	6	9	9	9	9
3	0										
4	0										
5	0										

其中：

- 当 $j=1$ 时，$c[2][1]=c[1][1]=0$；
- 当 $j=2$ 时，$c[2][2]=c[1][2]=6$；
- 当 $j=3$ 时，$c[2][3]=c[1][3]=6$；
- 当 $j=4$ 时，$c[2][4]=c[1][4]=6$；
- 当 $j=5$ 时，$c[2][5]=\max\{c[1][5],c[1][0]+3\}=6$；
- 当 $j=6$ 时，$c[2][6]=\max\{c[1][6],c[1][1]+3\}=6$；
- 当 $j=7$ 时，$c[2][7]=\max\{c[1][7],c[1][2]+3\}=9$；

- 当 j=8 时，c[2][8]=max{c[1][8],c[1][3]+3}=9；
- 当 j=9 时，c[2][9]=max{c[1][9],c[1][4]+3}=9；
- 当 j=10 时，c[1][10]=max{c[1][10],c[1][5]+3}=9。

（4）按照状态转移方程处理第 3 种物品（i=3），w[3]=4，v[3]=5，如下图所示。

c[][]	0	1	2	3	4	5	6	7	8	9	10
0	0	0	0	0	0	0	0	0	0	0	0
1	0	0	6	6	6	6	6	6	6	6	6
2	0	0	6	6	6	6	6	9	9	9	9
3	0	0	6	6	6	6	11	11	11	11	11
4	0										
5	0										

其中：

- 当 j=1 时，c[3][1]=c[2][1]=0；
- 当 j=2 时，c[3][2]=c[2][2]=6；
- 当 j=3 时，c[3][3]=c[2][3]=6；
- 当 j=4 时，c[3][4]=max{c[2][4],c[2][0]+5}=6；
- 当 j=5 时，c[3][5]=max{c[2][5],c[2][1]+5}=6；
- 当 j=6 时，c[3][6]=max{c[2][6],c[2][2]+5}=11；
- 当 j=7 时，c[3][7]=max{c[2][7],c[2][3]+5}=11；
- 当 j=8 时，c[3][8]=max{c[2][8],c[2][4]+5}=11；
- 当 j=9 时，c[3][9]=max{c[2][9],c[2][5]+5}=11；
- 当 j=10 时，c[3][10]=max{c[2][10],c[2][6]+5}=11。

（5）按照状态转移方程处理第 4 种物品（i=4），w[4]=2，v[4]=4，如下图所示。

c[][]	0	1	2	3	4	5	6	7	8	9	10
0	0	0	0	0	0	0	0	0	0	0	0
1	0	0	6	6	6	6	6	6	6	6	6
2	0	0	6	6	6	6	6	9	9	9	9
3	0	0	6	6	6	6	11	11	11	11	11
4	0	0	6	6	10	10	11	11	15	15	15
5	0										

其中：

- 当 j=1 时，c[4][1]=c[3][1]=0；
- 当 j=2 时，c[4][2]=max{c[3][2],c[3][0]+4}=6；
- 当 j=3 时，c[4][3]=max{c[3][3],c[3][1]+4}=6；

- 当 j=4 时，c[4][4]=max{c[3][4],c[3][2]+4}=10；
- 当 j=5 时，c[4][5]=max{c[3][5],c[3][3]+4}=10；
- 当 j=6 时，c[4][6]=max{c[3][6],c[3][4]+4}=11；
- 当 j=7 时，c[4][7]=max{c[3][7],c[3][5]+4}=11；
- 当 j=8 时，c[4][8]=max{c[3][8],c[3][6]+4}=15；
- 当 j=9 时，c[4][9]=max{c[3][9],c[3][7]+4}=15；
- 当 j=10 时，c[4][10]=max{c[3][10],c[3][8]+4}=15。

（6）按照状态转移方程处理第 5 种物品（i=5），w[5]=3，v[5]=6，如下图所示。

c[][]	0	1	2	3	4	5	6	7	8	9	10
0	0	0	0	0	0	0	0	0	0	0	0
1	0	0	6	6	6	6	6	6	6	6	6
2	0	0	6	6	6	6	6	9	9	9	9
3	0	0	6	6	6	6	11	11	11	11	11
4	0	0	6	6	10	10	11	11	15	15	15
5	0	0	6	6	10	12	12	16	16	17	17

其中：

- 当 j=1 时，c[5][1]=c[4][1]=0；
- 当 j=2 时，c[5][2]=c[4][2]=6；
- 当 j=3 时，c[5][3]=max{c[4][3],c[4][0]+6}=6；
- 当 j=4 时，c[5][4]=max{c[4][4],c[4][1]+6}=10；
- 当 j=5 时，c[5][5]=max{c[4][5],c[4][2]+6}=12；
- 当 j=6 时，c[5][6]=max{c[4][6],c[4][3]+6}=12；
- 当 j=7 时，c[5][7]=max{c[4][7],c[4][4]+6}=16；
- 当 j=8 时，c[5][8]=max{c[4][8],c[4][5]+6}=16；
- 当 j=9 时，c[5][9]=max{c[4][9],c[4][6]+6}=17；
- 当 j=10 时，c[5][10]=max{c[4][10],c[4][7]+6}=17。

（7）构造最优解：①读取 c[5][10]>c[4][10]，说明第 5 种物品被装入背包，即 x[5]=1，j=10−w[5]=7；②读取 c[4][7]=c[3][7]，说明第 4 种物品没被装入背包，即 x[4]=0；③读取 c[3][7]>c[2][7]，说明第 3 种物品被装入背包，即 x[3]=1，j=j−w[3]=3；④读取 c[2][3]=c[1][3]，说明第 2 种物品没被装入背包，即 x[2]=0；⑤读取 c[1][3]>c[0][3]，说明第 1 种物品被装入背包，即 x[1]=1，j=j−w[1]=1，如下图所示。

c[][]	0	1	2	3	4	5	6	7	8	9	10
0	0	0	0	0	0	0	0	0	0	0	0
1	0	0	6	6	6	6	6	6	6	6	6
2	0	0	6	6	6	6	6	9	9	9	9
3	0	0	6	6	6	6	11	11	11	11	11
4	0	0	6	6	10	10	11	11	15	15	15
5	0	0	6	6	10	12	12	16	16	17	17

3. 算法实现

1）求解装入背包的物品的最大价值

c[*i*][*j*]表示将前 *i* 种物品装入容量为 *j* 的背包可以获得的最大价值。对每种物品都进行计算，背包容量 *j* 为 1～*W*，若物品重量大于背包容量，则不装入此物品，c[*i*][*j*]=c[*i*−1][*j*]；否则比较装入与不装入此物品哪种使得背包内的物品价值之和最大，即c[*i*][*j*]=max(c[*i*−1][*j*],c[*i*−1][*j*−w[*i*]]+v[*i*])。

算法代码：

```
for(int i=1;i<=n;i++)//计算c[i][j]
    for(int j=1;j<=W;j++)
        if(j<w[i])   //若物品的重量大于背包容量，则不装入此物品
            c[i][j]=c[i-1][j];
        else    //否则比较装入与不装入此物品哪种使得背包内的物品价值之和最大
            c[i][j]=max(c[i-1][j],c[i-1][j-w[i]]+v[i]);
cout<<"装入背包的最大价值为:"<<c[n][W]<<endl;
```

2）最优解构造

根据数组 c[][]的计算结果逆向递推最优解，若 c[*i*][*j*]>c[*i*−1][*j*]，则说明第 *i* 种物品被装入背包，令 x[*i*]=1，*j*−=w[*i*]；若 c[*i*][*j*]≤c[*i*−1][*j*]，则说明第 *i* 种物品没被装入背包，令 x[*i*]=0。

算法代码：

```
int j=W;//逆向构造最优解
for(int i=n;i>0;i--){
    if(c[i][j]>c[i-1][j]){
        x[i]=1;
        j-=w[i];
    }
    else
        x[i]=0;
}
cout<<"装入背包的物品序号为:";
for(int i=1;i<=n;i++)
    if(x[i]==1)
        cout<<i<<" ";
```

　　算法分析：本算法使用了两层 for 循环，时间复杂度为 $O(nW)$；使用了二维数组 c[n][W]，空间复杂度为 $O(nW)$。

4. 算法优化

　　根据求解过程可以看出，依次处理 1..n 的物品，当处理第 i 种物品时，只需第 $i-1$ 种物品的处理结果，若不需要构造最优解，则装入第 $i-1$ 种物品之前的处理结果已经没用了。

　　例如，处理到第 4 种物品（w[4]=2，v[4]=4）时，只需第 3 种物品的处理结果（上一行）。求第 j 列时，若 j<w[4]，则照抄上一行；若 j≥w[4]，则将上一行第 j 列的值与上一行第 $j-$w[4] 列的值+v[4] 的值进行比较，取最大值，如下图所示。

c[][]	0	1	2	3	4	5	6	7	8	9	10
3	0	0	6	6	6	6	11	11	11	11	11
4	0	0	6	6	10	10	11	11	15	15	15

max{6,0+4}　　max{6,6+4}

　　既然只需上一行当前列和前面列的值，则只用一个一维数组倒推就可以了。

　　状态表示：dp[j] 表示将物品装入容量为 j 的背包可以获得的最大价值。

　　状态转移方程：dp[j]=max{dp[j],dp[$j-$w[i]]+v[i]}。

　　例如，处理到第 4 种物品（w[4]=2，v[4]=4）时，倒推的计算过程如下图所示。

- dp[10]=max(dp[10],dp[8]+4)=max(11,15)=15；
- dp[9]=max(dp[9],dp[7]+4)=max(11,15)=15；
- dp[8]=max(dp[8],dp[6]+4)=max(11,15)=15；
- dp[7]=max(dp[7],dp[5]+4)=max(11,10)=11；
- dp[6]=max(dp[6],dp[4]+4)=max(11,10)=11。

dp[]	0	1	2	3	4	5	6	7	8	9	10
3	0	0	6	6	6	6	11	11	11	11	11
4							11	11	15	15	15

max{11,6+4}　　max{11,11+4}

　　为什么不正推呢？ 下面进行推理。

　　正推的情况：求解 dp[4] 时，将当前值与 dp[2]+4 进行比较，取最大值，发现将第 4 种物品装入后背包内的物品价值之和最大，结果为 10；求解 dp[6] 时，将当前值与 dp[4]+4 进行比较，求最大值，发现将第 4 种物品装入后背包内的物品价值之和最大，结果为 14；此时第 4 种物品被装入两次，因为在计算 dp[6] 时，dp[4] 不是第 3 种物品处理完毕的结果，而是装入第 4 种物品更新后的结果，如下图所示。

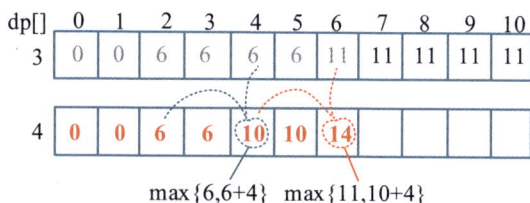

第 i 阶段表示在处理第 i 种物品时，前 $i-1$ 种物品已被处理完毕。倒推时，从后往前推，前面的值还未更新，仍为第 $i-1$ 阶段的结果，这意味着总是用第 $i-1$ 阶段的结果更新第 i 阶段，即从第 $i-1$ 阶段向第 i 阶段进行状态转移。第 $i-1$ 阶段的结果不包括第 i 种物品，保证第 i 种物品最多只被装入背包 1 次，如下图所示。

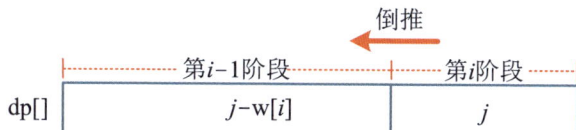

正推时，从前向后推，前面的值已被更新为第 i 阶段，这意味着用第 i 阶段的结果更新第 i 阶段，即从第 i 阶段向第 i 阶段进行状态转移。第 i 种物品可能被装入背包多次，如下图所示。

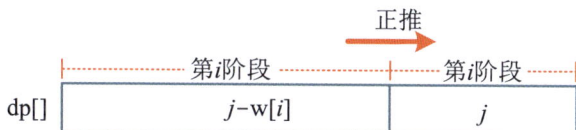

在 01 背包问题中，因为每种物品只有一个且最多被装入 1 次，所以必须通过倒推求解。若每种物品有多个且可被装入多次（完全背包），则可通过正推求解，见 9.2.2 节。

算法代码：

```
void opt2(int n,int W){// 01背包问题，一维数组优化
    for(i=1;i<=n;i++)
        for(j=W;j>=w[i];j--)//逆序循环（倒推）
            dp[j]=max(dp[j],dp[j-w[i]]+v[i]);
}
```

算法分析：本算法包含两层 for 循环，时间复杂度为 $O(nW)$；使用了一维数组 dp[W]，空间复杂度为 $O(W)$。

9.2.2 完全背包问题

给定 n 种物品，每种物品都有重量 w_i 和价值 v_i，其数量没有限制。背包容量为 W，求解在不超过背包容量的前提下如何装入物品，才能使背包内的物品价值之和最大。

假设在第 i 阶段处理第 i 种物品，因为第 i 种物品可被多次装入，所以相当于从第 i 阶段向第 i 阶段转移。根据对 01 背包问题算法优化的分析，可以采用一维数组正推，这样每种物品都可被多次装入。

状态表示：dp[j] 表示将物品装入容量为 j 的背包可以获得的最大价值。

状态转移方程：dp[j]=max{dp[j],dp[$j-w[i]$]+v[i]}。

算法代码：

```
void comp_knapsack(int n,int W){//完全背包问题
    for(i=1;i<=n;i++)
        for(j=w[i];j<=W;j++)//正序循环（正推）
            dp[j]=max(dp[j],dp[j-w[i]]+v[i]);
}
```

算法分析：本算法的时间复杂度为 $O(nW)$，空间复杂度为 $O(W)$。

✏️ 训练 1 骨头收藏家

题目描述（HDU2602）：有位骨头收藏家喜欢收集各种各样的骨头，不同的骨头有不同的体积和价值。这个收藏家有一个体积为 V 的背包，请计算他可以装入背包的骨头价值之和的最大值。

输入：第 1 行为一个整数 T，表示测试用例的数量。每个测试用例都包含 3 行，第 1 行为两个整数 N、V（$N \leq 1000$，$V \leq 1000$），分别表示骨头数量和背包容量；第 2 行为 N 个整数，分别表示每块骨头的价值；第 3 行为 N 个整数，分别表示每块骨头的体积。

输出：对于每个测试用例，都单行输出可以装入背包的骨头价值之和的最大值（该数小于 2^{31}）。

输入样例	输出样例
1	14
5 10	
1 2 3 4 5	
5 4 3 2 1	

1. 算法设计

本题为 01 背包问题，可以使用动态规划求解。

状态表示：c[*i*][*j*]表示将前 *i* 块骨头装入容量为 *j* 的背包可以获得的最大价值；若背包容量不足，则肯定不可以装入，装入背包的前 *i*-1 块骨头的价值之和最大；若背包容量充足，则考查装入与不装入此骨头哪种使得背包内骨头的价值之和更大。v[*i*] 和 val[*i*]分别表示第 *i* 块骨头的体积和价值。

状态转移方程：

$$c[i][j]=\begin{cases} c[i-1][j] & ,j < v[i] \\ \max\{c[i-1][j],c[i-1][j-v[i]]+\mathrm{val}[i]\} & ,j \geqslant v[i] \end{cases}$$

2. 算法实现

```
int c[M][M]; //c[i][j]表示将前 i 块骨头装入容量为 j 的背包可以获得的最大价值
int val[M],v[M]; //val[i]表示第 i 块骨头的价值, v[i]表示第 i 块骨头的体积
int main(){
    int t,N,V;//N 块骨头, V 表示背包容量
    cin>>t;
    while(t--){
        cin>>N>>V;
        for(int i=1;i<=N;i++)
            cin>>val[i];
        for(int i=1;i<=N;i++)
            cin>>v[i];
        for(int i=0;i<=N;i++)
            c[i][0]=0;
        for(int j=0;j<=V;j++)
            c[0][j]=0;
        for(int i=1;i<=N;i++)//计算 c[i][j]
            for(int j=0;j<=V;j++)//坑点：骨头体积可能为 0！
                if(j<v[i])  //若骨头的体积大于背包容量，则不装入此骨头
                    c[i][j]=c[i-1][j];
                else      //否则比较装入与不装入此骨头哪种使得背包内的骨头价值之和最大
                    c[i][j]=max(c[i-1][j],c[i-1][j-v[i]]+val[i]);
        cout<<c[N][V]<<endl;
    }
    return 0;
}
```

3. 算法优化

采用一维数组优化倒推。dp[*j*]表示将骨头装入容量为 *j* 的背包可以获得的最大价值。

状态转移方程：dp[*j*]=max{dp[*j*],dp[*j*−v[*i*]]+val[*i*]}。

```
//一维数组优化, 01 背包问题
int dp[M];//dp[j]表示将骨头装入容量为 j 的背包可以获得的最大价值
```

```
int val[M],v[M];//val[i]表示第 i 块骨头的价值，v[i]表示第 i 块骨头的体积
int main(){
    int t,N,V;//t 个测试用例，N 块骨头，V 表示背包容量
    cin>>t;
    while(t--){
        memset(dp,0,sizeof(dp));
        cin>>N>>V;
        for(int i=1;i<=N;i++)
            cin>>val[i];
        for(int i=1;i<=N;i++)
            cin>>v[i];
        for(int i=1;i<=N;i++)//计算 dp[j]
            for(int j=V;j>=v[i];j--)//比较装入与不装入此骨头哪种使得背包内的骨头价值之和最大
                dp[j]=max(dp[j],dp[j-v[i]]+val[i]);
        cout<<dp[V]<<endl;
    }
    return 0;
}
```

✏️ 训练 2 存钱罐

题目描述（HDU1114）： 存钱罐有个缺陷：不打碎存钱罐，就无法确定里面有多少硬币，所以可能会出现把存钱罐打碎后发现硬币总额不够的情况。唯一的可能是，称一下存钱罐的重量，试着猜里面有多少硬币。已知存钱罐的重量和每种面值的硬币重量，请确定存钱罐内硬币总额的最小值。

输入： 输入的第 1 行为整数 t，表示测试用例的数量。每个测试用例的第 1 行都包含两个整数 E 和 F（$1 \leqslant E \leqslant F \leqslant 10000$），分别表示存钱罐没装入与装入硬币之后的重量（以克为单位）。第 2 行为一个整数 N（$1 \leqslant N \leqslant 500$），表示硬币种类。接下来的 N 行，每行都包含两个整数 val 和 w（$1 \leqslant$ val $\leqslant 50000$，$1 \leqslant w \leqslant 10000$），分别表示硬币的面值和重量。

输出： 对于每个测试用例，都输出一行，若确定存钱罐内硬币总额的最小值，则输出 "The minimum amount of money in the piggy-bank is x"，其中 x 是存钱罐内硬币总额的最小值；若无法确定存钱罐内硬币总额的最小值，则输出 "This is impossible."。

输入样例	输出样例
3	The minimum amount of money in the piggy-bank is 60.
10 110	The minimum amount of money in the piggy-bank is 100.
2	This is impossible.
1 1	
30 50	
10 110	
2	

```
1 1
50 30
1 6
2
10 3
20 4
```

1. 算法设计

本题为完全背包问题，对每种硬币的数量都没有限制，求解在重量不超过 $f-e$ 的情况下存钱罐内硬币总额的最小值。直接套用完全背包算法模板求解。

状态表示：dp[j]表示重量为 j 的存钱罐内硬币总额的最小值。

状态转移方程：dp[j]=min{dp[j],dp[$j-w[i]$]+val[i]}。

2. 算法实现

```cpp
int dp[M];//dp[j]表示重量为 j 的存钱罐内钱硬币总额的最小值
int val[M],w[M];//val[i]表示第 i 种硬币的面值，w[i]表示第 i 种硬币的重量
int main(){
    int t,E,F,W,N;//t 个测试用例，E、F 分别表示存钱罐没装入与装入硬币之后的重量，W 为重量差
                  //值，N 为硬币种类
    cin>>t;
    while(t--){
        cin>>E>>F;
        W=F-E;
        cin>>N;
        for(int i=0;i<N;i++)
            cin>>val[i]>>w[i];
        memset(dp,0x3f,sizeof(dp));
        dp[0]=0;
        for(int i=0;i<N;i++)//计算 dp[j]
            for(int j=w[i];j<=W;j++)//比较装入与不装入此硬币哪种使得存钱罐内的硬币总额
                                    //最小
                dp[j]=min(dp[j],dp[j-w[i]]+val[i]);
        if(dp[W]<INF)
            cout<<"The minimum amount of money in the piggy-bank is
"<<dp[W]<<"."<<endl;
        else
            cout<<"This is impossible."<<endl;
    }
    return 0;
}
```

9.3 线性动态规划

具有线性阶段划分特性的动态规划叫作"线性动态规划"，简称"线性 DP"。若状态包含多个维度，且每个维度都是线性划分的阶段，则也属于线性动态规划，如下图所示。

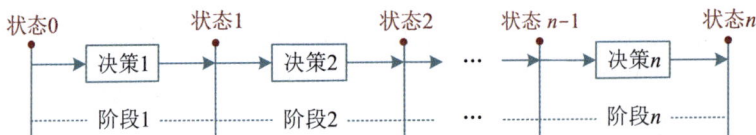

✏️ 训练 1　超级楼梯

题目描述（HDU2041）：一个楼梯共有 m 级台阶，刚开始时我们站在第 1 级台阶上，若每次都只可以上 1 级或 2 级台阶，则要上第 m 级台阶共有多少种走法？

输入：第 1 行为一个整数 n，表示测试用例的数量。接下来的 n 行，每行都为一个整数 m（$1 \leqslant m \leqslant 40$），表示台阶的级数。

输出：对于每个测试实例，都输出不同走法的数量。

输入样例	输出样例
2	1
2	2
3	

1. 算法设计

状态表示：fn[i]表示上第 i 级台阶共有多少种走法。

状态转移：因为每次都只能上 1 级或 2 级台阶，所以人在上第 i 级台阶之前，一定站在第 $i-1$ 级台阶或第 $i-2$ 级台阶上。上第 i 级台阶的走法等于两种走法之和。状态转移方程：fn[i]=fn[$i-2$]+fn[$i-1$]。

本题类似斐波那契数列问题，刚开始时站在第 1 级台阶上，所以数列的开始几项有所不同。

- fn[1]=0：因为刚开始时站在第 1 级台阶上，所以上第 1 级台阶的走法有 0 种。
- fn[2]=1：因为只可以从第 1 级台阶上 1 级台阶，所以上第 2 级台阶的走法有 1 种。
- fn[3]=2：因为可以从第 1 级台阶上 2 级台阶，或者从第 2 级台阶上 1 级台阶，所以上第 3 级台阶的走法有两种。

- 当 $i>3$ 时，$fn[i]=fn[i-2]+fn[i-1]$。

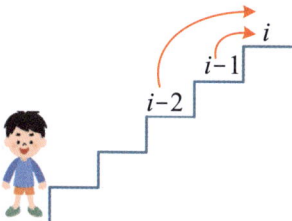

因为有大量子问题重复，所以当数据量大时，采用递归算法会超时，可以通过动态规划进行递推求解。台阶级数的最大值为 40，可以把前 40 项求解出来存储在数组中，在每次查询时直接输出结果。

2. 算法实现

```
typedef unsigned long long LL;
LL fn[MAXN+1];
LL solve1(int n){//使用递归算法会超时
    if(n<=3)
        return n-1;
    return solve1(n-2)+solve1(n-1);
}

void solve(){//动态规划
    fn[1]=0;
    fn[2]=1;
    fn[3]=2;
    for(int i=4;i<=MAXN;i++)
        fn[i]=fn[i-2]+fn[i-1];
}
```

✏️ 训练 2　数字三角形

题目描述（POJ1163）：下图显示了一个数字三角形。每步都可以向左斜下方走或向右斜下方走，计算从顶到底某条路线上经过的数字的最大和。

```
            7
          3   8
        8   1   0
      2   7   4   4
    4   5   2   6   5
```

输入：第 1 行为一个整数 n（$1<n\le100$），表示三角形的行数。下面的 n 行描述了

三角形的数据。三角形中的所有整数取值范围都为 0～99。

输出：输出从顶到底某条路线上经过的数字的最大和。

输入样例	输出样例
5	30
7	
3 8	
8 1 0	
2 7 4 4	
4 5 2 6 5	

1. 算法设计

状态表示：dp[i][j]表示从左上角走到第 i 行第 j 列时经过的数字的最大和。

状态转移：输入数据并不是题目描述的三角形，走到(i,j)之前的位置为上方的$(i-1,j)$或者左上方的$(i-1,j-1)$，如下图所示。将上方和左上方的最优解取最大值，再加上当前位置的数字 a[i][j]即可。

状态转移方程：dp[i][j]=max{dp[$i-1$][j],dp[$i-1$][$j-1$]}+a[i][j]。

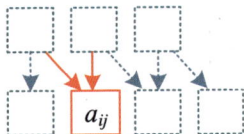

边界条件：dp[1][1]=a[1][1]。

求解目标：max{dp[n][j]}，求解最后一行各列的 dp[][]的最大值。

2. 算法实现

```
int dp[maxn][maxn];
int main(){
    int n;
    scanf("%d",&n);
    for(int i=1;i<=n;i++)
        for(int j=1;j<=i;j++)
            scanf("%d",&a[i][j]);
    memset(dp,0,sizeof(dp));
    dp[1][1]=a[1][1];
    for(int i=2;i<=n;i++)
        for(int j=1;j<=i;j++)
            dp[i][j]=a[i][j]+max(dp[i-1][j],dp[i-1][j-1]);
    int ans=0;
    for(int j=1;j<=n;j++)
        ans=max(dp[n][j],ans);
    printf("%d\n", ans);
```

```
    return 0;
}
```

时间复杂度为 $O(n^2)$，空间复杂度为 $O(n^2)$。

3. 算法优化

因为根据状态转移方程 dp[i][j]=max{dp[i−1][j],dp[i−1][j−1]}+a[i][j]，求当前位置的最优解时，只需要知道 dp[i−1][j]（上一行同列）和 dp[i−1][j−1]（上一行前一列），所以将状态优化为一维数组，从后向前倒推即可。

状态表示：dp[j]表示从左上角走到第 j 列时经过的数字的最大和。

状态转移：dp[j]=max{dp[j],dp[j−1]}+a[i][j]。

```
int dp[maxn]; //一维数组优化
int main(){
    int n;
    scanf("%d",&n);
    for(int i=1;i<=n;i++)
        for(int j=1;j<=i;j++)
            scanf("%d",&a[i][j]);
    memset(dp,0,sizeof(dp));
    dp[1]=a[1][1];
    for(int i=2;i<=n;i++)
        for(int j=i;j>=1;j--)//倒推，一维数组优化
            dp[j]=a[i][j]+max(dp[j],dp[j-1]);
    int ans=0;
    for(int j=1;j<=n;j++)
        ans=max(dp[j],ans);
    printf("%d\n", ans);
    return 0;
}
```

以上算法的时间复杂度为 $O(n^2)$，空间复杂度为 $O(n)$。

✎ 训练3 最长上升子序列

题目描述（POJ2533）：给定序列$(a_1,a_2,\cdots,a_n)$，从前向后取其中的若干元素组成一个子序列，若该子序列是升序排序的，则称之为上升子序列。例如，序列(1,7,3,5,9,4,8)有上升子序列如(1,7)、(3,4,8)和其他子序列，所有最长的上升子序列的长度都是4，例如(1,3,5,8)。求解给定序列的最长上升子序列的长度。

输入：第 1 行为序列的长度 n（$1 \leqslant n \leqslant 1000$）；第 2 行为序列的 n 个元素，每个元素都为 0～10000 的整数。

输出：输出给定序列的最长上升子序列的长度。

<table>
<tr><td>输入样例</td><td>输出样例</td></tr>
<tr><td>7</td><td>4</td></tr>
<tr><td>1 7 3 5 9 4 8</td><td></td></tr>
</table>

1. 算法设计

本题为求解最长上升子序列的长度的问题。

状态表示：dp[i]表示以 a[i]结尾的最长上升子序列的长度。

状态转移：对于 $1 \leqslant j < i$，若 a[j]<a[i]，则可以将 a[i]放在以 a[j]结尾的最长上升子序列后面，得到的长度为 dp[j]+1。状态转移方程：dp[i]=max(dp[i],dp[j]+1)。

边界条件：dp[0]=0。

求解目标：max(dp[i])。

2. 算法实现

```
int dp[maxn];//dp[i]表示以a[i]结尾的最长上升子序列的长度
int main(){
    int n;
    scanf("%d",&n);
    for(int i=1;i<=n;i++)
        scanf("%d",&a[i]);
    int ans=0;
    memset(dp,0,sizeof(dp));
    for(int i=1;i<=n;i++){
        dp[i]=1;
        for(int j=1;j<i;j++)
            if(a[j]<a[i])//a[j]<a[i]，将a[i]放在以a[j]结尾的最长上升子序列后面，长度加1
                dp[i]=max(dp[i],dp[j]+1);
        if(dp[i]>ans)
            ans=dp[i];//更新最大值
    }
    printf("%d\n",ans);
    return 0;
}
```

以上算法的时间复杂度为 $O(n^2)$，空间复杂度为 $O(n)$。

3. 算法优化

根据上升子序列的特性，可设置一个辅助数组 d[]来求解最长上升子序列，len 表示最长上升子序列的长度。

算法步骤如下。

（1）初始化：d[1]=a[1]，len=1。

（2）枚举 i=2..n，将 a[i]与 d[len]（d[]的最后一个元素）做比较。

（3）若 a[*i*]=d[len]，则什么也不做，继续下一次循环。

（4）若 a[*i*]>d[len]，则将 a[*i*]添加到 d[]尾部，即 d[++len]=a[*i*]。

（5）若 a[*i*]<d[len]，则用 a[*i*]替换 d[]中第 1 个大于或等于 a[*i*]的数。在 d[]中查找第 1 个大于或等于 a[*i*]的数时，既可以采用二分查找（d[]自身有序），也可以直接调用函数 lower_bound()，该函数也是采用二分查找实现的，每次查找的时间复杂度都为 $O(\log n)$。

为什么可以这么做呢？本题求解最长上升子序列，所以对前两种情况都很容易理解。若 a[*i*]<d[len]，则将 a[*i*]替换 d[]中第 1 个大于或等于 a[*i*]的数，这是因为在不影响 d[]长度的情况下，d[]中的元素越小，就越可能得到更长的上升子序列。

完美图解：

输入样例"1 7 3 5 9 4 8"，求解其最长上升子序列，过程如下图所示。

i	a[]	d[]	len	将a[i]和d[len]做比较
1	**1** 7 3 5 9 4 8	**1**	1	初始化
2	1 **7** 3 5 9 4 8	1 **7**	2	a[2]>d[1]，将a[2]直接放入d[]尾部
3	1 7 **3** 5 9 4 8	1 **3**	2	a[3]<d[2]，将a[3]替换第1个大于或等于它的元素
4	1 7 3 **5** 9 4 8	1 3 **5**	3	a[4]>d[2]，将a[4]直接放入d[]尾部
5	1 7 3 5 **9** 4 8	1 3 5 **9**	4	a[5]>d[3]，将a[5]直接放入d[]尾部
6	1 7 3 5 9 **4** 8	1 3 **4** 9	4	a[6]<d[4]，将a[6]替换第1个大于或等于它的元素
7	1 7 3 5 9 4 **8**	1 3 4 **8**	4	a[7]<d[4]，将a[7]替换第1个大于或等于它的元素

求解最长上升子序列的优化算法的时间复杂度为 $O(n\log n)$，空间复杂度为 $O(n)$。

```
int d[maxn];//d[]为辅助数组
int main(){
    int n;
    scanf("%d",&n);
    for(int i=1;i<=n;i++)
        scanf("%d",&a[i]);
    int len=1;
    d[1]=a[1];
    for(int i=2;i<=n;i++){
        if(a[i]==d[len]) continue;
        if(a[i]>d[len])
            d[++len]=a[i];
        else//a[i]覆盖d[]中第1个大于或等于a[i]的数
            *lower_bound(d+1,d+len+1,a[i])=a[i];
    }
    printf("%d\n",len);
```

```
    return 0;
}
```

✏️ 训练 4 最长公共子序列

题目描述（POJ1458）：序列的子序列指序列中的一些元素被省略。给定一个序列 $x=<x_1,x_2,\cdots,x_m>$ 及另一个序列 $z=<z_1,z_2,\cdots,z_k>$，若 x 的索引存在严格递增的序列 $<i_1,i_2,\cdots,i_k>$，则对于 $j=1,2,\cdots,k$ 及 $x_{ij}=z_j$，z 都是 x 的子序列。例如，$z=<a,b,f,c>$ 的索引序列是 $<1,2,4,6>$，它是 $x=<a,b,c,f,b,c>$ 的子序列。若 z 既是 x 的子序列，也是 y 的子序列，则称 z 是 x 和 y 的公共子序列。给定两个序列 x 和 y，求 x 和 y 的最长公共子序列的长度。

输入：每个测试用例都包含两个表示给定序列的字符串，序列以任意数量的空格隔开。

输出：对于每个测试用例，都单行输出最长公共子序列的长度。

输入样例		输出样例
abcfbc	abfcab	4
programming	contest	2
abcd	mnp	0

1. 算法设计

本题为最长公共子序列问题。

状态表示：dp[i][j] 表示 $x_{1..i}$ 和 $y_{1..j}$ 的最长公共子序列的长度。

状态转移：两个序列中的字符 x_i 和 y_j 可能存在以下两种情况。

- $x_i=y_j$：求解 X_{i-1} 和 Y_{j-1} 的最长公共子序列的长度加 1，dp[i][j]=dp[$i-1$][$j-1$]+1。

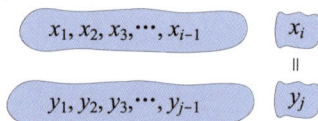

- $x_i \neq y_j$：可以把 x_i 去掉，求解 X_{i-1} 和 Y_j 的最长公共子序列的长度，或者把 y_j 去掉，求解 X_i 和 Y_{j-1} 的最长公共子序列的长度，取二者的最大值，dp[i][j]=max(dp[i][$j-1$],dp[$i-1$][j])。

边界条件：dp[i][0]=0，dp[0][j]=0。

求解目标：dp[n][m]，n、m 分别为两个字符串的长度。

2. 算法实现

```
//最长公共子序列，时间复杂度为O(nm)
int dp[maxn][maxn];//dp[i][j]表示s1[1..i]和s2[1..j]的最长公共子序列的长度
int main(){
    while(~scanf("%s%s",s1,s2)){
        int len1=strlen(s1);
        int len2=strlen(s2);
        for(int i=0;i<=len1;i++) dp[i][0]=0;
        for(int j=0;j<=len2;j++) dp[0][j]=0;
        for(int i=1;i<=len1;i++)
            for(int j=1;j<=len2;j++){
                if(s1[i-1]==s2[j-1])//字符串的下标实际上从0开始
                    dp[i][j]=dp[i-1][j-1]+1;
                else
                    dp[i][j]=max(dp[i][j-1],dp[i-1][j]);
            }
        printf("%d\n",dp[len1][len2]);
    }
    return 0;
}
```

以上算法的时间复杂度和空间复杂度均为 $O(nm)$，n、m 分别为两个字符串的长度。

🖊 训练5 最大连续子段和

题目描述（**HDU1003**）：给定一个序列 $a_1,a_2,a_3,\cdots,a_n$，计算其最大连续子段和。例如，给定$(6,-1,5,4,-7)$，此序列的最大连续子段和为 $6+(-1)+5+4=14$。

输入：第 1 行为一个整数 t（$1\leq t\leq 20$），表示测试用例的数量。接下来的 t 行，每行都以数字 n 开头（$1\leq n\leq 100000$），然后是 n 个整数（$-1000\sim1000$）。

输出：对于每个测试用例，都输出两行。第 1 行为 "Case x:"，x 表示测试用例的编号。第 2 行为 3 个整数，为序列的最大连续子段和及该子段的开始位置、结束位置。若有多个结果，则输出第 1 个结果。在两个测试用例之间输出一个空行。

输入样例	输出样例
2	Case 1:
5 6 -1 5 4 -7	14 1 4
7 0 6 -1 1 -6 7 -5	
	Case 2:
	7 1 6

1. 算法设计

本题求解最大连续子段和，而且需要输出最大连续子段和的开始位置和结束位置。

　　状态表示：dp[i]表示以 a[i]结尾的最大和。注意：这个最大和不是[1..i]区间的最大连续子段和，若求解[1..n]区间的最大连续子段和，则需要从所有数组 dp[]中求最大值。例如{−2,1,2,3,−2}，dp[1]=−2，dp[2]=1，dp[3]=3，dp[4]=6，dp[5]=4，最大连续子段和为 6。

　　状态转移：若 dp[i−1]大于或等于 0，则 dp[i−1]累加 a[i]即可；否则 dp[i]=a[i]；start=i，重新开始统计，这是因为若 dp[i−1]是负值，则对求解最大连续子段和没有意义。

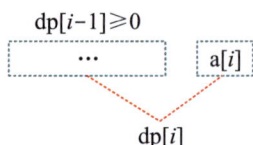

　　空间优化：可将数据直接读入数组 dp[]（初始化 dp[i]=a[i]），省略数组 a[]。

2．算法实现

```
int dp[maxn];//dp[i]表示以 a[i]结尾的最大和
int main(){
    int t,n,cas=0;
    scanf("%d",&t);
    while(t--){
        scanf("%d",&n);
        for(int i=1;i<=n;i++)
            scanf("%d",&dp[i]);//省略原数组，直接用 dp[]
        int l=1,r=1;//记录区间
        int start=1;//记录起点
        int MAX=dp[1];
        for(int i=2;i<=n;i++){
            if(dp[i-1]>=0)//若 dp[i-1]大于或等于 0，则累加，否则重新开始
                dp[i]=dp[i-1]+dp[i];
            else
                start=i;//重新开始
            if(dp[i]>MAX){//更新最值
                MAX=dp[i];
                l=start;
                r=i;
            }
        }
        if(cas)
            printf("\n");
        printf("Case %d:\n",++cas);
        printf("%d %d %d\n",MAX,l,r);
    }
    return 0;
}
```

以上算法的时间复杂度和空间复杂度均为 $O(n)$，n 为序列的长度。

9.4 区间动态规划

区间动态规划属于线性动态规划的一种，以区间长度作为动态规划的阶段，以区间的左、右端点作为状态的维度。一个状态通常由被它包含且比它更小的区间状态转移而来。阶段（长度）、状态（左、右端点）、决策三者按照由外到内的顺序构成三层循环。

✎ 训练1 回文

题目描述（POJ3280）：约翰在每头牛身上都安装了一个 id 标签（电子身份标签），当牛通过扫描仪时，系统会读取这个标签。每个 id 标签都是从有 n（$1 \leq n \leq 26$）个小写字母的字母表中提取的长度为 m（$1 \leq m \leq 2000$）的字符串。牛有时试图通过倒退来欺骗系统。当一头牛的 id 标签是"abcba"时，不管它朝哪个方向走，系统都会读到相同的 id 标签，而当一头牛的 id 标签是"abcb"时，系统可能会读到两个不同的 id 标签（abcb 和 bcba）。约翰想修改牛的 id 标签，这样无论牛从哪个方向走过，都可以读到相同的内容。例如，"abcb"可以通过在末尾添加字符"a"，形成"abcba"，这样的 id 标签就是回文（向前和向后读取都是相同的内容）。将 id 标签更改为回文的其他方法包括：将"bcb"添加到开头，产生 id 标签"bcbabcb"；或删除字符"a"，产生 id 标签"bcb"。可以在字符串中的任意位置添加或删除字符，从而生成比原始字符串更长或短的字符串。给定牛的 id 标签及添加、删除每个字符的成本（$0 \leq$ 成本 ≤ 10000），求解使 id 标签成为回文字符串的最小成本。一个空的 id 标签被认为已满足要求。只有包含相关成本的字母才可以被添加到字符串中。

输入：第 1 行为两个整数 n 和 m。第 2 行为 m 个字符，表示初始的 id 标签。第 3..n+2 行中的每一行都包含一个字符和两个整数，分别表示添加和删除该字符的成本。

输出：单行输出更改给定标签为回文的最小成本。

输入样例	输出样例
3 4	900
abcb	
a 1000 1100	
b 350 700	
c 200 800	

提示：若在"abcb"末尾添加一个"a"，则得到"abcba"，成本是 1000；若把开头的"a"删掉，则得到"bcb"，成本是 1100；若在开头插入"bcb"，则得到"bcbabcb"，成本是 350+200+350=900，这是最小成本。

1. 算法设计

本题求解将一个字符串转换为回文的最小成本，属于区间动态规划问题。可以将长度作为阶段，将序列的开始下标和结束下标作为状态的维度，对不同的情况执行不同的决策。

状态表示： $dp[i][j]$ 表示将字符串 s 的子区间 $[i,j]$ 转换为回文字符串的最小成本。

字符串 s 的子区间 $[i,j]$ 两端的字符 s_i 和 s_j 存在以下两种情况。

（1）若 $s_i = s_j$，则两端的字符不需要花费成本，问题转换为求解子区间 $[i+1,j-1]$。

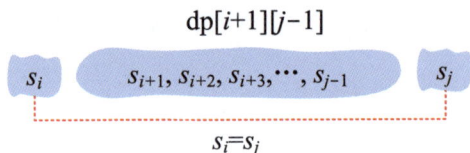

$$dp[i+1][j-1]$$

$s_i = s_j$

状态转移方程： $dp[i][j] = dp[i+1][j-1]$。

（2）若 $s_i \neq s_j$，则需要比较插入或删除两端的字符的成本，问题转换为添加或删除左侧字符，或者添加或删除右侧字符，取两者的最小值。

- 删除或添加 s_i：

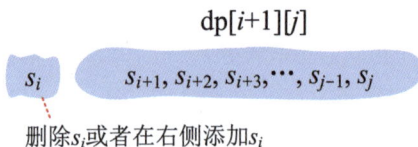

$$dp[i+1][j]$$

删除 s_i 或者在右侧添加 s_i

状态转移方程： $dp[i][j] = dp[i+1][j] + w[i]$，$w[i]$ 表示添加或删除 s_i 的最小成本。

- 删除或添加 s_j：

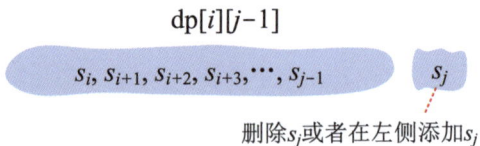

$$dp[i][j-1]$$

删除 s_j 或者在左侧添加 s_j

状态转移方程： $dp[i][j] = dp[i][j-1] + w[j]$，$w[j]$ 表示添加或删除 s_j 的最小成本。

- 两者取最小值：$dp[i][j] = \min(dp[i+1][j] + w[i], dp[i][j-1] + w[j])$。

2. 算法实现

```cpp
const int maxn=2000+10;
int n,m,dp[maxn][maxn],w[30];
string s;
int main(){
    cin>>n>>m;
```

```
cin>>s;
for(int i=1;i<=n;i++){
    char c;
    int k1,k2;
    cin>>c>>k1>>k2;
    w[c-'a']=min(k1,k2);
}
for(int d=2;d<=m;d++){ //枚举区间长度
    for(int i=0;i<m-d+1;i++){ //枚举起点
    int j=i+d-1;    //枚举终点
    if(s[i]==s[j])
        dp[i][j]=dp[i+1][j-1];
    else
        dp[i][j]=min(dp[i+1][j]+w[s[i]-'a'],dp[i][j-1]+w[s[j]-'a']);
    }
}
cout<<dp[0][m-1]<<endl;
return 0;
}
```

以上算法的时间复杂度和空间复杂度均为 $O(m^2)$，m 为字符串的长度。

🖊 训练2 括号匹配

题目描述（POJ2955）：正则括号序列的定义如下。

- 空序列是一个正则括号序列。
- 若 s 是正则括号序列，则(s)和$[s]$也是正则括号序列。
- 若 a 和 b 是正则括号序列，则 ab 也是正则括号序列。
- 没有其他序列是正则括号序列。

例如，()、[ ]、(( ))、( )[ ]、( )[( )]都是正则括号序列，而(、]、)(、([ )]、([( ]
不是正则括号序列。

给定括号序列 $a_1,a_2,\cdots,a_n$，求解其最长的正则括号子序列的长度。也就是说，希望找到最大的 m，使 $a_{i1},a_{i2},\cdots,a_{im}$ 是一个正则括号序列，其中 $1\leqslant i_1<i_2<\cdots<i_m\leqslant n$。例如给定初始序列([([ ])])，最长的正则括号子序列是[([ ])]，其长度是6。

输入：输入包含多个测试用例。每个测试用例都只包含一行由(、)、[、]组成的字符串，其长度为1~100（包括 1 和 100）。输入的结尾由包含"end"的行标记，不应对其进行处理。

输出：对于每个测试用例，都单行输出最长的正则括号子序列的长度。

输入样例	输出样例
((()))	6

```
()()()                                      6
([]])                                       4
)[(                                         0
([][][)                                     6
end
```

1. 算法设计

本题求最长正则括号子序列的长度，属于区间动态规划问题。可以将长度作为阶段，将序列的开始下标和结束下标作为状态的维度，根据不同的情况执行不同的决策。

状态表示：$dp[i][j]$ 表示字符串 s 的子区间 $[i, j]$ 的最长正则括号子序列的长度。

对字符串 s 的子区间 $[i, j]$ 两端的字符 s_i 和 s_j，执行如下操作。

（1）若判断 s_i 与 s_j 匹配，则问题转换为先求解子区间 $[i+1, j-1]$，长度加 2。

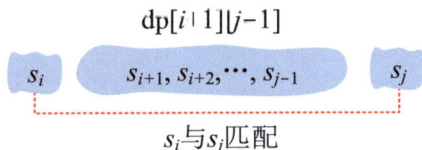

$$dp[i+1][j-1]$$

| s_i | $s_{i+1}, s_{i+2}, \cdots, s_{j-1}$ | s_j |

s_i 与 s_j 匹配

状态转移方程：$dp[i][j]=dp[i+1][j-1]+2$。

（2）枚举每个位置 k（$k=i, \cdots, j-1$），求两个子问题之和的最大值。

$$dp[i][k] \qquad dp[k+1][j]$$

| $s_i, s_{i+1}, \cdots, s_k$ | $s_{k+1}, s_{k+2}, \cdots, s_j$ |

状态转移方程：$dp[i][j]=\max(dp[i][k]+dp[k+1][j])$，$k=i, \cdots, j-1$。

⚠️ **注意** 在第 1 步执行完后仍需执行第 2 步。例如，对于输入样例中的"()()()"，存在两种情况：①s_0 与 s_5 匹配，$dp[0][5]=dp[1][4]+2=4$；②枚举 k，当 $k=1$ 时，$dp[0][1]+dp[2][5]=6$，取最大值，最长正则括号子序列的长度为 6。

2. 算法实现

```cpp
int dp[105][105];
char s[105];
bool match(int l,int r){ //判断括号是否匹配
    if(s[l]=='('&&s[r]==')') return 1;
    if(s[l]=='['&&s[r]==']') return 1;
    return 0;
}

int main(){
    while(~scanf("%s",s)&&s[0]!='e'){ //读到文件尾且首字符不为'e'
```

```
        int n=strlen(s);
        memset(dp,0,sizeof(dp));
        for(int d=2;d<=n;d++){  //枚举区间长度
            for(int i=0;i<n-d+1;i++){  //枚举起点
                int j=i+d-1;     //枚举终点
                if(match(i,j))
                    dp[i][j]=dp[i+1][j-1]+2;
                for(int k=i;k<j;k++)  //枚举决策点
                    dp[i][j]=max(dp[i][j],dp[i][k]+dp[k+1][j]);
            }
        }
        printf("%d\n", dp[0][n-1]);
    }
    return 0;
}
```

以上算法的时间复杂度为 $O(n^3)$，空间复杂度为 $O(n^2)$，n 为字符串的长度。

✏️ 训练 3 乘法难题

题目描述（POJ1651）： 乘法游戏是用一些牌来玩的，在每张牌上都有一个正整数。玩家从一行牌中取出一张牌，得分的数量等于所取牌上的数字与左、右两张牌上的数字的乘积。不允许取出第一张和最后一张牌。经过最后一步后，只剩下两张牌。玩牌的目标是把得分的总数降到最低。例如，若一行牌包含数字 10、1、50、20、5，玩家先拿出一张 1 的牌，然后分别拿出一张 20 和 50 的牌，得分便是 10×1×50+50×20×5+10×50×5=500+5000+2500=8000。若他按相反的顺序拿牌，即 50、20、1，则得分是 1×50×20+1×20×5+10×1×5=1000+100+50=1150。

输入： 第 1 行为牌的数量 n（3≤n≤100），第 2 行为 1～100 的 n 个整数，表示牌上的数字。

输出： 单行输出玩牌的最小分数。

输入样例	输出样例
6	3650
10 1 50 50 20 5	

题解： 根据输入样例，5 张牌分别为 10、1、50、20、5，玩家若先拿出一张 1 的牌，则得分为 10×1×50，相当于两个矩阵 $A_{10×1}$ 和 $A_{1×50}$ 相乘的次数，且执行乘法运算后只剩下 $A_{10×50}$ 的矩阵，相当于把 1 的牌抽掉了。

然后剩下 4 张牌 10、50、20、5，若拿出 20 的牌，则得分为 50×20×5，相当于两个矩阵 $A_{50×20}$ 和 $A_{20×5}$ 相乘的次数，而且执行乘法运算后只剩下 $A_{50×5}$ 的矩阵，相当于把 20 的牌抽掉了。

接着剩下 3 张牌 10、50、5，若拿出 50 的牌，则得分为 10×50×5，相当于两个矩阵 $A_{10×50}$ 和 $A_{50×5}$ 相乘的次数，且执行乘法运算后只剩下 $A_{10×5}$ 的矩阵，相当于把 50 的牌抽掉了。

最后剩下两张牌 10、5，算法结束。

题目原型实际上是矩阵连乘问题，求解 n 张牌 $\{p_0,p_1,p_2,\cdots,p_n\}$ 的最小得分，相当于求解 n 个矩阵 $\{A_{p0×p1},A_{p1×p2},A_{p2×p3},\cdots,A_{pn-1×pn}\}$ 相乘的最少次数。

1. 算法设计

本题是矩阵连乘问题，属于区间动态规划问题。

状态表示：dp[i][j] 表示 $(A_iA_{i+1}\cdots A_j)$ 矩阵相乘的最优值（最少乘法次数），两个子问题 $(A_iA_{i+1}\cdots A_k)$ 和 $(A_{k+1}A_{k+2}\cdots A_j)$ 对应的最优值分别是 dp[i][k] 和 dp[k+1][j]。剩下的只需考查 $(A_iA_{i+1}\cdots A_k)$ 和 $(A_{k+1}A_{k+2}\cdots A_j)$ 的结果矩阵相乘的次数了。

设矩阵 A_m 的行数为 p_m，列数为 q_m，$m=i,i+1,\cdots,j$，而且矩阵是可乘的，即相邻矩阵前一个矩阵的列等于后一个矩阵的行（$q_m=p_{m+1}$）。$(A_iA_{i+1}\cdots A_k)$ 矩阵相乘的结果是一个 $p_i×q_k$ 矩阵，$(A_{k+1}A_{k+2}\cdots A_j)$ 矩阵相乘的结果是一个 $p_{k+1}×q_j$ 矩阵，$q_k=p_{k+1}$，两个结果矩阵相乘的次数是 $p_i×p_{k+1}×q_j$，如下图所示。

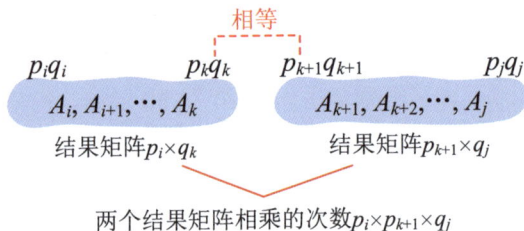

状态转移方程：

- 当 $i=j$ 时，只有一个矩阵，dp[i][j]=0；
- 当 $i<j$ 时，$dp[i][j] = \min_{i\le k<j}\{dp[i][k]+dp[k+1][j]+p_ip_{k+1}q_j\}$。

若用一维数组 p[] 来记录矩阵的行和列，将第 i 个矩阵的行数 p_i 和列数 q_i 分别存储在 p[i-1] 和 p[i] 中，则 $p_i×p_{k+1}×q_j$ 对应的数组元素相乘为 p[i-1]×p[k]×p[j]。

状态转移方程：

$$dp[i][j]=\begin{cases} 0 & ,i=j \\ \min_{i\le k<j}\{dp[i][k]+dp[k+1][j]+p[i-1]×p[k]×p[j]\} & ,i<j \end{cases}$$

2. 算法实现

```
int solve(int n){
    for(int d=2;d<=n;d++){ //枚举区间长度
        for(int i=1;i<=n-d+1;i++){ //枚举起点
            int j=i+d-1;  //枚举终点
            dp[i][j]=dp[i+1][j]+p[i-1]*p[i]*p[j];
            for(int k=i+1;k<j;k++) //枚举决策点
                dp[i][j]=min(dp[i][j],dp[i][k]+dp[k+1][j]+p[i-1]*p[k]*p[j]);
        }
    }
    return dp[1][n];
}

int main(){
    int n;
    scanf("%d",&n);
    memset(dp,0,sizeof(dp));
    for(int i=0;i<n;i++)
        scanf("%d",p+i);
    printf("%d\n",solve(n-1));//矩阵 n-1 个
    return 0;
}
```

以上算法的时间复杂度均为 $O(n^3)$，空间复杂度为 $O(n^2)$，n 为牌的数量。

✏️ 训练4　猴子派对

题目描述（**HDU3506**）：森林之王决定举办一个盛大的派对来庆祝香蕉节，但是小猴子们都不认识对方。有 n 只猴子坐在一个圈里，每只猴子都有交朋友的时间，而且每只猴子都有两个邻居。介绍它们的规则：①森林之王每次都可以介绍一只猴子和该猴子的一个邻居；②若森林之王介绍 A 和 B，则 A 已经认识的每只猴子都将认识 B 已经认识的每只猴子，介绍的总时间是 A 和 B 已经认识的所有猴子交友时间的总和；③每只猴子都认识自己。为了尽快开始聚会和吃香蕉，请求出森林之王需要介绍的时间。

输入：输入包含几个测试用例。每个测试用例的第 1 行都为 n（$1 \leqslant n \leqslant 1000$），表示猴子的数量。下一行为 n 个正整数（小于 1000），表示交朋友的时间（第 1 个和最后 1 个是邻居）。

输出：对于每个测试用例，都单行输出需要介绍的时间。

输入样例	输出样例
8	105
5 2 4 7 6 1 3 9	

1. 算法设计

本题属于区间动态规划问题。n 只猴子坐在一个圈里，是一个环。对于包含 n 个元素的环，可以先将前 $n-1$ 个元素依次复制到第 n 个元素的后面，将环转换为直线。

$$a_1 \quad a_2 \quad \cdots \quad a_n \quad \textcolor{red}{a_1} \quad \textcolor{red}{a_2} \quad \textcolor{red}{\cdots} \quad \textcolor{red}{a_{n-1}}$$

然后以长度作为阶段，以序列的开始下标和结束下标作为状态的维度，通过不同的情况执行不同的决策。

状态表示：dp[i][j]表示[i,j]区间的猴子相互认识的最少时间。枚举每个位置 k，求两个子问题之和的最小值。

$$\underbrace{\text{dp}[i][k]}_{s_i,\, s_{i+1},\, \cdots,\, s_k} \qquad\qquad \underbrace{\text{dp}[k+1][j]}_{s_{k+1},\, s_{k+2},\, \cdots,\, s_j}$$

状态转移方程：dp[i][j]=min(dp[i][k]+dp[$k+1$][j]+sum(i,j))，$k=i,\cdots,j-1$。

最后从规模是 n 的最优值中找出最小值即可。

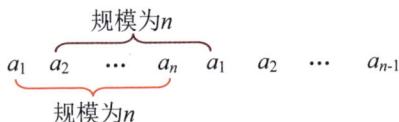

$$\overbrace{a_1 \quad a_2 \quad \cdots \quad a_n}^{\text{规模为}n} \quad a_1 \quad a_2 \quad \cdots \quad a_{n-1}$$
$$\underbrace{}_{\text{规模为}n}$$

该算法的时间复杂度为 $O(n^3)$，数据范围为 $1 \leqslant n \leqslant 1000$，超时，考虑采用四边不等式优化。

2. 算法优化

在求解 dp[i][j]时，需要枚举位置 $k=i,\cdots,j-1$，用 s[i][j]记录 dp[i][j]取得最小值的位置 k。利用四边形不等式优化后，k 的枚举范围变为 s[i][$j-1$]～s[$i+1$][j]，枚举范围缩小了很多。

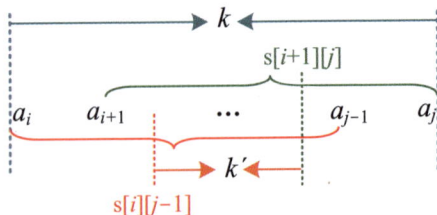

经过四边不等式优化，算法的时间复杂度可以减少至 $O(n^2)$。

证明：

$\sum\limits_{d=2}^{n}\sum\limits_{i=1}^{n-d+1}(\text{s}[i+1][j]-\text{s}[i][j-1]+1)$，因为公式中的 $j=i+d-1$，所以：

$$\sum_{d=2}^{n}\sum_{i=1}^{n-d+1}(s[i+1][i+d-1]-s[i][i+d-2]+1)$$

$$=\sum_{v=2}^{n}\left\{\begin{array}{l}(s[2][d]-s[1][d-1]+1\\+s[3][d+1]-s[2][d]+1\\+s[4][d+2]-s[3][d+1]+1\\+\cdots\\+s[n-d+2][n]-s[n-d+1][n-1]+1)\end{array}\right\}$$

$$=\sum_{d=2}^{n}(s[n-d+2][n]-s[1][d-1]+n-d+1)$$

$$\leqslant\sum_{d=2}^{n}(n-1+n-d+1)$$

$$=\sum_{d=2}^{n}(2n-d)$$

$$\approx O(n^2)$$

3. 算法实现

```
void init(){
    sum[0]=0;
    for(int i=1;i<=n;i++){
        scanf("%d",a+i);
        sum[i]=a[i]+sum[i-1]; //前缀和
        dp[i][i]=0; //初始化最优值
        s[i][i]=i; //初始化最优决策
    }
    for(int i=1;i<n;i++){ //预处理，将环转换为直线
        a[n+i]=a[i];
        sum[n+i]=a[n+i]+sum[n+i-1];
        dp[n+i][n+i]=0;
        s[n+i][n+i]=n+i;
    }
}

void solve(){
    for(int d=2;d<=n;d++){ //枚举区间长度
        for(int i=1;i<=2*n-d;i++){ //枚举起点
            int j=i+d-1;   //枚举终点
            int tmp=sum[j]-sum[i-1]; //区间和
            dp[i][j]=INF;
            for(int k=s[i][j-1];k<=s[i+1][j];k++){ //枚举决策点
                if(dp[i][k]+dp[k+1][j]+tmp<dp[i][j]){
                    dp[i][j]=dp[i][k]+dp[k+1][j]+tmp;
```

```
                        s[i][j]=k;
                }
            }
        }
    }
    int ans=INF;
    for(int i=1;i<=n;i++)  //求解所有规模为 n 的最优解的最小值
        ans=min(ans,dp[i][n+i-1]);
    printf("%d\n",ans);
}
```

以上算法的时间复杂度为 $O(n^2)$，空间复杂度为 $O(n^2)$，n 为猴子的数量。